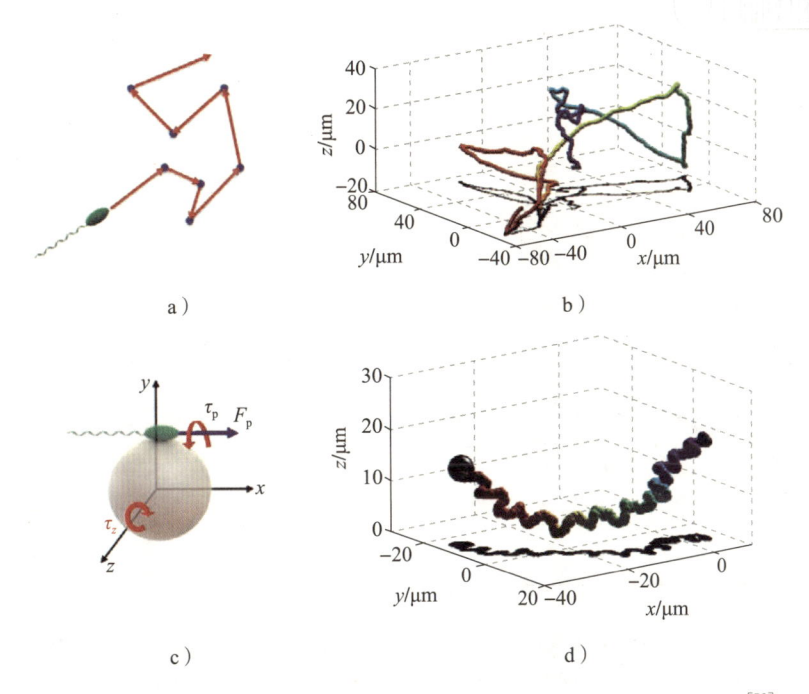

图 7.4 粘质沙雷氏菌和由粘质沙雷氏菌推进的微型游动机器人的随机游动行为[52]。Copyright © 2014 by John Wiley Sons, Inc. 经 John Wiley & Sons, Inc. 授权转载。a) 自由游动的细菌细胞在运行状态（直线行进，见红色箭头）和翻滚状态（翻滚并在 3D 空间中重新定向，见蓝色圆点）之间交替。b) 实验测得的自由游动的细菌（粘质沙雷氏菌）的 3D 游动轨迹。c) 附着在微珠上的单个细菌产生的推进力和扭矩。d) 实验获得的粘质沙雷氏菌所驱动微珠的代表性 3D 螺旋轨迹[53]。

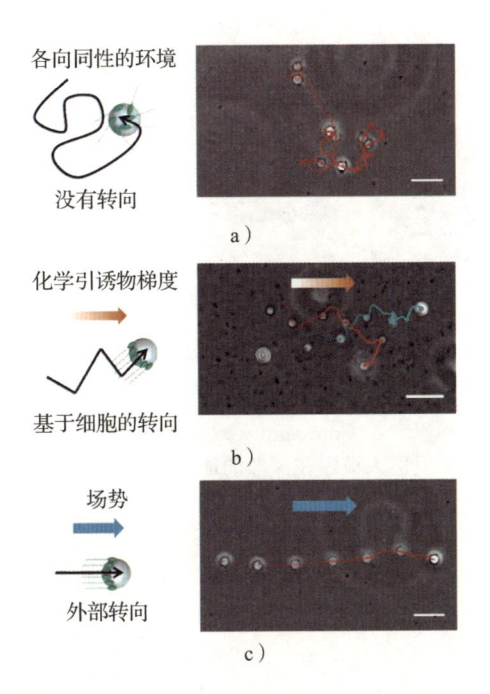

图 7.5 细菌推进微型游动机器人的控制策略[52]。Copyright © 2014 by John Wiley Sons, Inc. 经 John Wiley & Sons, Inc. 授权转载。右图是微型游动机器人在以下情况下的实验延时图像：a) 各向同性的环境导致随机运动；b) 细菌感知到的线性化学引诱物（L-天冬氨酸）梯度导致有偏差的随机游动；c) 10mT 的外加均匀磁场导致定向运动。在图 c 中，细菌附着在超顺磁性微珠上。在图 a 和图 b 中，细菌附着在聚苯乙烯微珠上。红线和蓝线表示微型游动机器人的运动轨迹。图中显示了每种环境条件下的不同微型游动机器人示例。比例尺：20μm

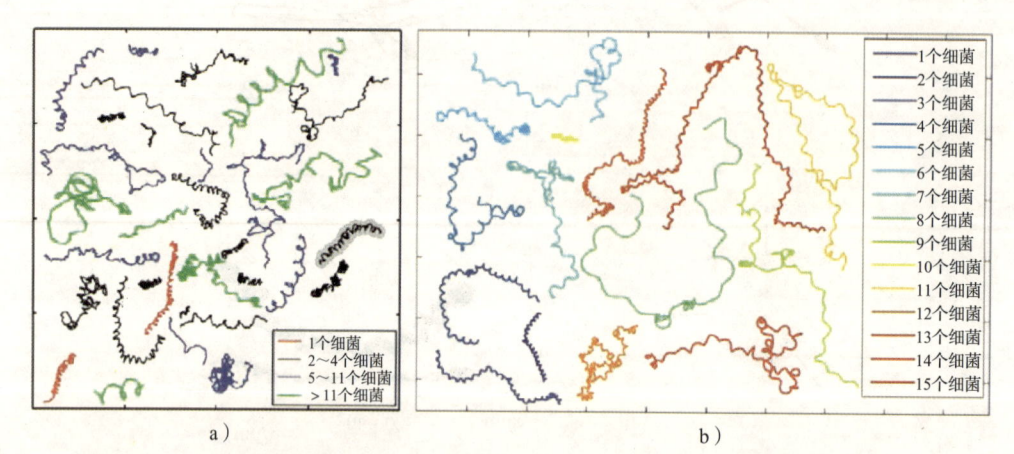

图 7.7 直径为 5μm 的细菌推进微珠的 2D 随机轨迹样本，来自图 a 的实验（经 AIP 出版社许可，转载自 [53]），以及图 b 中对附着单个和多个（最多 15 个）粘质沙雷氏菌的微珠基于公式 (7.8)、公式 (7.9) 的计算的随机微珠运动模型的运动轨迹模拟

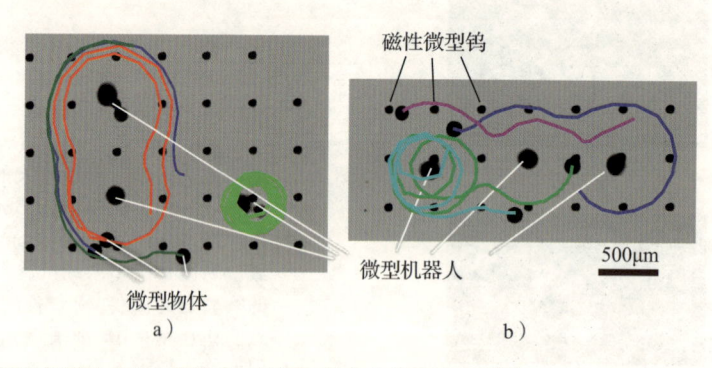

图 12.4 三个微型机器人同时旋转实现的集群式非接触操纵[59]。Copyright © 2012 by IEEE. 由 IEEE 许可转载。通过嵌入表面的磁性微型坞，微型机器人被困在离散的地点。受操纵的微球路径由彩色线追踪

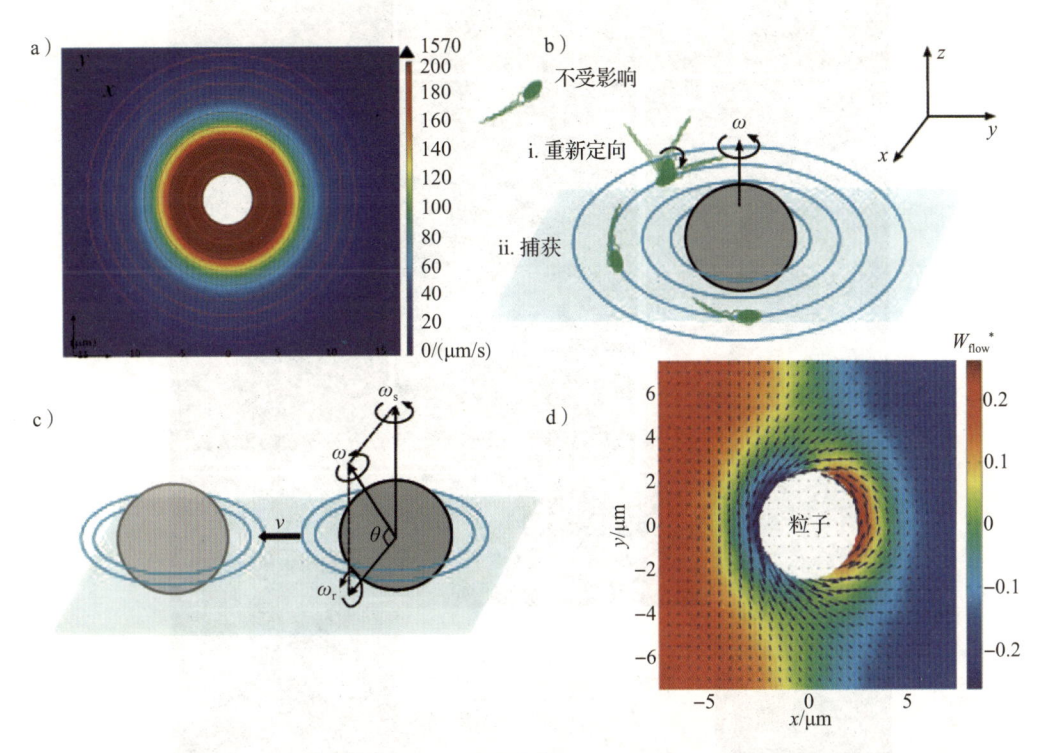

图 12.5 通过旋转和滚动的磁性球形微型机器人[60]来捕获和传输活细胞或其他微型物体。在英国皇家化学学会的许可下重现。a) 在水中，5μm 直径的磁性球形微型机器人以 100Hz 的频率在平坦表面上旋转的仿真结果。这幅图是从微型机器人的赤道平面处俯视的图。红色同心圆代表流线。颜色图显示的是流速分布。b) 由表面附近机器人的旋转 ω 引起的旋转流捕获附近细菌的示意图。远处的任何细菌受到的影响都很小。足够靠近旋转粒子的细菌首先被旋转流重新定向，其身体长轴与局部流线对齐（i），然后被捕获（ii）并绕着粒子运动。c) 激活所诱导旋转流场的流动性的机理示意图。与图 b 所示的垂直于表面不同，粒子的旋转轴依 z 轴倾斜。d) 直径为 5μm 的磁性球形微型机器人在水中的平面上以 100Hz 和 75°的倾斜角旋转，在 $-y$ 方向上以 $0.06\omega_r a$ 的速度平移的有限元模拟结果。这幅图是从机器人的赤道平面处俯视的剖面图。箭头指示选择位置处的平面流速，颜色图显示在相同位置处的垂直于平面流速的分布，其值由相同位置处平面流速的大小进行归一化

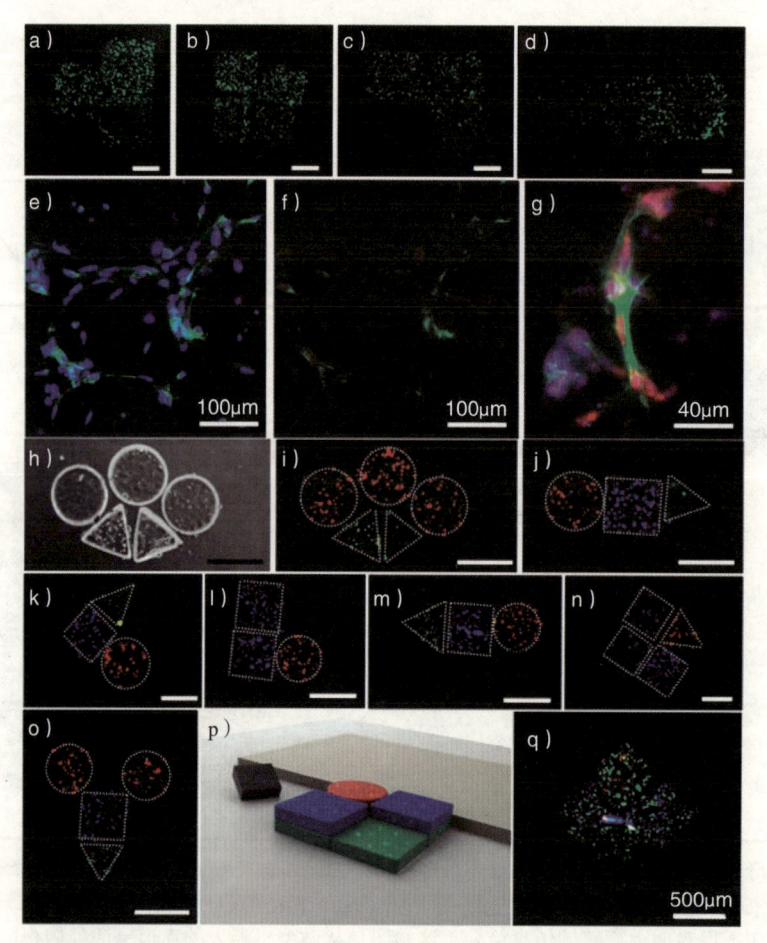

图 12.6 通过磁驱动的微型机器人在生理流体的平面表面上组装嵌入活细胞的微凝胶块[27]。Copyright © 2014 by Nature Publishing Group. 经 Nature Publishing Group 许可重新印刷。T 形（图 a）、正方形（图 b）、L 形（图 c）和棒形（图 d）结构组装后的 NIH 3T3 细胞封装水凝胶的荧光图像。绿色代表活细胞，红色代表死细胞。e）～g）第 4 天使用 Ki67（红色）、DAPI（蓝色）和 Phalloidin（绿色）染色的增殖细胞的免疫细胞化学图谱。e）使用 DAPI 和 Phalloidin 染色的细胞在放大 20 倍后的图像。f）使用 Ki67 和 Phalloidin 染色的细胞在放大 20 倍后的图像。g）使用 Ki67、DAPI 和 Phalloidin 染色的细胞在放大 40 倍后的图像。h）～q）HUVEC、3T3 和心肌细胞封装水凝胶的 2D 和 3D 异质组装。分别使用 Alexa 488（绿色）、DAPI（蓝色）和 Propidium iodide（红色）来染色 HUVEC、3T3 和心肌细胞。由圆形和三角形凝胶组成的装配体的明场（图 h）和荧光图像（图 i）。j）～o）HUVEC、3T3 和心肌细胞封装水凝胶的几个 2D 异质装配体的荧光图像。p）3D 异质装配体的示意图。q）由 HUVEC、3T3 和心肌细胞封装水凝胶的 3D 异质装配体的荧光图像。除非另有说明，否则比例尺为 500μm

·机器人工程与技术丛书·

移动微型机器人

Mobile Microrobotics

[美] 梅廷·斯蒂 著
(Metin Sitti)

姜金刚 裘智显 鲍玉冬 薛钟毫 马宏远 译

机械工业出版社
CHINA MACHINE PRESS

Metin Sitti: Mobile Microrobotics (ISBN 9780262036436).

Original English language edition copyright © 2017 Massachusetts Institute of Technology.
Simplified Chinese Translation Copyright © 2025 by China Machine Press.
Simplified Chinese translation rights arranged with MIT Press through Bardon-Chinese Media Agency.

No part of this book may be reproduced or transmitted in any form or by any means, electronic or mechanical, including photocopying, recording or any information storage and retrieval system, without permission, in writing, from the publisher.

All rights reserved.

本书中文简体字版由 MIT Press 通过 Bardon-Chinese Media Agency 授权机械工业出版社在中国大陆地区（不包括香港、澳门特别行政区及台湾地区）独家出版发行。未经出版者书面许可，不得以任何方式抄袭、复制或节录本书中的任何部分。

北京市版权局著作权合同登记　图字：01-2017-8957 号。

图书在版编目（CIP）数据

移动微型机器人 /（美）梅廷·斯蒂（Metin Sitti）著；姜金刚等译. — 北京：机械工业出版社，2025.4. —（机器人工程与技术丛书）. — ISBN 978-7-111-78054-0

Ⅰ. TP242

中国国家版本馆 CIP 数据核字第 2025RW4220 号

机械工业出版社（北京市百万庄大街 22 号　邮政编码 100037）
策划编辑：姚　蕾　　　　　　　　责任编辑：姚　蕾
责任校对：刘　雪　张雨霏　景　飞　责任印制：张　博
北京铭成印刷有限公司印刷
2025 年 6 月第 1 版第 1 次印刷
185mm×260mm・13.25 印张・2 插页・269 千字
标准书号：ISBN 978-7-111-78054-0
定价：89.00 元

电话服务　　　　　　　　　网络服务
客服电话：010-88361066　　机　工　官　网：www.cmpbook.com
　　　　　010-88379833　　机　工　官　博：weibo.com/cmp1952
　　　　　010-68326294　　金　书　网：www.golden-book.com
封底无防伪标均为盗版　　机工教育服务网：www.cmpedu.com

译者序

随着科技的进步，机器人应用从工业领域向社会广泛领域延伸，机器人微型化已经成为机器人学的一个发展方向。随着微纳米尺度科学技术的飞速发展，对芯片微型化、集成化以及微电子技术的控制，使得移动微型机器人的研发成为可能。利用微机电系统技术研制出的移动微型机器人在结构体积上变得更小，节约了大量材料和制造成本，更为重要的是，移动机器人的微型化为机器人的应用开辟了更为广阔的前景。移动微型机器人针对狭小非结构环境，如在航空探索、环境探测、军事侦察、机械和生物学中微小物体的采集与运输等特殊场景，执行自主作业任务，并能够非侵入性地进入小的封闭空间，直接操纵微纳米尺度实体或与之交互，这是人类或大多数机器人无法实现的，极大地扩大了机器人的应用范围。本书介绍了移动微型机器人的基本理论和典型应用，无论是研究人员、工程师，还是学生，都需要对这些专业知识和信息有足够的了解和把握。

本书是Metin Sitti教授教学工作的积累。主要内容包括：移动微型机器人的定义及发展历程、缩放规律、所受相关力，移动微型机器人的制造、传感器、机载驱动方式，自推进式的驱动方法，以及远程微型机器人的驱动、动力、运动、定位与控制，微型机器人的应用等。本书语言精练，内容深入浅出，实例简单易懂，知识量大，体现了Metin Sitti教授在移动微型机器人研究领域的高深造诣。

本书第1~6章由哈尔滨理工大学姜金刚翻译，第7、8章由哈尔滨理工大学裘智显翻译，第9、10章由哈尔滨理工大学鲍玉冬翻译，第11章由哈尔滨理工大学薛钟毫翻译，第12、13章由哈尔滨理工大学马宏远翻译。全书由姜金刚统稿、定稿。研究生谭余健、孙乾泷、秦华君、赵铭强、李旭飞、黄宇轩、刘耐斌、张权文、邱群松、熊江龙、王翰、姜仕钊等参与了本书的部分文稿整理工作，在此表示由衷的感谢！

本书可作为高年级本科生和工科研究生设计和研制移动微型机器人的教材，也可作为科研人员和工程师学习移动微型机器人的参考资料。

限于译者的经验和水平，书中难免存在疏漏和不足之处，恳请读者批评指正！

姜金刚
2024 年 5 月 19 日

ACKNOWLEDGEMENTS
致　　谢

如果没有我深爱的妻子 Seyhan 和两个女儿 Ada、Doğa 的爱和支持，这本书是不可能完成的。她们让我的生活更加美好和有意义。我非常幸运和幸福，因为我的父母和两个姐妹也在一直无条件地爱我、支持我。我的父亲一直是我做人并成为有理想的知识分子的榜样。

2002 年，我在加州大学伯克利分校作为讲师首次开创并讲授了我的第一门微/纳米机器人课程，当时有 43 名博士生和 2 名本科生参加。这是令人惊叹的第一次教学经历，随后我作为教授在卡内基·梅隆大学继续讲授这门课程长达 11 年。课程的内容每次都在发展和变化，这本书代表了该课程的最新版本，主要关注移动微型机器人。我希望它能帮助想讲授这类课程的教授，或想学习或开始研究微型机器人的研究者。

自 2002 年以来，我有幸指导了众多优秀的博士后、博士生、硕士生和本科生，并与他们一起度过了愉快的时光。对于这本书，我特别感谢我之前的学生 Eric Diller，他在 2013 年和我一起写了一本关于微型机器人的教程，这是这本书的起点。我也感谢我以前和现在的学生及博士后：Chytra Pawashe、Steven Floyd、Rika Wright Carlsen、Jiang Zhuang、Slava Arabagi、Bahareh Behkam、Uyiosa Abusonwan、Burak Aksak、Bilsay Sümer、Çağdaş Önal、Michael Murphy、Yiğit Mengüç、Onur Özcan、Yun Seong Song、Zhou Ye、Joshua Giltinan、Hakan Ceylan、Ceren Garip、Lindsey Hines、Guo Zhan Lum、Xiaoguang Dong 和 Shuhei Miyashita。他们的工作和论文构成了书中的某些部分。此外，我还要感谢 Hakan Ceylan、Byungwook Park 和 Ahmet Fatih Tabak 为小节提供了某些文本和参考，Wendong Wang、Wenqi Yu 和 Sukho Song 为表提供了具体信息，Lindsey Hines、Kirstin Petersen、Thomas Endlein、Massimo Mastrangeli、Byungwook Park、Rika Wright Carlsen 和 Wendong Wang 对某些章节进行了检查和反馈。最后我要感谢我的助手 Janina Sieber 的帮助，并感谢 Alejandro Posada 为本书绘图。

CONTENTS
目　　录

译者序
致谢

第1章　绪论 …………………… 1
  1.1　不同尺度移动微型机器人的定义 …………………… 1
  1.2　微型机器人的发展历程 …… 5
  1.3　本书概览 …………………… 7

第2章　微型机器人的缩放定律 …………………… 10
  2.1　动态相似性和无量纲数 …… 11
  2.2　表面积和体积的缩放及其意义 …………………… 14
  2.3　机械、电气、磁和流体系统的缩放 …………………… 14
  2.4　小尺度运动系统的放大实例研究 …………………… 17
  2.5　习题 …………………… 18

第3章　作用在微型机器人上的力 …………………… 20
  3.1　相关定义 …………………… 21
  3.2　空气和真空中的表面力 …… 23
    3.2.1　范德华力 …………… 24
    3.2.2　毛细力（表面张力）…… 26

  3.2.3　静电力 …………………… 29
  3.2.4　通常的微米尺度力的比较 …………………… 30
  3.2.5　特殊相互作用力 ……… 31
  3.2.6　其他几何形状接触产生的力 …………………… 31
  3.3　液体中的表面力 …………… 32
    3.3.1　液体中的范德华力 …… 32
    3.3.2　双层力 ………………… 33
    3.3.3　水合（斯特里克）力 … 34
    3.3.4　疏水力 ………………… 34
    3.3.5　总结 …………………… 34
  3.4　附着力 …………………… 35
  3.5　弹性接触的微纳力学模型 … 36
    3.5.1　其他接触几何形状 …… 40
    3.5.2　黏弹性效应 …………… 41
  3.6　摩擦和磨损 …………………… 41
    3.6.1　滑动摩擦 ……………… 42
    3.6.2　滚动摩擦 ……………… 43
    3.6.3　旋转摩擦 ……………… 44
    3.6.4　磨损 …………………… 44
  3.7　微流体 …………………… 44
    3.7.1　黏性阻力 ……………… 45
    3.7.2　拖曳扭矩 ……………… 46
    3.7.3　壁效应 ………………… 47

3.8 微米尺度力参数的测量
  技术 ················· 47
3.9 热性能 ················· 49
3.10 确定性与随机性 ······ 50
3.11 习题 ··················· 50

第4章 微型机器人制造 ······ 53
4.1 双光子立体光刻 ········ 55
4.2 晶圆级工艺 ············· 57
4.3 图案转印 ··············· 57
4.4 表面功能化 ············· 59
4.5 精密微装配 ············· 60
4.6 自装配 ·················· 61
4.7 生物相容性和生物可降解性 ··· 61
4.8 中性浮力 ··············· 62
4.9 习题 ··················· 63

第5章 微型机器人传感器 ····· 64
5.1 微型摄像机 ············· 65
5.2 微米尺度传感原理 ······ 66
 5.2.1 电容传感 ········· 66
 5.2.2 压阻传感 ········· 67
 5.2.3 光学传感 ········· 69
 5.2.4 磁弹性遥感 ······ 70

第6章 微型机器人的机载
  驱动 ··················· 73
6.1 压电驱动 ··············· 73
 6.1.1 单晶压电驱动器 ······ 77
 6.1.2 案例研究：基于扑翼的
   小尺度飞行机器人驱动 ··· 78
 6.1.3 双晶压电驱动器 ······ 81
 6.1.4 压电薄膜驱动器 ······ 82
 6.1.5 聚合物压电驱动器 ···· 82

6.1.6 压电纤维复合驱动器 ······ 82
6.1.7 采用压电驱动器的冲击
   驱动机构 ················· 83
6.1.8 超声波压电电动机 ······· 83
6.1.9 压电材料传感器 ········· 84
6.2 形状记忆材料驱动 ·········· 84
6.3 聚合物驱动器 ·············· 85
 6.3.1 导电聚合物驱动器 ······ 86
 6.3.2 离子聚合物-金属复合
   材料驱动器 ············· 87
 6.3.3 介电弹性体驱动器 ······ 87
6.4 微机电系统微型驱动器 ······ 88
6.5 磁流变和电流变液驱动器 ···· 89
6.6 其他 ······················· 90
6.7 总结 ······················· 90
6.8 习题 ······················· 90

第7章 自推进式微型机器人的
  驱动方法 ··············· 92
7.1 基于自生成梯度或场的
  微驱动 ··················· 92
 7.1.1 自电泳推进 ··········· 92
 7.1.2 自扩散泳推进 ········· 94
 7.1.3 基于自生成微气泡的
   推进 ··················· 95
 7.1.4 自声泳推进 ··········· 96
 7.1.5 自热泳推进 ··········· 96
 7.1.6 基于自生成马兰戈尼流的
   推进 ··················· 97
 7.1.7 其他 ················· 98
7.2 基于生物混合细胞的微驱动 ··· 98
 7.2.1 作为驱动器的生物
   细胞 ·················· 100

- 7.2.2 细胞与人工成分的结合 ……………… 101
- 7.2.3 控制方法 …………… 102
- 7.2.4 案例研究：细菌驱动的微型游动机器人 …… 103
- 7.3 习题 …………………… 109

第8章 远程微型机器人驱动 ………………… 110
- 8.1 磁驱动 ………………… 110
  - 8.1.1 磁场安全 ………… 112
  - 8.1.2 磁场的产生 ……… 113
  - 8.1.3 特殊的线圈结构 … 114
  - 8.1.4 非均匀场设置 …… 115
  - 8.1.5 驱动电子设备 …… 116
  - 8.1.6 永磁体产生的场 … 116
  - 8.1.7 磁共振成像系统的磁驱动 ……………… 117
  - 8.1.8 六自由度磁驱动 … 118
- 8.2 静电驱动 ……………… 119
- 8.3 光驱动 ………………… 120
  - 8.3.1 光热机械微驱动 … 120
  - 8.3.2 光热毛细微驱动 … 120
- 8.4 电毛细驱动 …………… 121
- 8.5 超声波驱动 …………… 121
- 8.6 习题 …………………… 122

第9章 微型机器人的动力 …… 123
- 9.1 运动所需的功率 ……… 124
- 9.2 机载储能 ……………… 125
  - 9.2.1 微型电池 ………… 125
  - 9.2.2 微型燃料电池 …… 126
  - 9.2.3 超级电容器 ……… 127
  - 9.2.4 核（放射性）微功率电源 ……………… 127
  - 9.2.5 弹性应变能 ……… 127
- 9.3 无线（远程）供电 …… 127
  - 9.3.1 通过射频场和微波进行无线供电 ……… 128
  - 9.3.2 光学功率束传输 … 128
- 9.4 能量收集 ……………… 129
  - 9.4.1 利用太阳能电池收集入射光 …………… 129
  - 9.4.2 机器人运行介质中的燃料或ATP ……… 129
  - 9.4.3 以酸性介质为动力的微型电池 ………… 129
  - 9.4.4 机械振动收集 …… 130
  - 9.4.5 温度梯度收集 …… 130
  - 9.4.6 其他收集方式 …… 130
- 9.5 习题 …………………… 131

第10章 微型机器人的运动 … 132
- 10.1 固体表面运动 ………… 133
  - 10.1.1 基于拉力或推力的表面运动 …………… 133
  - 10.1.2 受生物启发的双锚爬行 ………………… 134
  - 10.1.3 基于黏滑运动的表面爬行 …………… 135
  - 10.1.4 滚动 …………… 136
  - 10.1.5 微型机器人表面运动实例 …………… 136
- 10.2 3D流体中的游动运动 …… 143

10.2.1　基于拉力的游动 ……… 144
　　10.2.2　基于鞭毛或起伏的生物
　　　　　　启发的游动 …………… 144
　　10.2.3　基于化学推进的
　　　　　　游动 …………………… 145
　　10.2.4　基于电化学和电渗
　　　　　　推进的游动 …………… 146
10.3　水面运动 ……………………… 146
　　10.3.1　静力学：停留在液体-
　　　　　　空气界面上 …………… 146
　　10.3.2　液体-空气界面上的动态
　　　　　　运动 …………………… 148
10.4　飞行 …………………………… 150
10.5　习题 …………………………… 151

第 11 章　微型机器人的定位
　　　　　与控制 ……………… 153
11.1　微型机器人的定位 …………… 153
　　11.1.1　光学追踪 ……………… 153
　　11.1.2　磁追踪 ………………… 153
　　11.1.3　X 射线追踪 …………… 154
　　11.1.4　超声追踪 ……………… 155
11.2　控制、视觉、规划和
　　　学习 ………………………… 155
11.3　多机器人控制 ………………… 156
　　11.3.1　通过局部捕获定位 …… 157

　　11.3.2　通过异质机器人设计
　　　　　　定位 …………………… 158
　　11.3.3　通过选择性磁禁用进行
　　　　　　定位 …………………… 160
11.4　习题 …………………………… 163

第 12 章　微型机器人的应用 … 164
12.1　微小零件操纵 ………………… 164
　　12.1.1　基于接触式的机械推动
　　　　　　操纵 …………………… 164
　　12.1.2　基于毛细力的接触式
　　　　　　操纵 …………………… 165
　　12.1.3　非接触式流体操纵 …… 165
　　12.1.4　自主操纵 ……………… 169
　　12.1.5　生物物体操纵 ………… 170
　　12.1.6　团队操纵 ……………… 170
　　12.1.7　微型工厂 ……………… 171
12.2　医疗保健 ……………………… 172
12.3　环境修复 ……………………… 173
12.4　可重构微型机器人 …………… 173
12.5　科研工具 ……………………… 175

第 13 章　总结与展望 ………… 177
13.1　现状总结 ……………………… 177
13.2　未来展望 ……………………… 178

参考文献 ……………………………… 180

CHAPTER 1

第 1 章

绪 论

在过去二十年中，微纳米尺度（micro/nanoscale）科学技术的重大进步，为新的微系统在医疗保健、生物技术、制造业和移动传感器网络等领域的高影响力应用带来了更多的需求和可能。这样的微系统能够非侵入性地进入小的封闭空间（例如人体内部和微流体设备），并直接操纵微纳米尺度实体或与之交互。由于人类或宏观尺度（macroscale）机器人的感知、精度和尺寸无法实现这些所需的特性，微型机器人已成为一个新兴的机器人领域，将我们的交互和探索的能力扩展到亚毫米尺度。此外，移动微型机器人可以高效率大批量制造，其中微型机器人的密集网络现在能实现新的大规模并行、自组织、可重构、集群或分布式的系统。为了达成这些目的，在过去的十年中，许多科研团队设计出了各式各样的无约束（untethered）移动微型机器人系统。这种无约束微型机器人可以应用于很多崭新的领域，如人体内部的微创诊断和治疗、微流体设备内部的生物研究或生物工程应用、桌面微制造、用于环境和健康监测的移动传感器网络等。

1.1 不同尺度移动微型机器人的定义

典型的宏观尺度移动机器人是一种独立、无约束、可重编程的机器，可以在给定的环境中感知、移动和学习，以实现给定的任务。但是，移动机器人什么时候才能被称为移动微型机器人呢？显然微型机器人这个术语还没有一个标准化的定义。我们尝试在文献中总结出一个定义来对不同的微型机器人进行分类。首先，我们定义移动微型机器人的两个特征[65]：

- 总体大小：移动微型机器人必须能够以最小的侵入性直接进入微小空间（所有维度大小均小于 1mm），这就需要无约束操作，并且移动机器人的所有维度大小都小于 1mm。
- 机器人力学的缩放效应：移动微型机器人在给定环境中的运动力学和物理交互由微

米尺度的物理力和效应主导。因此，与体积相关的力（例如惯性力、重力和浮力）几乎可以忽略不计，或者可和与表面积、周长相关的力（例如黏性力、拖曳力、摩擦力、表面张力和附着力）相当。

为了集成这些特征，我们将移动微型机器人定义为移动机器人系统，其无约束的移动组件的所有维度大小都小于1mm、大于1μm，其力学由微米尺度的物理力和效应主导。因此，对于微型机器人来说，体积力可以忽略不计，或者和与表面积、周长相关的力相当。此外，对于游动微型机器人来说，黏性力比惯性力大得多，从而导致雷诺数小于1，其中雷诺数是惯性力与黏性力的比值。在微米尺度上，流体流动大多是稳定的，大多处于斯托克斯流态。微型机器人在水中的（随机的）布朗运动是由它们在室温下与水分子的随机碰撞引起的，可以忽略不计。此外，微型机器人由亚毫米尺度的组件（如微型驱动器、微型传感器和微型结构）制成，并通过不同于传统宏观尺度加工技术的微制造方法制造。最后，它们对于给定的任务（如操纵、感知、物质（cargo）输送和投递，以及局部加热）具有特定的功能。

根据给定的应用，目前文献中移动微型机器人有两种主要的设计、构建和控制方法：

- 机载方法：与典型的宏观尺度移动机器人类似，微型机器人是独立的和无约束的，机器人的所有维度大小都小于1mm。这里，机载机器人的所有组件，如机械装置、工具、驱动器、传感器、电源、电子设备、计算机和无线通信模块，都必须缩小到微米尺度。
- 非机载方法：微型机器人系统的移动、无约束组件都是远程（非机载）驱动、传感、控制或供电的，这些组件的所有维度大小都小于1mm，而整个系统可以非常大。

一方面，由于所有机载组件的微型化挑战，机载方法在技术上更难实现。然而，它使移动微型机器人能够在大型工作空间中导航，例如在户外，这是用于环境监测和探索的移动传感器网络应用所需要的。另一方面，在受限的工作空间（例如人体和微流体芯片）中操作时面临的微型化挑战较少，因此非机载方法更容易实施。对于医疗保健、生物技术、微流体和桌面微制造领域的潜在微型机器人应用来说，这种有限的工作空间是不成问题的。因此，目前文献中几乎所有的移动微型机器人研究都使用了非机载方法，我们对微型机器人的定义也涵盖了此类研究。

除了上述机载和非机载方法外，微型机器人还可以分为人工合成机器人和生物混合机器人。在前一种情况下，微型机器人完全由人工合成材料（如聚合物、磁性材料、硅、氧化硅、金属合金、复合材料、弹性体和金属）制成，而后一种情况由生物材料和合成材料一起制成。生物混合微型机器人通常与单个或多个细胞（如心肌、骨骼肌细胞），或者与微生物（如细菌、藻类、游动精子和原生动物）集成，并由细胞内部或环境中的化学能提供动力。它们在微米尺度上获得生物细胞高效而强大的推进、感知和控制能力。这样的细胞可以在给定的生理兼容环境中驱动机器人，感知环境刺激，通过各种机制（如趋化性、趋磁性、趋电性、趋光性、趋热性和趋气性）控制机器人的运动。

报告表明移动微型机器人的尺寸为从亚微米到厘米尺度。我们可以将这些不同长度尺度的微小机器人分类为毫米级机器人、微型机器人和纳米级机器人，如表1.1所示。这些小型机器人具有不同的主导物理力和主导物理效应。对于机载方法，它们的机载组件的总体尺寸必须比给定机器人的总体尺寸小得多。对于毫米级机器人来说，是宏观尺度的力（如体积力）主导着机器人力学，而不是微米尺度的力和效应。当雷诺数远大于1时，流体动力学是不稳定的，甚至开始周期性地湍流。对于纳米级机器人来说，连续统力学的假设在亚微米尺度上可能是无效的，布朗运动和化学反应等效应使得机器人会产生高度随机行为。纳米级机器人的流体动力学不再由纳维-斯托克斯方程精确描述，因此与雷诺数不相关。

表 1.1 不同尺度的移动机器人的定义（雷诺数是惯性力与黏性力的比值，它决定了流体动力学状态。）

移动机器人类型	整体大小	作用在机器人上的主导力
毫米级机器人	1mm～10cm	宏观尺度与体积相关的力；雷诺数≫1
微型机器人	1μm～1mm	微米尺度与表面积或周长相关的力；可忽略的布朗运动；雷诺数～1或≪1
纳米级机器人	<1μm	纳米尺度的物理和化学力；不可忽略的随机布朗运动

表1.1中所描述的尺度范围在制造、驱动、运动机制和供电方面提出了巨大的新挑战，这在宏观尺度移动机器人中是从未有过的。因为新的物理原理开始决定机器人的行为，微型机器人的研究也吸引了众多科研团队。流体动力学、随机运动和较短时间尺度的变化也对与机器人单元如何移动和相互作用相关的自然工程概念提出了挑战。在小规模设计和操作机器人时，必须要考虑这些物理效应。

图1.1概述了移动微型机器人的优势、挑战和潜在应用。我们看到微型机器人作为微米尺度物理和动力学的新平台，有望以非侵入的方式进入小空间。与其他机器人系统相比，它们可以在满足经济性的条件下批量制造，用于潜在的大规模并行应用。然而，在微型机器人的设计和控制中出现了一些挑战，例如非直觉的吸引/排斥和接触/非接触的物理力、功率和启动的有限选择、制造上的重要限制，以及定位这种微型机器人的困难。微型机器人领域吸引了很多学者研究，因为它在医疗保健、生物技术、微流体、移动传感器网

络和桌面微制造中有潜在的应用。一个用于医疗应用的移动微型机器人示例的概念示意图如图 1.2 所示，可以看到其可能的组成部分和功能。

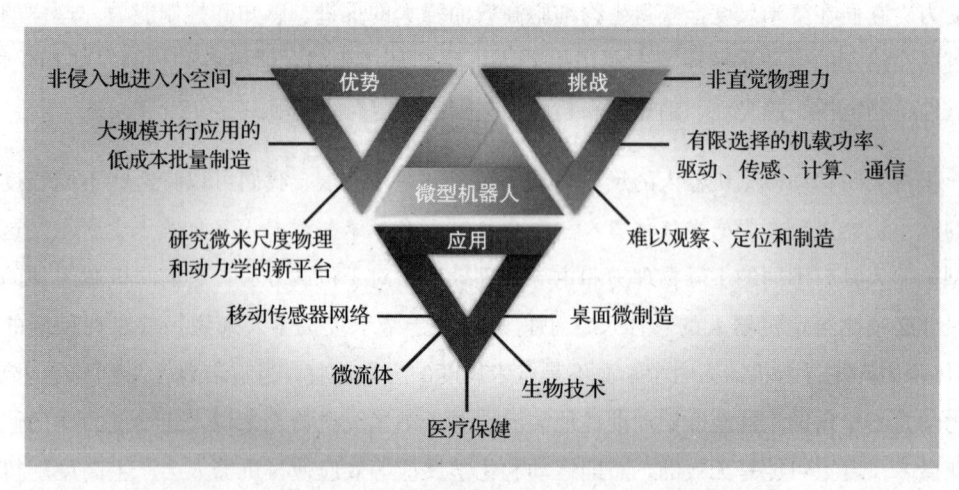

图 1.1 图示显示了移动微型机器人的优势、挑战和潜在应用

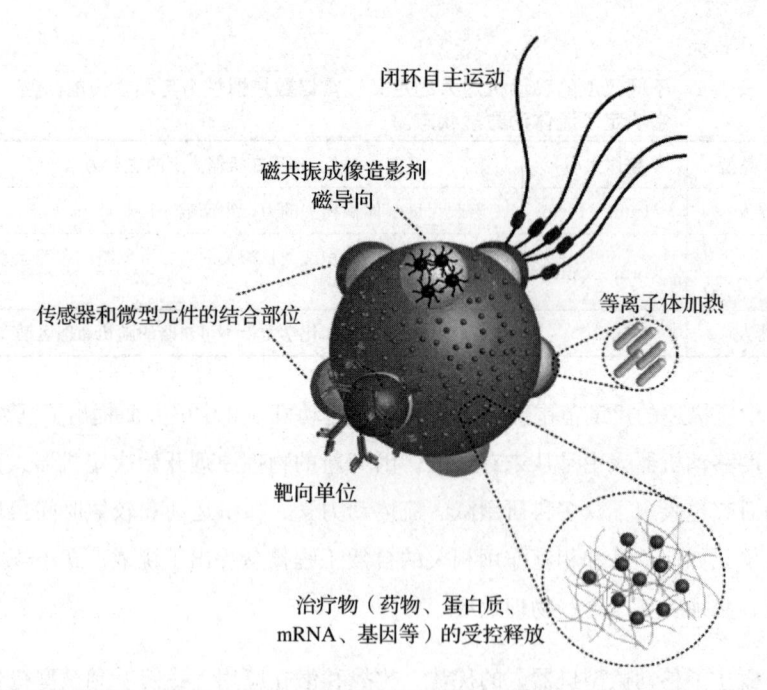

图 1.2 具有空间选择性表面功能化的未来移动微型机器人示例的概念示意图以用于潜在的医疗应用。每个功能组件可以组装在一个主体上。主体进一步可以作为一个大型储存库，储存用于在作用部位启动受控释放的治疗物。闭环自主运动（例如，生物混合设计）可以将环境信号与运动耦合。靶向单位可以到达预定的身体部位并进行定位。医疗成像（例如磁共振成像（MRI））的造影剂装载在微型机器人上，可以实现可视化以及按需远程操纵磁导向。金属纳米棒可以实现远程等离子体加热或射频（RF）加热，通过低温疗法分解肿瘤组织

1.2 微型机器人的发展历程

自 20 世纪 90 年代以来,微机电系统(MEMS)的发展和使用的增加推动了无约束微型机器人的发展。MEMS 制造方法允许利用广泛的材料实现精确的特征,这对于功能化微型机器人是非常有用的。在过去的几年中,微型机器人的工作激增,该领域相对较新且发展较快[55,66-68]。图 1.3 展示了对一些已发表的新型微型机器人技术,以及它们的大致总体尺度的概述。

第一台微型机器是费曼在 1959 年的 "There's Plenty of Room at the Bottom" 演讲中构思的。在流行文化中,由于 1966 年的科幻电影 *Fantastic Voyage* 和 1987 年的电影 *Innerspace*,许多人对微型机器人的领域比较熟悉。在这些电影中,微型游动机器人被注射到人体内,并进行无创外科手术。对无约束机器人的首次研究最近才做,其所用原理将发展成为微型机器人驱动原理,例如引导人体内的微型永磁体的磁性立体定向系统[1] 和在组织中移动的磁驱动螺钉[2]。无约束微型机器人的其他重要里程碑研究包括受细菌启发的游动推进[69]、细菌推进的珠[3,70]、可操纵的静电爬行微型机器人[8]、激光驱动的微型步行机器人[9]、MRI 设备驱动的磁珠[10] 和磁驱动毫米级镍机器人[71]。在这些最初的研究之后,又出现了其他新颖的驱动方法,如螺旋推进[11,12]、粘滑运动的爬行微型机器人[13]、作为微型机器人的趋磁细菌群[72]、光学驱动的"气泡"微型机器人[18] 和通过从定向激光点传递动量直接驱动的微型机器人[19] 等。图 1.4 和图 1.5 显示了文献中针对微型机器人在 2D 和 3D 空间中移动提出的一些现有方法。这些方法大多属于非机载(远程)微型机器人的驱动和控制方法,将在后面详细讨论。显然,实际的微型机器人和流行的微型机器人描述中缩小的设备并不相似。

作为移动微型机器人发展的附加驱动力,移动微型机器人比赛始于 2007 年,当时是流行的 Robocup(机器人足球世界杯)机器人足球比赛的"纳米级"联赛[73]。自那以后,这项一年一度的活动已转移到 IEEE 国际机器人与自动化会议中,并向团队提出挑战,要求他们用一个小于 500μm 的无约束微型机器人来完成各种移动和操作任务。这场比赛促使多个研究小组开始研究微型机器人,并帮助确定了微型机器人研究领域最迫切的挑战。

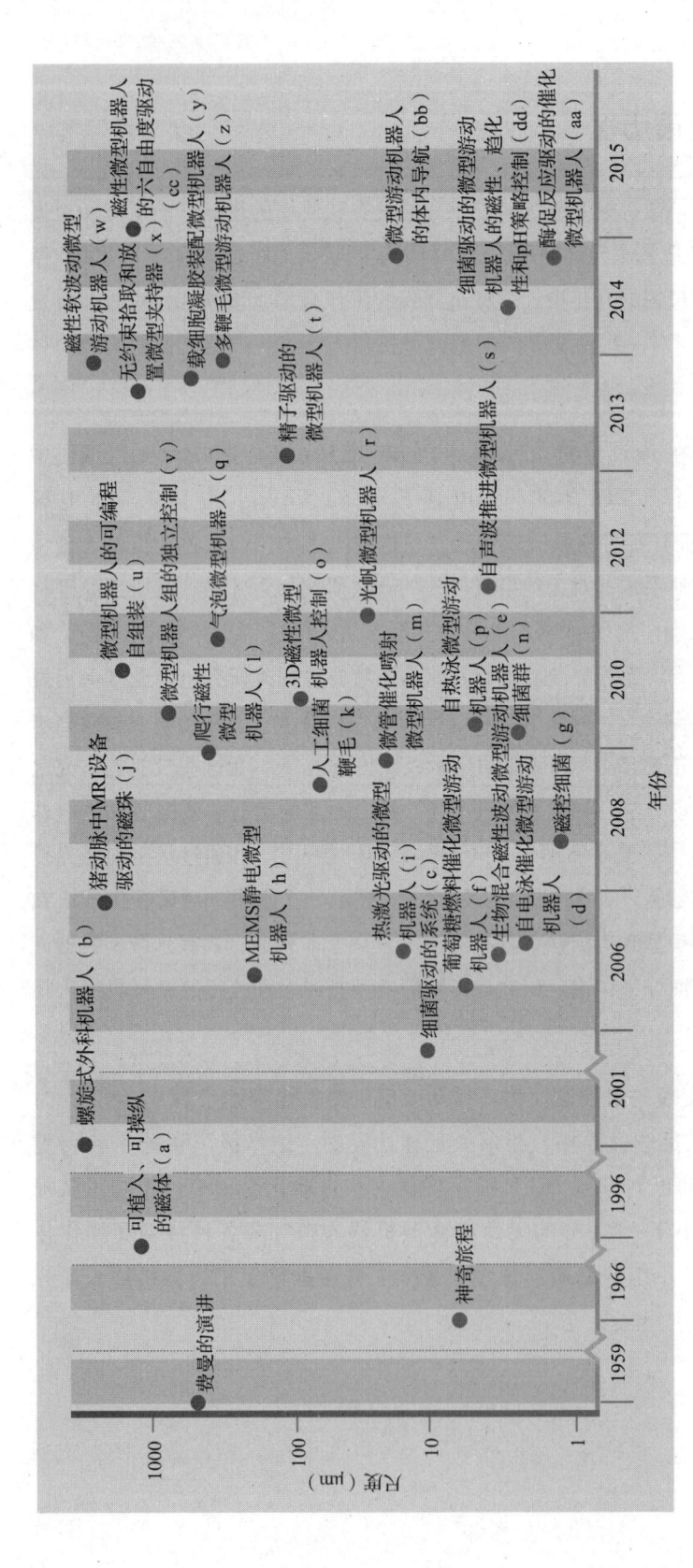

图1.3 图示为新型微型机器人系统发展的时间轴，其总体尺度作为重要的里程碑。(a) 由外部电磁线圈操纵的可植人微型永磁体[1]。(b) 螺旋式外科毫米级机器人[2]。(c) 细菌驱动的生物混合微型机器人[3]。(d) 自电泳催化微型机器人[4]。(e) 生物混合磁性波动微型游动机器人[5]。(f) 葡萄糖燃料催化微型游动机器人[6]。(g) 磁控细菌[7]。(h) MEMS静电微型机器人[8]。(i) 热激光驱动的微型机器人[9]。(j) 猪动脉中MRI设备中的微型驱动的磁珠[10]。(n) 细菌群作为微型机器人操作系统[15]。(o) 3D磁性微型混合生物游动机器人[16]。(p) 自热泳微型游动机器人[17]。(q) 气泡微型喷射微型机器人[18]。(r) 光帆微型机器人[19]。(s) 自声波推进微型机器人[20]。(t) 磁子驱动的生物混合微型游动机器人[21]。(w) 磁性软波动微型机器人[25]。(x) 无约束拾取和放置微型夹持器[29-30]。(cc) 磁性微型机器人的六自由度导航[22-24]。(y) 载细胞凝胶装配微型支持器[26]。(aa) 酶促反应驱动的催化微型游动机器人[27]。(bb) 微型游动机器人pH策略控制[28]。(dd) 细菌驱动的微型机器人的磁性、趋化性和pH策略控制[22-24]

a）磁性　　　　　　b）光学/热学

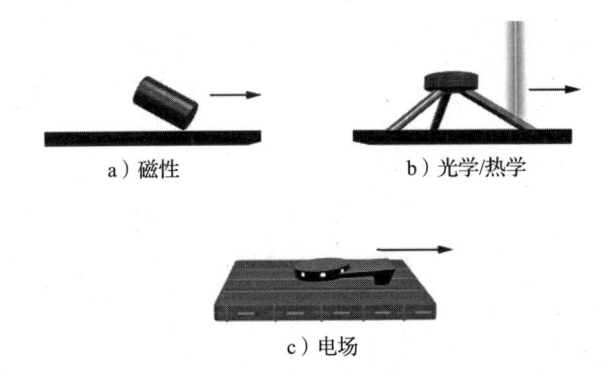

c）电场

图 1.4　一些现有的在 2D 空间驱动和控制移动微型机器人的远程（非机载）方法。a）磁驱动爬行机器人，包括 Mag-μBot[13]、Mag-Mite 磁性爬行微型机器人[32]、磁性微转运器[33]、滚动磁性微型机器人[34]、抗磁悬浮毫米级机器人[35]、自装配表面游动微型机器人[36] 和磁性薄膜微型机器人[37]。b）热驱动微型机器人，包括激光激活的爬行微型机器人[9]、微光帆船[19] 和光控气泡微型机器人[18]。c）电驱动微型机器人，包括静电刮擦驱动的微型机器人[38] 和静电微型仿生机器人[39]。在 2D 空间中操作的其他微型机器人包括压电磁性微型机器人 MagPieR[40] 和电润湿液滴微型机器人[41]

a）化学推进　　　　　　b）游动

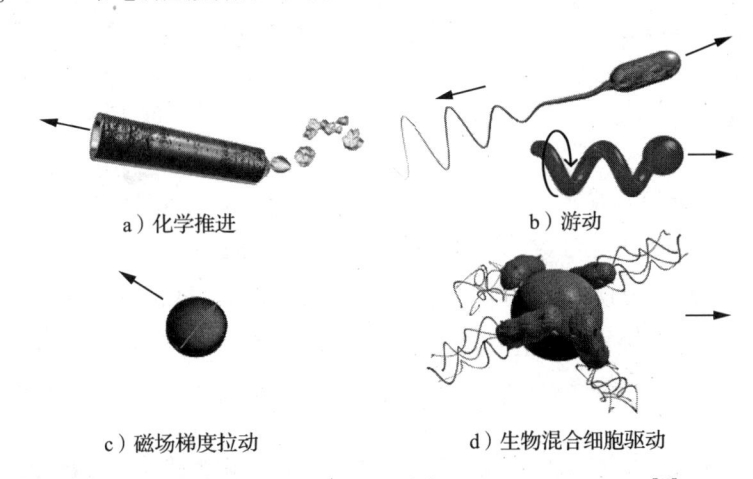

c）磁场梯度拉动　　　　d）生物混合细胞驱动

图 1.5　a）化学推进设计，包括微管喷射微型机器人[14]、催化微纳米电动机[42] 和电渗微型游动机器人[43]。b）微型游动机器人，包括胶体磁性微型游动机器人[5]、磁性薄膜螺旋微型游动机器人[44]、通过掠射角沉积法制备的微米尺度磁性螺旋[12]、通过激光直写技术制造的具有物质搬运仓的螺旋微型机器人[45]，以及将磁头制成薄膜并利用残余应力轧制的螺旋微型机器人[46]。c）使用磁场梯度在 3D 空间中拉动的微型机器人，包括能够使用 OctoMag 系统[16] 和由 MRI 供电、成像的磁珠[47] 在 3D 空间中实现五自由度运动的镍微型机器人。d）细胞驱动的生物混合方法，包括人工趋磁细菌[48]、心肌细胞驱动的微型游动机器人[49]、细菌驱动的微珠的趋化性操纵[24]、精子驱动和磁操纵的微型机器人[21] 以及操纵微米尺度砖块的趋磁细菌群[15]

1.3　本书概览

本书向读者介绍了移动微型机器人这一新兴的机器人领域。第 2 章介绍了可用于确定微米尺度主导力和效应的缩放定律。当我们设计和分析不同的微型机器人时，这些定律也会给我们一种重要的物理直觉。此外，这种缩放定律可以用来设计和制造按比例增大的机器人，以了解微型机器人系统的设计和控制原理，而在微米尺度上直接进行实验研究是比较困难的。

第3章给出了作用在微型机器人上的力，如表面力、附着力、摩擦力和黏性阻力，并对简单球形微型机器人和平面（flat surface）相互作用的情况进行了分析建模。空气中重要的表面力通常是微型系统的范德华力、毛细力和静电力。在液体中，范德华力仍然存在，但许多其他表面力（如双层力、水合力和疏水力）也变得十分重要。当微型机器人接触表面或其他机器人时，表面力会引起附着，这是界面物理特性、切触几何和载荷的函数。对于弹性和粘弹性材料，使用微纳米尺度的接触力学模型对这种附着力和表面变形进行建模。当机器人移动并在与其接触的另一个固体表面上施加剪切力时，对微纳米尺度的摩擦力的建模和解释至关重要。该章对滑动、滚动和旋转类型的摩擦力进行了近似建模。在流体内部，微流体力（如黏性阻力和拖曳扭矩）对建模很重要，同时在给定的操作环境中具有可能的壁效应（即附近的墙壁导致的流体流动和力的变化）。最后，描述了可用于表征这种微米尺度力参数的测量技术，以便力模型可以使用真实的经验参数值对现实的机器人行为进行预测。

第4章介绍了微型机器人可能的微加工技术，包括光刻、批量微加工、表面微加工、LIGA（光刻、电铸和注塑）工艺、深度反应离子蚀刻（DRIE）、激光微加工、双光子立体光刻、电火花加工（EDM）、微铣削等。研究了每种方法的优势和局限性，从而可以为特定微型机器人设计最佳地确定合适的微加工方法。特别是，双光子立体光刻是目前一种令人兴奋的加工方法，可以制造出具有特定表面图案和功能的各种复杂3D微型机器人。

第5章包括微型机器人可能的机载方法和遥感方法。微型摄像机和压阻式、电容式、压电式微型传感器可以被集成到微型机器人上，并适当地缩小尺寸、调节信号和供电。然而，这种机载传感器不适用于亚毫米级机器人，目前对于微型机器人而言，磁弹性遥感和光学传感方法更为可行。

微型机器人可以使用机载微型驱动器来驱动，也可以使用与其操作介质或附着在其上的生物细胞的物理或化学相互作用来自驱动，还可以远程驱动。第6章研究了可能的机载驱动方式，如压电驱动、形状记忆材料驱动、导电聚合物驱动、离子聚合物-金属复合材料驱动、介电弹性体驱动、MEMS静电或热驱动器，以及磁流变和电流变液驱动器。其中一些驱动器可以缩小到微米尺度，作为直接集成到机器人结构中的薄膜或单压电晶片/双压电晶片弯曲型驱动器，其机载驱动、控制和供电对于亚毫米尺度的机器人来说仍然具有挑战性。第7章描述了在适当的液体环境中可以使用自生的局部梯度和场或生物细胞作为驱动源的自推进方法。这种催化（例如，自电泳、自扩散泳、基于自生成微气泡、自声泳、自热泳和基于自生成马兰戈尼流的推进）或生物（细菌、肌细胞和藻类驱动的微型游动机器人）驱动方法不需要任何机载电源、电子设备、处理器和控制电路，这使它们有望用于低至几微米甚至亚微米尺度的移动微型机器人。这种自推进式的微型游动机器人都具有随机性，可以通过环境中的策略刺激来控制。第 8 章介绍了常用的远程微型机器人驱动方法。远程产生的物理力和扭矩可用于驱动在有限工作空间中（例如在人体或微流体设备内）操作的微型机器人。介绍了基于磁力、静电、光学和超声波力或压力的主要远程驱动方法。这些驱动方法是目前除催化微型游动方法外最常见的无约束移动微型机器人驱动方法。

目前所有的移动微型机器人都没有机载供电能力，因此它们通常在操作环境中由燃料远程驱动或自驱动，尚不具备机载功能，如传感、处理、通信和计算。只有在某些生物混合微型机器人设计的特定情况下，细胞内的化学能才能为生物马达提供动力，从而为微型游动机器人的运动提供动力。这种机载功能对于未来具有更先进功能的医疗和其他微型机器人应用是必不可少的。因此，第 9 章涵盖了微型机器人可能的机载供电方法，我们可以集成机载能源/电源，进行无线供电，或从操作环境中收集能量。

第 10 章包括微型机器人在表面上、流体中、空气中和液体-空气界面上的典型运动方法。微型机器人可以有许多不同的运动模式，如 2D 中的表面运动（爬行、滚动、滑动、行走和跳跃）、3D 中的游动（鞭毛推进、拉动、化学推进、身体/尾巴起伏、喷射推进和漂浮/浮力）、2D 中空气-液体界面运动（行走、跳跃、攀爬、滑动和漂浮），以及在 2D 或 3D 中的空中飞行（扑翼、旋翼和悬浮的近表面运动）。我们研究了每种运动模式及其给定的物理条件、可能的驱动方法、功耗和面临的挑战。我们还举例说明了每种运动模式的相关生物对应物。

第 11 章研究了微型机器人的定位和控制方法。根据操作环境的不同，确定无约束微型机器人在空间中的位置是一项重大挑战。该章描述了光学、磁（基于电磁和 MRI）、X 射线和超声追踪方法，以及其给定的分辨率、速度、穿透深度以及潜在的健康和技术问题。接下来，简要描述了微型机器人的控制、视觉、规划和学习的问题。微型机器人组/集群的控制是未来应用的一个重大挑战，该章以磁性微型机器人为例，研究了各种多机器人控制方法。

微型机器人当前和未来的潜在应用在第 12 章中介绍。该章描述了使用接触和非接触方法的生物和合成的微小零件操纵、医疗保健、环境修复、微型工厂、可重构微系统和科研工具的应用，并提出了挑战。

第 13 章总结并描述了微型机器人领域近期需要应对的关键挑战与未来展望。

第 2 章

微型机器人的缩放定律

所有实体，无论其大小，都会受到相同的物理力作用，并被同样的定律支配。通常这种力的量级取决于实体大小，并且对应物理效应的强弱可能会随着尺度发生巨大变化。因此掌握物理系统的缩放定律是在小尺度上正确理解和设计移动机器人的关键。

首先，理解缩放定律可以使我们掌握在给定的环境中哪些物理力和物理效应将主导微型移动机器人的动力学。例如，我们需要知道一个游动机器人的流体力学是由惯性力还是黏性力主导的，从而能够相应地选择最优的推进机制。对这些力的尺度分析表明，黏性力主导着微型游动机器人的动力学。这意味着需要旋转的螺旋鞭毛或起伏的柔性纤毛类型的非往复运动，才能在微米尺度上产生高效的流体推进力，这种推进机制不同于微型仿鱼类机器人使用反向的尾部摆动（即惯性流体力）来有效推进。作为另一个例子，尺度分析可以告诉我们无论是浮力还是表面张力都主导着在水面上腿型机器人的升力。尺度分析表明，对于有亚毫米直径腿的微型机器人，其表面张力相比于浮力而言占据主导地位，这就意味着我们需要设计最佳的机器人腿表面材料（即具有防水涂层或材料的腿）和最佳的腿几何形状（即最大化腿与水面接触的周长，腿半径不是那么重要），从而使基于表面张力的升力最大化[54]。

其次，基于移动微型机器人在制造、驱动、控制和可视化方面的困难，构建与其动态相似的、更大的移动机器人原型有助于更容易地理解、设计和测试它们。本章的缩放定律使我们能够确定两个不同尺度类型的机器人是否动态地相似。例如，由于制造、驱动、控制和测试具有旋转的单根或多根螺旋状纳米鞭毛的微型游动机器人仿生细菌十分复杂，我们可以在油箱中搭建并测试一个放大版厘米尺度的仿生细菌游动机器人，传统的直流电动机用于使该机器人具有的毫米尺度螺旋鞭毛旋转，这与水中鞭毛微型机器人有相同的流体动力学。通过这样一个更大的机器人，我们可以很容易地看到在机器人鞭毛和身体周围流体的流动，并通过改变鞭毛的设计和转速控制参数来描述流体力可能导致的鞭毛弯曲或缠绕[74]。

在自然界中，缩放定律在小动物的能力方面和限制性方面引起了一些有趣的变化趋势。小昆虫通常拥有在更大尺度内不能具备的能力。例如，水黾是利用表面张力而不是浮力来支撑其在水面上的重量[54,75]。其他昆虫跳跃的高度与自身大小成比例[76]。另外，由于时间尺度的加快，振动特性和心率增加，以至于较小动物的寿命缩短[77]。较小的物体也以更快的速度失去热量，因此只有较大的动物才有温血系统。上述类似的调节必须与小型机械系统配合才能有效运行。

2.1 动态相似性和无量纲数

不同大小的机器人只要具有相同的相关无量纲数就具有相似的动力学，这与尺度无关。利用这些相关无量纲数，我们可以构建按比例放大的并且动态相似的机器人来研究微型移动机器人。那么哪些无量纲数与微型机器人有关？为了确定这些无量纲数，我们首先从数学上定义动态相似性。为此，我们用牛顿第二定律推导出一个有用的关系式：

$$F=ma \Rightarrow \frac{F}{ma}=1, \quad (2.1)$$

式中，F是作用在质量为m的机器人上的总外力，使其加速度为a。取$a=U/t$，$U=l/t$，其中U、l、t分别为特征速度、长度和时间，替代a为U^2/l：

$$\frac{Fl}{mU^2}=1=常数 \Rightarrow \frac{mU^2}{Fl}=常数. \quad (2.2)$$

因此，要使两个质量分别为m_1和m_2，力分别为F_1和F_2，长度分别为l_1和l_2，速度分别为U_1和U_2的机器人动态相似，应满足以下条件：

$$\frac{m_1 U_1^2}{F_1 l_1}=\frac{m_2 U_2^2}{F_2 l_2}. \quad (2.3)$$

我们可以用式（2.2）推导出无量纲数是惯性力和另一个给定外力的函数。根据微型移动机器人的运动方式，不同的外力将占主导地位。对于微米尺度的游动，黏性力将主导机器人的动力学。一个半径为R的球体以速度U在动态黏度为μ的液体中运动时，将受到黏性力，为

$$F \approx 6\pi \mu R U, \quad (2.4)$$

我们可以近似为$F \approx \mu l U$。使用式（2.2）中的力模型和$m=\rho l^3$，其中ρ为密度：

$$\frac{mU^2}{Fl}=\frac{\rho l^3 U^2}{\mu v l^2}=\frac{lU}{v}=Re, \quad (2.5)$$

式中，$v=\mu/\rho$ 为运动黏度。雷诺数（Re）等于惯性力与黏性力的比值。作为常见的流体，空气和水在温度为 20℃ 时动态（绝对）黏度分别约为 0.02cP 和 1cP，其中 1cP = 1.0×10^{-3} N·s/m²。空气和水的运动黏度分别为 15cSt 和 1cSt，其中 1cSt = 1.0×10^{-6} m²/s。以体长为 10μm、水中平均速度为 10μm/s 的微型游动机器人为例，$Re=10^{-4}$，说明黏性力主导其流体推进。这里需要注意的是，l 是我们计算雷诺数 Re 所在的运动方向上的特征长度。例如，对于长度为 2μm、宽度为 0.5μm，沿其长度方向游动的椭圆体形状的细菌，计算雷诺数 Re 时，通常选择 $l=2$μm。

作为另一个例子，对于飞行昆虫的扑翼，$l=c$，其中 c 为平均翼弦长度（前缘和后缘之间的最大距离）；$U=2f\phi_w l_w$ 为平均翼尖速度，其中 ϕ_w 为以弧度为单位的扑翼幅值，f 为扑翼频率，l_w 为翼长。因此，对于 $c=2$mm、$f=200$Hz、$l_w=8$mm 的苍蝇，$U=9.6$m/s 和 $Re=1200$。如果你想建立一个具有与苍蝇相同的空气动力学的放大扑翼系统，其中 $c=6$cm、$f=0.2$Hz、$l_w=24$cm（$U=0.3$m/s），则需要把这样的放大系统放在一个油槽里，其中油的黏度应该是水的 13.5 倍左右，即 $v=13.5$cSt，以使两个系统表现出相似的空气动力学行为。因此，这种按比例放大的系统，比如 Dickinson 等人的机器蝇可以使用粒子图像测速法等流体测量技术来对苍蝇的空气动力学进行详细的研究[78]，而在实际苍蝇大小范围内进行研究是具有挑战性的。

尽管重力作用对于进行表面运动的微型移动机器人来说通常起不到重要作用，但是这种力对毫米级机器人在地面上的爬行、行走和奔跑产生了关键影响。对于这种情况，$F=mg$，其中 F 是主导力，g 是重力加速度常数，并且，

$$\frac{mU^2}{Fl}=\frac{mU^2}{mgl}=\frac{U^2}{gl}=Fr, \tag{2.6}$$

式中，l 为特征长度，如正常站立时髋关节离地面的高度。弗劳德数（Fr）等于惯性力与重力的比值。这个数值适用于毫米或更大尺度的任何有腿的地面运动机器人或动物。例如，所有陆地上的双足动物，不论其体型大小，当 Fr 大于 0.5 时，其步态由步行变为奔跑。

如果弹性力占机器人力学的主导，则 $F=k\Delta l$，其中 k 为弹性元件的刚度，Δl 为其变形量。取 $\Delta l \propto l$，$F \approx kl$，有

$$\frac{mU^2}{Fl}=\frac{mU^2}{kl^2}=\frac{U^2}{\omega_0^2 l^2}=\text{常数} \Rightarrow \frac{fl}{U}=St, \tag{2.7}$$

式中，$\omega_0^2=k/m$，ω_0 为弹性系统的固有共振频率，f 为周期运动频率。施特鲁哈尔数（St）等于附加质量与惯性力的比值。施特鲁哈尔数（St）都适用于任何具有周期运动的

微型机器人，无论其弹性力是否占主导地位。

对于在空气（蒸汽）和水（液体）交界处运动的微型机器人，表面张力主导着微型机器人的动力学。因此，我们可以取 $F=\gamma l$ 和 $m=\rho l^3$，其中 γ 是界面的表面张力，从而

$$\frac{mU^2}{Fl}=\frac{\rho l^3 U^2}{\gamma l^2}=\frac{\rho l U^2}{\gamma}=We. \tag{2.8}$$

韦伯数（We）等于惯性力与表面张力的比值。如腿直径为亚毫米尺度的水黾的韦伯数远小于 1，这意味着排斥性表面张力将是其主要的升力机制，涂有蜡的超疏水（超级防水）的毛茸茸的昆虫腿永远不会渗入水面。然而像蛇怪蜥蜴这样在水面上奔跑的大型动物的韦伯数远大于 1，这意味着惯性力会支配蜥蜴的流体动力升力，且蜥蜴的脚会穿透水面，并在水面奔跑过程中产生大量的水花[79]。

除了上述以惯性力为函数的无量纲数外，其他一些有用的无量纲数也与微型移动机器人有关，例如：

❑ 邦德数（Bo）：邦德数等于浮力与表面张力的比值，这对水面运动的机器人很重要。对于微型机器人，就像水黾一样，邦德数远小于 1，这意味着其表面张力与浮力相比占据主导地位。它可以定义为

$$Bo=\frac{\rho g l^2}{\gamma}, \tag{2.9}$$

式中，ρ 是液体密度；l 是特征长度，如液滴的半径或毛细管的半径。

❑ 佩克莱数（Pe）：佩克莱数定义为质量扩散时由对流传递与由布朗运动引起的传递速率之比，为

$$Pe=\frac{lU}{D}. \tag{2.10}$$

式中，D 是质量扩散常数。在小尺度上，佩克莱数小于 1 意味着传递速率受布朗运动的影响。换句话说，小尺度的物体随机地被周围水分子的碰撞挤压。因此，如果佩克莱数远小于 1，机器人动力学将主要做无规则运动，就像纳米尺度粒子的情况一样。

❑ 毛细管准数（Ca）：毛细管准数的定义是作用于液体和气体之间或两种不相溶的液体之间的界面上的黏性力和界面张力的比值。其定义为

$$Ca=\frac{\mu U}{\gamma}, \tag{2.11}$$

式中，γ 为两流体相之间的表面或界面张力。当毛细管准数远大于 1 时，在水和空气或两种不相溶液体之间的界面上，机器人力学中黏性力相比于表面张力占主导地位。

2.2 表面积和体积的缩放及其意义

力对特征尺度 L 的依赖性决定了它在不同尺度上的相对影响。表 2.1 列出了微型机器人中一些常见力的长度依赖性。将 L 的长度尺度因子同构地（在所有三个维度上都是相同的几何缩放）按比例缩小物体的大小，其表面积和体积分别以 L^2 和 L^3 的比例减小。许多力平衡比较的一个主要因子是表面积与体积之比（S/V），它与 L^{-1} 成正比。例如，在自然界中，米级鲸鱼的 S/V 约为 $1 m^{-1}$，而微米级细菌的 S/V 约为 $10^7 m^{-1}$。这意味着表面积与体积之比将在非常小的长度尺度（如微米和纳米尺度）上增加，并且与表面积相关的力和动力学将在微观尺度上开始占主导地位。例如，基于表面积的供电方式（如太阳能电池）对于毫米级或微型机器人来说更有意义，而基于体积的供电方式（如电池组）对于长度尺度小于 100μm 的机器人来说几乎可以忽略不计。除此之外，小液滴的蒸发速度更快。相反，缩放尺度为 L^1 的表面张力，可以在微观尺度下支配与表面积和体积相关的力。在毛细管中，液体表面张力与液体重量相比占主导地位，直径为 1μm 的亲水毛细管可将水举升 30m 左右。

表 2.1 受长度（周长）、表面积和体积影响的不同力的缩放

依赖周长型（$\propto L$）	表面张力
依赖表面积型（$\propto L^2$）	表面力、流体阻力、摩擦力、雷诺数 Re、蒸发量、流体阻力瞬态时间 τ（低雷诺数 Re）、热传导、静电力
依赖体积型（$\propto L^3$）	质量、惯量、热容量、浮力

2.3 机械、电气、磁和流体系统的缩放

如果假定材料的强度、弹性模量、密度、摩擦系数等体积值不随尺寸变化改变，我们就可以分析机械机构的行为是如何缩放的。梁（beam）的弯曲刚度大致随厚度^4/长度$^3 \propto L^1$ 变化。然而，变形量与力/刚度（L^1）成正比，因此变形结构的形状是尺度不变的（scale invariant）。振动系统的共振频率等于 $\sqrt{刚度/质量} \propto L^{-1}$，因此随着尺寸的减小而增大。一个高频振动的共振微米尺度机器人的例子是 MagMite[32]。该双质量系统由于尺寸较小（小于 200μm），共振频率可达几千赫兹。机械功率密度（单位体积的功率）以 L^{-1} 缩放，这意味着微米尺度机器人具有高功率密度的可能性。

小型移动机器人冲击力以 L^4 缩放，加速度以 L^1 缩放，这意味着小尺度移动机器人具有很强的抗冲击能力。如果一只蚂蚁或一个微型机器人从几十米或几百米的高处坠落，它可能不会因受到撞击而损坏。在微米尺度下，由附着力主导接触的摩擦力以表面接触面积（L^2）缩放。因此，对于微米尺度系统，无润滑的旋转销接头容易磨损。所以在微米尺度系统中，使用弯曲接头设计而不是销接头将是更可取和更常见的。

旋转微型镜子所需的机械扭矩以 L^5 缩放，其中旋转质量惯性矩以 L^5 缩放，假定旋转加速度以 L^0 缩放。那么旋转微型镜子所需的扭矩可能会非常小，这意味着在微米尺度上旋转驱动要更加容易得多。例如，德州仪器公司广泛使用的基于数字光处理（DLP）的视觉显示技术使用了微型镜子，这些微型镜子通过静电微型驱动器以极高的速度旋转，所需的扭矩非常低。

当我们将机械系统缩小到纳米尺度时，上述连续机械力和参数缩放关系仍然有效，但需要在纳米尺度下进行一些修正。首先，材料的杨氏模量和强度在纳米尺度上可能会发生变化，我们不能再假设它们是恒定不变的。单壁碳纳米管的模量约为1TPa，而大体积碳纳米管的模量约为300GPa。此外，由于纳米线中的缺陷减少，金属或其他无机纳米线的模量和强度可能高于其主体材料。当量子效应在纳米尺度系统中占主导地位时，位置和速度/动量会存在不确定性。

除了共振频率的增加外，微米尺度生物和机器人的相对运动速度（以运动方向上的体长标准化的绝对运动速度）也在增加，并且远高于大型动物和机器人。细菌以每秒20～40blps（个体长）的速度游动，而鲸鱼仅以每秒0.4blps左右的速度游动。同样，微型机器人可以以高达每秒数百个体长的速度移动，而大型机器人通常每秒只可以移动数个体长。

两个平行带电平板之间的吸引静电力以施加电压的平方、平板面积的平方以及平板间隙的平方反比缩放。对于恒定电压的情况，静电力与 L^0 成正比，即为常数。为了最大化静电力以达到更强驱动力的目的，可以最大化电压到击穿电压附近，该电压以正比于 L^1 的间隙尺寸缩放。因此，在这种情况下，静电力以 L^2 缩放。然而，若平板间隙非常小，连续介质假设被打破，击穿电压以 $L^{-1/2}$ 缩放（见空气隙的经验帕邢曲线[80]），则数百伏（V）的应用将成为可能，例如在几微米尺度的间隙中高达1000V。在这种非连续介质区域，静电力以 L^{-1} 缩放，这意味着在微米尺度上，具有几微米尺度间隙的静电驱动器可以施加显著的力。此外，电线的电阻是长度/面积的函数，它以 L^{-1} 缩放，这意味着微米或更小的电线会有高的电阻和发热问题。电压与 L^1 成正比，电流以 L^2 缩放，电流密度（电流/面积）恒定，即与 L^0 成正比，电容与 L^1 成正比。

利用永磁体或电磁线圈可以远程对永磁微型机器人施加磁驱动力。两个永磁体之间的磁力与 L^2 成正比，因为它的大小与磁体体积的平方和间隙的四次方的倒数成比例。两个永磁体之间的磁力矩与 L^3 成正比，因为它与磁体体积的平方和间隙的三次方的倒数成比例。然而，等距缩放可能不是比较这些驱动方法的最佳缩放方法，因为对于给定的驱动方案，间隙或元件尺寸可能保持不变。例如，对于外部磁体驱动的磁性微型机器人，工作空间的限制可能意味着随着尺寸尺度的减小，驱动磁体可能无法靠近微型机器人。对于基于电磁线圈的磁驱动情况，磁力与 $I^2 R_c^2/g^2$ 成正比，其中 I 为电磁线圈上的电流，R_c 为线圈半径，g 为线圈与永磁体之间的距离。那么，磁力的缩放取决于电流 I 的缩放。对于其中电流密度（电流/面积）在恒电流密度情况下与 L^0 成正比、在恒定热流情况下与 $L^{-1/2}$ 成正比和在恒温情况下与 L^{-1} 成正比的驱动系统，力的缩放分别与 L^4、L^3 和 L^2 成正比[81]。为了使磁场最大化，例如在 MRI 医学影像系统中，线圈（恒温情况）周围需要一个反馈控制的液氦（或水）冷却系统。因此，根据电流密度缩放的条件，在微米尺度上，磁力可以比静电力小得多或与之相当。但总的来说，可以看出静电驱动力比磁力驱动力更容易按比例缩小，尤其是在接近 1μm 的尺度下操作时[82]。

在微流体系统中，雷诺数 Re 以 L^2 缩放，因为它是惯性力（与 L^4 成正比）与黏性力（与 L^2 成正比）的比值。这种缩放定律与在不同大小尺度游动的动物的生物数据非常吻合。对于微型机器人，雷诺数 Re 通常远小于 1，这意味着稳定的层（斯托克斯）流态。在该态，流体与微型机器人和墙壁（例如，微通道）表面之间是典型的无滑动状态。与不稳定的高雷诺数 Re 流相比，层流的建模和分析要容易得多。微型机器人运动过程中的流体边界层厚度至少是几个机器人体长，这可能会对相邻物体或其他机器人产生流体力。由于存在如此厚的边界层，流体微系统的边界条件以及由于相邻微型机器人或表面/物体之间的距离而产生的流体耦合变得至关重要。此外，在斯托克斯流态，两种液体无法在同一微通道内混合，这就需要利用外部激励进行混合。在微通道中产生基于压力的流几乎是不可能的，需要生成基于电动或表面张力的流。

如果没有活跃的外部流体混合，微米尺度下的混合只能以扩散为媒介。假定扩散系数 $D = k_B T/(6\pi \mu R)$ 为常数，则布朗运动引起的分子在流体中的扩散时间以扩散距离的平方（与 L^2 成正比）缩放[83]。其中，玻尔兹曼常数 $k_B = 1.38 \times 10^{-23}$ m²·kg·s⁻²·K⁻¹，T 为开尔文温度，R 为球形分子半径，μ 为液体动态黏度。例如，超过 10μm 的分子比 1cm 的分子扩散得快 100 万倍。

表 2.2 中列出了微米尺度上所有相关物理参数和现象的缩放定律，除特别注明外，均为等距缩放定律。

表 2.2　不同物理参数的近似同构缩放关系和因子

物理参数	缩放关系	缩放因子
长度	长度	L^1
表面积	长度^2	L^2
体积	长度^3	L^3
表面积/体积	面积/体积	L^{-1}
质量	体积	L^3
弯曲刚度	厚度^4/长度^3	L^1
梁共振频率	$\sqrt{刚度/质量}$	L^{-1}
变形	力/刚度	L^1
弹力	刚度×变形	L^2
机械功率	力×速度	L^2
机械功率密度	功率/体积	L^1
微米尺度摩擦力	接触面积	L^2
惯性或冲击力	质量×加速度	L^4
质量惯性矩	质量×长度^2	L^5
旋转力矩	转动惯量×加速度	L^5
表面张力	液体接触周长	L^1
击穿电压	间隙尺寸或间隙尺寸$^{-1/2}$	L^1 或 $L^{-1/2}$
静电力	电压^2×面积/间隙^2	L^2、L^0 或 L^{-1}
电容	面积/间隙	L^1
电阻	长度/面积	L^{-1}
永磁力	体积^2/间隙^4	L^2
电流密度	电流/面积	L^0、$L^{-1/2}$ 或 L^{-1}
电磁力	电流^2×半径^2/间隙^2	L^4、L^3 或 L^2
雷诺数	惯性力/黏性力	L^2
扩散时间	扩散距离^2	L^2

2.4　小尺度运动系统的放大实例研究

　　研究仿生或人工微型机器人运动系统具有挑战性，因为它们难以可视化和制造，而且会改变其物理设计参数。因此，按比例放大的机器人原型可以帮助我们了解微型机器人系统的设计和控制原理。举例来说，对于在液体中利用多螺旋鞭毛的旋转来推进的受细菌启发的细菌微型游动机器人，很难对其鞭毛几何参数进行成像、跟踪和改变。大肠杆菌的菌体呈椭圆形，宽约 0.5μm，长约 2μm，其多根（通常为 2～6 根）螺旋鞭毛的直径约为 20nm，螺旋的幅值约为 200nm，长度约为 4μm，旋转频率约为 100Hz。当每根鞭毛以大约 100Hz 向同一方向旋转时，鞭毛会相互捆绑，细菌以 20μm/s 的速度向前移动。当任何一根鞭毛的旋转方向在给定时间内以随机间隔改变时，鞭毛束就会张开，细菌会翻滚着改变游动方向。细菌在水中直线游动时，细菌直线运动的雷诺数为 $Re = 4 \times 10^{-5}$，鞭毛旋转运

动时的雷诺数为 $Re=2\times10^{-3}$，这意味着黏性力主导了细菌的游动动力学。

为了研究鞭毛长度、螺旋幅值、旋转频率以及多根鞭毛之间的流体耦合对游动推进力和能耗速度的影响，我们可以在厘米尺度上建立一个按比例放大的类细菌游动的机器人原型。那么这两个系统如何具有相同的游动动力学？正如我们在 2.1 节中提到的那样，我们需要在两个不同尺度的系统中具有相同的雷诺数 Re。对于幅值为 1mm、旋转频率为 10Hz 的大型鞭毛模型，要使其具有相同的雷诺数 $Re=2\times10^{-3}$，需要将按比例放大后的模型置于运动黏度比水高 5×10^4 倍的高黏度硅油中。

文献 [74] 使用硅油内部按比例放大的鞭毛系统进行了不同鞭毛参数的实验（图 2.1），以了解它们对推进速度和效率的影响。在文献 [50] 中，利用按比例放大的系统研究了多个鞭毛间距对细菌推进力的影响。在本研究中，定量数据表明减小多根鞭毛之间的间距将减小总推进力，这表明相邻鞭毛之间存在流体耦合。此外，在同一旋转方向上达到临界转速后，相邻的鞭毛开始相互吸引并弯曲形成束状，这解释了生物细菌的多鞭毛是基于流体力的束状结构。

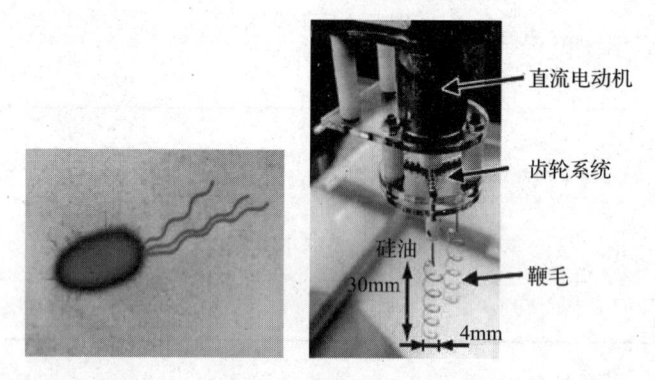

图 2.1 左图：宽约 0.5μm、长约 2μm 的多鞭毛大肠杆菌的透射电子显微镜图像。Copyright © Dennis Kunkel microscope, Inc. 右图：用于测量多鞭毛产生的推力与鞭毛几何形状和距离的函数关系的按比例放大的多个细菌螺旋鞭毛装置示例照片。使用行星齿轮系统确保每个鞭毛以相同的速率单独旋转。经 AIP 出版社许可，重印自文献 [50]

2.5 习题

1. 计算以下系统的雷诺数，其中水的运动黏度 $v=10^{-6}\,\text{m}^2/\text{s}$，空气的运动黏度 $v=1.5\times10^{-5}\,\text{m}^2/\text{s}$：

   a. 一个长 2μm、宽 0.5μm 的细菌以 20μm/s 的速度游动。

   b. 一只飞蛾扑动翅膀 [翼长：3cm。翼宽（弦长）：1cm]，扑翼频率为 50Hz、振幅为 1.5 弧度。

  c. 为构建与上述生物飞蛾动力学相似的扑翼频率为 0.5Hz、振幅为 1.5 弧度的大型仿飞蛾扑翼的飞行机器人，计算机器人在油液中操作所需运动黏度。

  d. 计算上述飞蛾和按比例放大的飞蛾扑翼机器人的施特鲁哈尔数，并比较它们的值。它们应该是相同的吗？

2. 计算水在半径为 100nm 的玻璃毛细管中的上升高度。

3. 对于固定在其底部的长度为 10cm、半径为 2mm 的圆形截面硅梁，计算其一阶模态共振频率。在假设长度等距缩放的情况下，推导出此类梁共振频率的缩放定律。利用这样的缩放定律，计算当尺度缩小 10 000 倍时梁的共振频率。

4. 对于（a）极板间隙距离大于 15μm；（b）极板间隙距离小于 2μm 的情况，分别推导出长度为 v、宽度为 w、间隙距离为 d、施加电压为 V 的两平行极板间静电力的缩放规律。此外，推导这种平行极板的电容缩放定律。

5. 推导当使用电磁线圈产生（a）恒定电流密度；（b）恒定温度的磁场时，磁力的缩放定律。

6. 推导在微通道内两种流体之间粒子扩散时间的缩放定律，以便在每种流体内部混合给定尺寸的粒子。利用这样的缩放定律，计算在 10μm 长度上扩散的时间比在 1mm 长度上扩散的时间快多少。

CHAPTER 3
第 3 章

作用在微型机器人上的力

缩放效应的讨论表明，在小长度尺度下，与表面积和周长相关的力和效应或占主导地位，或和与体积相关的力和效应相当。由于施加在机器人上的微米尺度力通常是非线性的，因此与宏观尺度机器人相比，其机器人动力学对物理、环境和几何参数，以及对干扰和系统初始条件的变化更为敏感。此外，微型机器人在靠近其他固体表面时总是会受到不可忽略的非接触力，而宏观机器人除了磁或电远程相互作用的特殊情况外，其非接触力可以忽略不计。为了设计并控制能够在这种物理差异下正常工作的微型机器人，理解和近似建模表面力是至关重要的。除了建模表面力，当微型机器人在流体中运动时，我们还需要对其进行稳态（层流）甚至非稳态流体力学或空气动力学建模。

两个固体表面（例如，机器人-表面、机器人-机器人、机器人-零件、零件-零件和零件-表面）界面处的微米尺度表面力是以下参数的函数：

- 两个表面的材料属性，如它们的密度、弹性模量、泊松比、剪切模量、摩擦系数、哈梅克常数、表面能、液体接触角、Zeta 电位等；
- 几何形状，如两个表面的形状及表面粗糙度；
- 尺寸，如曲率半径；
- 两个表面之间的间隔距离；
- 环境参数，例如温度、湿度、液体 pH 值和液体离子浓度，这些参数在给定的空气、液体或真空环境中可能影响表面力。

表面力可以是接触力也可以是非接触力，可以是短程力也可以是长程力，可以是吸引力也可以是排斥力。为方便起见，我们假设吸引力为负，而排斥力为正。表面力可以来自纯静电力，如电荷、永久偶极子和四极子；也可以来自极化力，如附近电荷和永久偶极子的诱导偶极矩；还可以来自量子力学力，如共价键或化学键和排斥性原子空间排列或交换的相互作用（泡利不相容原理）。表 3.1 总结了典型的能量、吸引力的基础，以及主要的成键分子内（离子键、共价键和金属键）和非成键分子间（氢键和 Keesom 力，诱导极矩导致的德拜力和伦敦力）相互作用的例子。了解这些相互作用，对于知道给定的材料类型、几何形状、尺寸、表面化学和介质的微观物体之间存在哪些键能和作用力是至关重要的。

表 3.1 典型的能量、吸引力的基础，以及分子内（成键）和分子间（非成键）相互作用的例子

相互作用类型	吸引力的基础	能量/(kJ/mol)	例子
离子键	阳离子-阴离子	400～4000	NaCl、KCl
共价键	核共用电子对	150～1100	C-C 和 C-O 键
金属键	阳离子-自由电子	75～1000	Fe、Cu
氢键	极性键与 H-偶极电荷	10～40	R-OH···OH$_2$
偶极子-偶极子（Keesom 相互作用）	偶极电荷	5～25	三氯甲烷 HCCl$_3$
偶极子-诱导偶极（德拜相互作用）	偶极电荷-可极化电子云	2～10	H-Cl···Cl-Cl
色散（伦敦相互作用）	可极化电子云	0.05～40	任何分子

3.1 相关定义

在开始建模不同环境中的表面力之前，我们先定义一些术语。首先，极性分子不带净电荷，但带有电偶极子（如水和 HCl）。在气相中的极性 HCl 分子中，Cl$^-$ 原子倾向于将 H$^+$ 的电子吸向自己，因此存在一个永久偶极子。

微型机器人及其相互作用表面的润湿性对于控制机器人在液体-空气界面上的动力学非常重要。在液体-蒸气-固体界面上，液体通过形成均匀的薄膜或具有一定接触角的液滴来润湿给定蒸气环境（如空气）中的固体表面。这种特性由热力学平衡时的杨氏定律决定，即

$$\gamma_{LV}\cos\theta_c = \gamma_{SV} - \gamma_{SL}, \tag{3.1}$$

式中，θ_c 为液体接触角，γ_{LV}、γ_{SV} 和 γ_{SL} 分别为液体-蒸气、固体-蒸气和固体-液体界面的表面张力，如图 3.1 所示。

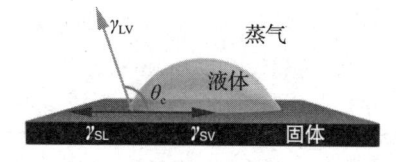

图 3.1 作用于液体-蒸气-固体界面的表面张力示意图，它导致固体表面在特定蒸气（如空气）中的热力学平衡接触角为 θ_c

对于空气中固体表面的水润湿，疏水（憎水）表面的接触角 $\theta_c > 90°$，而亲水表面的接触角 $\theta_c < 30°$。在 30°和 90°之间，表面润湿行为由完全亲水向完全疏水转变。当 $\theta_c > 150°$

时，这种表面被称为超疏水表面，此时水滴几乎变成球状，很容易从表面滚落。典型微型机器人材料的接触角见表 3.2。

表 3.2 微型机器人使用的一些常用材料在空气中的表面张力（液态）/表面能（固态）以及水接触角

材料	表面张力/表面能/(mJ/m²)	水接触角/(°)
水	72.8[84]	—
十二烷	25.4[85]	—
乙醇	22.0[86]	—
甘油	64[87]	—
硅油	19.7[88]	—
共晶镓-铟（EGaIn）	624[89]	—
汞	480[89]	—
铁	978[90]	50[91]
氧化铁	1357[84]	<10[92]
耐热玻璃	31.5[93]	39[93]
石英	59.1[94]	26.8[94]
硅	1250[95]	35.7[96]
二氧化硅	72[97]	<10[97]
金	1283[90]	~0[98]
银	1172[90]	~0[99]
镍	2011[90]	~6.2[100]
钴	2775[90]	~66[101]
铂	2299[90]	~0[98]
铜	1950[90]	~7.4[100]
光刻胶 SU-8	45.2[102]	74[102]
聚氨酯	37.5[103]	77.5[103]
对二甲苯-C	19.6[104]	87[104]
PDMS（聚二甲基硅氧烷）	21.8	107[105]
PTFE（聚四氟乙烯）	19[105]	109[105]
PMMA（聚甲基丙烯酸甲酯）	38[105]	71[105]
PEG（聚乙二醇）	43[105]	63[105]
ABS（丙烯腈-丁二烯-苯乙烯）	43[105]	63[105]
PET（聚对苯二甲酸乙二醇酯）	39[105]	72[105]
PS（聚苯乙烯）	34[105]	87[105]

水的接触角取决于固体表面的表面张力，这是由材料属性或表面化学涂层以及表面粗糙度（即几何形状）决定的。要实现超疏水表面，疏水表面材料需要具有非常低的表面能，如特氟龙，或者需要涂有低表面能的单层或多层材料，如聚四氟乙烯。如果疏水表面也具有微纳结构，如荷叶表面，则水滴接触角可增加到 170°~180°。如果表面是亲水的，

那么微纳结构会进一步减小接触角。为了理解这些几何效应，我们可以分析图 3.2 所示的 Cassie 和 Wenzel 状态。如果非结构化原子级光滑表面的静态接触角为 θ_c，并符合以下条件：

$$\cos\theta_c < \frac{\phi_s - 1}{r_s - \phi_s}, \tag{3.2}$$

式中，ϕ_s 是固液界面的总面积分数（$\leqslant 1$），r_s 是粗糙度系数（=实际纹理面积/零纹理面积$\geqslant 1$），则 Cassie 状态有效，且微纳结构或粗糙表面上新的静态接触角 θ_c^* 的计算公式为

$$\cos\theta_c^* = -1 + \phi_s(1 + \cos\theta_c); \tag{3.3}$$

否则，Wenzel 状态有效，θ_c^* 的计算公式为

$$\cos\theta_c^* = r\cos\theta_c. \tag{3.4}$$

在 Cassie 状态下，水滴停留在微纳结构上，空气滞留在水滴下的水-表面接触点之间，如图 3.2a 所示。在 Wenzel 状态下，水滴下的所有区域都被完全润湿，没有空气滞留，如图 3.2b 所示。利用这种表面纹理效应，超疏水表面可用于微型机器人，它可以排斥水以产生升力、减少阻力（由于表面纹理下的空气滞留）以及实现在空气-液体-固体界面中的其他可能的功能。

a）Cassie状态　　b）Wenzel状态

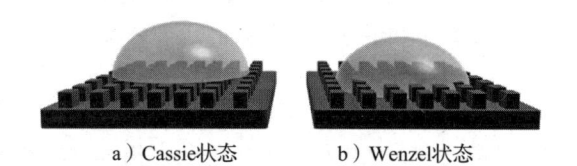

图 3.2 液滴润湿结构化表面原理图。a）Cassie 状态，即液滴没有完全润湿微纳结构，液滴下有空气滞留。b）Wenzel 状态，即液滴完全润湿了微纳结构

3.2 空气和真空中的表面力

许多小尺度移动机器人需要在与表面接触或紧邻表面的环境条件下工作，有时甚至需要在真空环境下（例如在扫描电子显微镜或透射电子显微镜内）工作。如图 3.3 所示，在空气和真空中，微型机器人主要受到范德华力、静电力、氢键和毛细力等表面力的作用。在真空中，如果表面完全干燥，则不存在毛细力。如果表面之间存在特定的磁相互作用，则也可能存在磁力。在本章中，我们假设机器人与其操作表面之间没有特殊的磁相互作用。在此，假设所有表面都是原子级光滑的，并且具有基本的简单几何形状，我们将尝试建立此类表面力的近似连续模型。

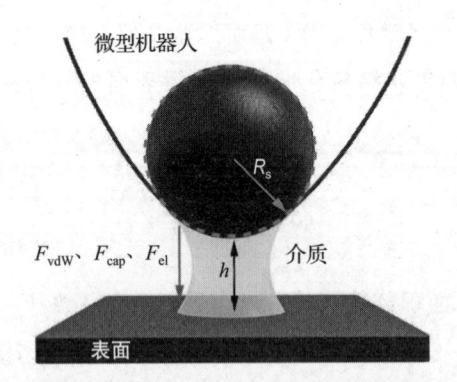

图 3.3 短程或长程、接触或非接触、吸引或排斥的表面力,如范德华力、静电力和毛细力,为微型机器人与特定介质中的其他表面或物体相互作用提供了一个黏性环境

3.2.1 范德华力

范德华力是一种极化型表面力,它由于瞬时波动的偶极矩作用于材料内附近的原子而产生诱导偶极矩。这种力由三个部分组成:色散力、取向力和诱导力。色散力(伦敦力)作用于所有分子,起源于量子力学。这种力之所以被称为色散力,是因为产生这种力的电子运动也会导致光的色散,即物质的折射率随光的频率(颜色)而变化。取向力(Keesom力)存在于两个具有极性分子的表面之间,是永久偶极子之间吸引力的结果。对于非极性分子,这种力可以忽略不计,并且与温度成反比。诱导力(德拜力)存在于分别具有极性分子和非极性分子(即永久偶极子和诱导偶极子)的两个表面之间。德拜力与温度无关。

色散力通常非常弱,因为吸引力很快就会被破坏,而且所涉及的电荷非常小。表 3.1 给出了色散力与其他类型键的比较,从中可以看出色散力相对较弱的程度。注意,这些比较值只是近似,实际的相对强度将根据所涉及的确切分子而变化。

范德华力始终存在,通常被视为远程表面力,作用范围通常在 0.2~20nm 之间。两种相同材料之间的力大多是吸引的,但在某些情况下不同材料之间的力可能是排斥的。因此,对于与物体或表面接触的微型机器人来说,范德华力总是很重要的。对于原子级光滑的球面-平面接触的几何形状,范德华力可以近似地建模为

$$F_{vdW}(h) \approx -\frac{A_{12}R}{6h^2}, \tag{3.5}$$

式中,R 是球面半径,h 是间隙距离,A_{12} 是两个表面之间的哈梅克常数。这里假设 $h \ll R$。哈梅克常数的定义如下:

$$A_{12} = \pi^2 C \rho_1 \rho_2, \tag{3.6}$$

式中，C 为粒子-粒子对相互作用的系数，ρ_1 和 ρ_2 为单位体积内两个相互作用体中的原子数。不同材料的哈梅克常数差异不大，大多在 $(0.4\sim5)\times10^{-19}$ J = $40\sim500$ zJ 范围内。与微型机器人相关的一些常用材料的哈梅克常数数值见表 3.3。

表 3.3 真空中几种常见材料的哈梅克常数，除非另有说明，均摘自文献 [62]（1zJ = 10^{-21} J）

材料	哈梅克常数/zJ
空气、真空	0
水	37~40
烃类	~50
乙醇	42
丙酮	50
甘油	67
硅油	~45
PS（聚苯乙烯）	65~79
PMMA（聚甲基丙烯酸甲酯）	71
PDMS（聚二甲基硅氧烷）	45
橡胶	72
PTFE（聚四氟乙烯）或特氟龙	38
PMMA（聚甲基丙烯酸甲酯）	63[106]
聚合物	52~88[106]
云母	135
石墨	275
石英	42~413[106]
电熔石英	65
氧化铝	154
硅	221~256[106]
二氧化硅	85~500[106]
碳化硅	440
金	400
银	398
铜	325
铁	212[106]
氧化铁	210
金属	300~500

对于哈梅克常数为 A_1 和 A_2 的不同材料，它们接触时哈梅克常数的计算公式为

$$A_{12} \approx \sqrt{A_1 A_2}. \tag{3.7}$$

当哈梅克常数为 A_1 和 A_2 的两个固体被哈梅克常数为 A_3 的液体分开时，哈梅克常数为

$$A_{132} \approx (\sqrt{A_{11}} - \sqrt{A_{33}})(\sqrt{A_{22}} - \sqrt{A_{33}}). \tag{3.8}$$

表面粗糙度会减小范德华力,因为两个刚性表面在局部被进一步分离。取 b_r 为距离为 h 的两个表面的粗糙度的均方根,范德华力衰减为[107]

$$F_{\text{vdW,rough}}(h) \approx \left(\frac{h}{h+b_r/2}\right)^2 F_{\text{vdW}}(h), \tag{3.9}$$

式中,h 是测量到顶的表面粗糙度。抛光硅片的标准粗糙度值约为 2nm,抛光金属表面的粗糙度值约为 1μm。

范德华力的性质可以概括为:

- 在任何环境中,任何表面相互作用都存在色散分量。
- 在完全接触时它们达到最大值,即当 $h=a_0$ 时(通常 $a_0 \approx 0.17\text{nm}$)。
- 它们的作用是长程的(通常在 $h=0.2\sim20\text{nm}$ 时有效)。
- 它们大多是吸引力,但也可能是排斥力[取决于公式(3.8)中 A_{132} 的符号]。
- 不可叠加性(使用电荷法可求得自洽解)。
- 延迟效应在距离约 20nm 后会迅速减弱它们。
- 粗糙度会显著降低刚性-刚性表面相互作用时的范德华力,而显著增加刚性-柔性或柔性-柔性表面相互作用时的范德华力。

3.2.1.1 排斥力

对间距非常小时范德华力的关系可以用兰纳-琼斯势近似地研究,兰纳-琼斯势是一个简单的模型,可以预测在非常小的原子间隔内由泡利不相容原理引起的从吸引力到排斥力的变化。距离为 h 的两个原子的关系式为

$$W(h) = -\frac{A_L}{h^6} + \frac{B_L}{h^{12}}, \tag{3.10}$$

式中,$W(h)$ 是相互作用势,$A_L = 10^{-77}\text{J} \cdot \text{m}^6$ 和 $B_L = 10^{-134}\text{J} \cdot \text{m}^{12}$ 取决于原子相互作用的类型[62]。在此,第一个吸引力项对应于范德华能。最小能量出现在 $h = 2^{1/6}\sigma = 1.12\sigma$ 时,其中 σ 是原子或分子的直径。利用此势,可计算相互作用力为 $F(h) = -\text{d}W(h)/\text{d}h$。

3.2.2 毛细力(表面张力)

Young-Laplace 公式(杨格-拉普拉斯公式)将毛细管压差 Δp 与两种静态流体(如水和空气)之间由于表面张力而在界面上持续存在的表面形状联系起来。该方程为

$$\Delta p = \frac{\gamma}{r_k}, \tag{3.11}$$

式中，γ 是液体表面张力，r_k 是曲率半径。

毛细力作用于液体-空气-固体界面，使界面的表面能最小。例如，树木利用毛细力的势将水从根部通过直径几微米的毛细管输送到叶片[108]。因此，在某些情况下，这些力可能相对较大。在具有圆形横截面（半径为 r_t）的毛细管中，两种流体之间的界面会形成一个弯液面（凹状或凸状），它是半径为 R 的球体表面的一部分，即 $r_k=R/2$。这个表面上的压力变化为：

$$\Delta p = \frac{2\gamma}{R}, \tag{3.12}$$

式中，R 仅是液体-固体接触角 θ_c 的函数，即

$$R = \frac{r_t}{\cos\theta_c}. \tag{3.13}$$

因此，

$$\Delta p = \frac{2\gamma\cos\theta_c}{r_t}. \tag{3.14}$$

然后，利用 Jurin 方程求出液体在毛细力作用下的高度 h_c：

$$h_c = \frac{2\gamma\cos\theta_c}{\rho g r_t}, \tag{3.15}$$

式中，ρ 是流体密度，g 是重力加速度。例如，对于半径 $r_t=1\mu m$ 的注水玻璃管，$\gamma=0.072N/m$，$\theta_c=20°$，$\rho=1000kg/m^3$，弯液面高度为 15m。

在空气环境中，由于在表面裂纹和孔隙中形成的毛细凝结，表面的黏附性能对环境中的蒸气很敏感[62]。当两个物体在存在这种薄的液体层的情况下接触时，所产生的力取决于两者之间形成的球形凹状弯液面的曲率。在球面-平面接触的情况下，可以利用开尔文方程[109] 计算出这个曲率 r_k：

$$r_k = \frac{\gamma V_1}{R_g T \log(p/p_s)}, \tag{3.16}$$

式中，V_1 是液体的体积，R_g 是气体常数，T 是温度，p/p_s 是相对湿度。对于温度为 20℃ 的水，$\gamma V/(R_g T)=0.54nm$，因此湿度为 90% 时 $r_k=10nm$，湿度为 50% 时 $r_k=1.6nm$，

湿度为 10% 时 $r_k=0.5$ nm。由此产生的力可以根据拉普拉斯方程[62,109]近似推导为：

$$F_{cap}=-\frac{4\pi R\gamma\cos\theta_c}{1+h/d_w},\qquad(3.17)$$

假设 $R\gg h$ 并且液体体积非常小（即 $\varphi\ll 1$）和恒定不变。这里，R 是球形球面半径，θ_c 为有效液体接触角 $[2\cos\theta_c=\cos\theta_1+\cos\theta_2$（见图 3.4）$]$，$h$ 是球体和表面之间的距离，d_w 是球形球面的浸入深度（见图 3.4）。对于极小液滴（$\varphi\ll 1$），d_w 的计算公式为：

$$d_w=2r_k\cos\theta_c;\qquad(3.18)$$

否则，

$$d_w=h\left(-1+\sqrt{1+\frac{V_l}{\pi Rh^2}}\right).\qquad(3.19)$$

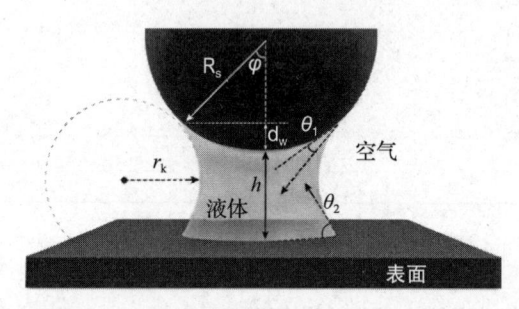

图 3.4　球形微型机器人表面和平坦光滑基板之间，由于空气中两个表面之间的液桥产生毛细力时的参数示意图

如果我们不想假设 $R\gg h$，可以使用下面的模型：

$$F_{cap}=-\pi\gamma R\cos\theta_c\frac{(1+\cos\varphi)^2}{\cos\varphi(1+h/d_w)}.\qquad(3.20)$$

当球体与表面接触时，毛细力达到最大值。当球体被拉开时，毛细力减小。对于疏水表面，即 $\theta_c>90°$，F_{cap} 是排斥力。毛细力可以固定微型机器人，如静电驱动的刮擦驱动微型机器人[8]。这种微型机器人在相对湿度小于 15% 的干燥氮气环境中工作来消除这种影响。另外一个例子，具有直径为亚毫米级的超疏水腿的水黾在这种排斥毛细力的主导下排斥水，而其细小的腿的浮力可以忽略不计。通过这种方式，它们就能利用排斥的毛细力支撑自己[54,110-111]。

3.2.2.1　电润湿

在平坦光滑的介电膜上，导电液体的接触角的变化是外加直流电压的函数（见图 3.5）。李普曼-杨格公式可以用来描述这个角度的变化，即

$$\cos\theta_e = \cos\theta_c + a_e, \quad (3.21)$$

其中,

$$a_e = \frac{\varepsilon\varepsilon_0 U^2}{2t_f\gamma}, \quad (3.22)$$

式中,t_f 为绝缘体薄膜厚度,U 为外加电压,ε 为相对介电电容率。这种原理可用于主动控制导电液体对主动聚焦光学透镜的润湿或微型机器人的微驱动思想。

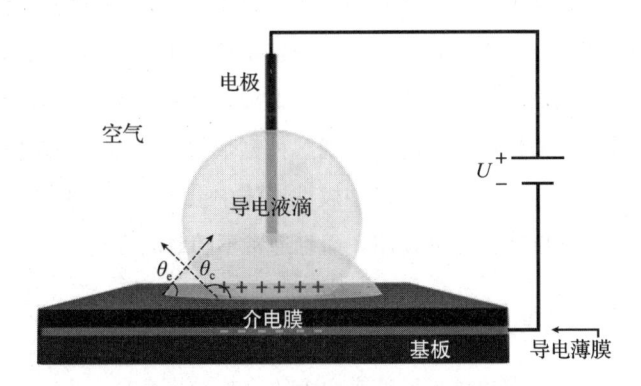

图 3.5 导电液滴在平坦光滑的介电膜上的电润湿原理图

3.2.3 静电力

非导电物体之间会因电荷积聚、偶极子或外加电压而产生静电力[112]。当对导电表面施加电压势时,它们之间也会产生静电力。电压势为 U,与地平面距离为 h 时,作用在半径为 R 的球体上的力为[113]:

$$F_{el} = 2\pi\varepsilon\varepsilon_0 R^2 U^2 \left[\frac{1}{2(h+R)^2} - \frac{8R(R+h)}{(4(h+R)^2 - R^2)^2}\right], \quad (3.23)$$

式中,ε 是介质的相对介电常数(例如,$\varepsilon_{空气} = \varepsilon_0$,$\varepsilon_水 = 80.4\varepsilon_0$),$\varepsilon_0 = 8.85\times10^{-12}$ F/m 是真空的介电常数(即真空电容率)。空气的相对电容率约为 1,水的为 80.4。因为电荷能够通过水消散,所以水中的静电力明显小于空气中的静电力。这些静电力在实际应用中可能很复杂,并且往往随时间变化,难以测量。因此,在微型机器人应用中,最好的办法通常是减小静电力。可以通过使用导电或接地的物体,或者在导电液体环境中操作来减小静电力。在空气或其他非导电环境中工作时,一种常用的方法是在物体表面溅镀一薄层导电材料,并将该导电层接地以分散电荷和减小静电力。

即使不施加外部电压,两个不同导电表面之间的静电力也不会为零。由于不同金属的功函数不同,静电力仍然存在,其公式为

$$F_{el} = -\frac{\pi\varepsilon_0 R}{h}U^2, \quad (3.24)$$

式中，$U=(\phi_1-\phi_2)/e$，ϕ_1 和 ϕ_2 是每种金属的功函数，$e=1.6\times10^{-19}$C 是电子所带的电荷量。

对于微型机器人来说，静电力可能是复杂且难以控制的。对于不导电的微型机器人材料来说，电荷可能是在空气和真空中的表面接触运动过程中由于摩擦起电而产生的，也可能是事先就已经存在于表面上。这种随时间变化的或以前未知的电荷可能会导致意想不到的或随时间变化的黏附问题。因此，如果应用场景要求防止这种不受控制和随时间变化的电荷积累，则应在这些表面上镀一层薄金属层（如钛金层）并接地。另一种方法是将表面完全浸入非极性或非导电液体中，以防止出现这种复杂的静电力。如果应用中只允许使用极性液体，例如生物学的应用，那么在这种极性液体中会产生新的静电力——双层力，这将在后面讨论。不过，双层力更容易控制，而且通常不随时间变化。

3.2.4 通常的微米尺度力的比较

图 3.6 给出了重量和通常的微米尺度表面力的比较。这里对一个半径为 R 同时与一个无限大且原子级光滑的金平面紧密接触（紧密接触距离为 0.2nm）的金微型球的典型值进行比较。可以看出，在较大的尺度上，球体重量占主导地位，但当物体小于几毫米时，范德华力和毛细力开始发挥作用。静电力只有在更小的几微米时才起主导作用。如果使用不同的材料，或者表面不是原子级光滑的，这些比例关系就会发生变化，从而使表面力的量级急剧下降。

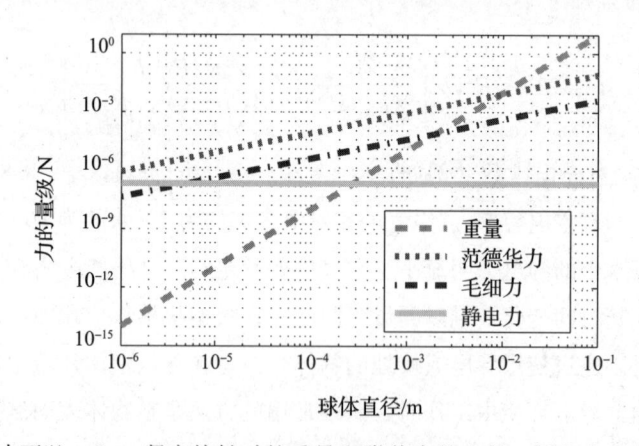

图 3.6 金球与金表面以 0.2nm 紧密接触时的重量和附着力的比较。假定表面为原子级光滑的金，其哈梅克常数为 400zJ。介质假定为空气，相对电容率为 1。计算重量时，假定球体由金制成（$\rho=19\,300$kg/m³）；计算空气环境中的静电力时，假定球体的电压为 100V。对于毛细力，水的毛细力选为 $\gamma=0.0728$N/m，金的水接触角为 $\theta_c=85°$

总之，当没有外加电压且 $R \gg h$ 时，空气中导电球面与平面之间的总表面力（F_T）为：

$$F_T(h) \approx F_{vdW} + F_{cap} + F_{el} \approx -\frac{A_{12}R}{6h^2} - \frac{4\pi R\gamma\cos\theta_c}{1+h/d_w} - \frac{\pi\varepsilon_0 R}{h}U^2, \quad (3.25)$$

当有外加电压时为：

$$F_T(h) \approx -\frac{A_{12}R}{6h^2} - \frac{4\pi R\gamma\cos\theta_c}{1+h/d_w} + 2\pi\varepsilon\varepsilon_0 R^2 U^2 \left[\frac{1}{2(h+R)^2} - \frac{8R(R+h)}{(4(h+R)^2 - R^2)^2}\right] \quad (3.26)$$

3.2.5 特殊相互作用力

除了前面提到的表面力之外，微型机器人表面还可能具有特殊的相互作用力，例如氢键力、磁力和卡西米尔力。某些微型机器人表面可能存在氢键，即氢原子与高电负性（吸引电子）原子（如 O、N 或 F）结合后，与具有电子孤对的原子（如 H_2O 和 R-OH 中的 O，或 H_3N 或 R_3N 中的 N）之间形成氢键。它们是水（与类似大小的分子相比）表面张力大、水分子吸附在金属氧化物表面以及 DNA 双螺旋结合的原因。当微型机器人的机体及与其相互作用的表面含有磁性材料时，就可能产生磁力。如果微型机器人和与其相互作用的表面是导电且不带电、原子级光滑且平行的真空平板，就会产生卡西米尔效应。由于电磁场的量子真空涨落，面积为 A_c 的两块间距为 h 的平板之间会产生微小的卡西米尔力 F_{cas}，其公式为[114]：

$$F_{cas}(h) = \frac{\pi\hbar c_1}{480h^4}A_c, \quad (3.27)$$

式中，$\hbar = 6.6 \times 10^{-34}$ 是普朗克常数，$c_1 = 3 \times 10^8$ m/s 是光速。

3.2.6 其他几何形状接触产生的力

相较于简单的球体-平面或平面-平面接触情况，其他几何形状接触力的关系更为复杂，这些情况下我们需要对复杂的 3D 表面几何形状的表面力进行数值计算。然而，对于球体-球体和圆柱体-圆柱体类型的特定表面相互作用，Derjaguin 近似对于使用适用于任何力定律的平面-平面相互作用模型计算表面力模型非常有用。这里，我们假设 $h \ll R$，其中 R 是球体或圆柱体的半径。对于已知的平面-平面相互作用势模型 $W(h)_{plane-plane}$，计算其他几何形状接触力的 Derjaguin 近似为[62]：

$$F_{sphere-sphere}(h) \approx 2\pi\left(\frac{R_1 R_2}{R_1 + R_2}\right)W_{plane-plane}(h), \quad (3.28)$$

$$F_{\text{cylinder-cylinder}}(h) \approx 2\pi\left(\frac{\sqrt{R_1 R_2}}{\sin\theta_s}\right) W_{\text{plane-plane}}(h), \tag{3.29}$$

式中，$R_i(i=1,2)$ 是两个球体或圆柱体的半径，θ_s 是两个水平交叉的圆柱体之间的夹角。对于球体-平面情况，如果 $R_2 \gg R_1$，则可计算出 $F_{\text{sphere-plane}}(h) \approx 2\pi R_1 W_{\text{plane-plane}}(h)$。

例如，对于范德华力，

$$W_{\text{plane-plane}}(h) = -\frac{A_{12}}{12\pi h^2}, \tag{3.30}$$

从而有

$$F_{\text{sphere-sphere}}(h) \approx -\frac{A_{12} R_1 R_2}{6(R_1+R_2)h^2}, \tag{3.31}$$

$$F_{\text{sphere-plane}}(h) \approx -\frac{A_{12} R}{6h^2}, \tag{3.32}$$

式中，$R=R_1 \ll R_2$。此外还有

$$F_{\text{cylinder-cylinder}}(h) \approx -\frac{A_{12} \sqrt{R_1 R_2}}{6h^2}, \tag{3.33}$$

假定 h 远小于 R、R_1 和 R_2，则可立即计算出另一个基本的圆柱体-圆柱体类型几何形状接触产生的力。对于两个垂直且平行的圆柱体，上述近似值并不适用，我们可以根据连续近似值计算[62]：

$$F_{\text{cylinder-cylinder}}(h) = \frac{-A_{12} l_c}{8\sqrt{2} h^{5/2}}\left(\frac{R_1 R_2}{R_1+R_2}\right), \tag{3.34}$$

式中，l_c 是圆柱体长度。

3.3 液体中的表面力

生物医学、一些微制造和微流体应用需要在液体介质中操作许多微型机器人。因此，了解液体介质引起的表面力变化对于设计合适的机器人材料、形状和尺寸至关重要。

3.3.1 液体中的范德华力

范德华力存在于每一个具有我们在 3.2.1 节中提到的给定模型的环境中。在液体中，

唯一的变化是典型液体中的有效哈梅克常数（A_{132}）变得更小。例如，一个聚苯乙烯机器人机体与镀金表面在去离子（DI）水下相互作用时，有效哈梅克常数 $A_{聚苯乙烯-水-金}$ 约为 28zJ[从式（3.8）计算得出]，而相同的材料相互作用时，有效哈梅克常数 $A_{聚苯乙烯-空气-金}$ 为 162.5zJ。在这种情况下，范德华力下降了五倍以上。如果我们将相同的两种材料浸入硅油中，那么 $A_{聚苯乙烯-油-金}$ 将为 18.8zJ。

3.3.2 双层力

在极性液体中，典型的静电力是双层力。每种材料在与高极性液体（如水）接触时，其表面上都会诱导出表面电荷，其原因是从表面解离了离子到溶液中，或优先吸附了溶液中的某些离子。大多数典型材料在水下具有负表面电荷，而一些生物或合成材料，如聚乙烯亚胺（PEI）、多聚赖氨酸（PLL）、聚（丙烯胺盐酸盐）（PAH）和壳聚糖，在水下具有正表面电荷。这些表面通过距离较小的相反电荷层来维持其电中性，这种电荷层的厚度称为德拜长度（κ）。极性液体介质的离子浓度，即盐浓度[以摩尔（M）表示]，对 κ 起到重要作用，其中，

$$\kappa^{-1}=\frac{0.304}{\sqrt{M_{11}}}, \quad 对于 1:1 电解质,如 NaCl, \tag{3.35}$$

$$\kappa^{-1}=\frac{0.174}{\sqrt{M_{12}}}, \quad 对于 1:2 或 2:1 电解质,如 CaCl_2, \tag{3.36}$$

$$\kappa^{-1}=\frac{0.152}{\sqrt{M_{22}}}, \quad 对于 2:2 电解质,如 MgSO_4. \tag{3.37}$$

对于两个平坦且原子级光滑的平面，其双层力（F_{DL}）的近似模型为，

$$F_{DL}(h)=\frac{2\zeta_1\zeta_2}{\varepsilon\varepsilon_0}A_c e^{-h/\kappa}, \tag{3.38}$$

式中，ζ_1 和 ζ_2 分别是表面积为 A_c 的两个表面的表面电荷密度（也就是所谓的 Zeta 电位），而 ε 和 ε_0（约为 8.85×10^{-12} F/m）分别是液体和真空的介电常数。这种长程力对于具有相同表面电荷的材料是排斥力，而对于具有相反表面电荷的材料是吸引力。

3.3.2.1 DLVO 理论

1945 年 DLVO 理论将极性液体中的范德华力和双层力结合起来，如下：

$$F_{DLVO}(h)=\frac{2\zeta_1\zeta_2}{\varepsilon\varepsilon_0}A_c e^{-h/\kappa}-\frac{A_{132}}{6\pi h^3}A_c. \tag{3.39}$$

3.3.3 水合（斯特里克）力

如果两个亲水表面浸泡在极性电解质中，那么长程水合力相互排斥，其能量为

$$E_{\text{Hphil}}(h) = E_0 e^{-h/\lambda_0}, \tag{3.40}$$

式中，$\lambda_0 \approx 0.6 \sim 1.1\text{nm}$，$E_0 = 3 \sim 30\text{mJ/m}^2$。因此，所产生的排斥力为：

$$F_{\text{Hphil}}(h) = -\frac{dE_{\text{Hphil}}}{dh} = \frac{E_0}{\lambda_0} e^{-h/\lambda_0}. \tag{3.41}$$

3.3.4 疏水力

如果两个疏水表面浸泡在极性电解质中，那么长程疏水力相互吸引，其能量为

$$E_{\text{Hphob}}(h) = -2\gamma e^{-h/\lambda_0}, \tag{3.42}$$

式中，$\lambda_0 \approx 1 \sim 2\text{nm}$，$\gamma = 10 \sim 50\text{mJ/m}^2$。因此，所产生的力为：

$$F_{\text{Hphob}}(h) = -\frac{dE_{\text{Hphob}}}{dh} = -\frac{2\gamma}{\lambda_0} e^{-h/\lambda_0}. \tag{3.43}$$

3.3.5 总结

在极性液体中，两个平坦光滑表面之间的总表面力（F_T）对于亲水表面为

$$F_T(h) \approx F_{\text{DLVO}} + F_{\text{Hphil}} = \frac{2\zeta_1 \zeta_2}{\varepsilon \varepsilon_0} A_c e^{-h/\kappa} - \frac{A}{6\pi h^3} A_c + \frac{E_0}{\lambda_0} e^{-h/\lambda_0}, \tag{3.44}$$

对于疏水表面为：

$$F_T(h) \approx F_{\text{DLVO}} + F_{\text{Hphob}} = \frac{2\zeta_1 \zeta_2}{\varepsilon \varepsilon_0} A_c e^{-h/\kappa} - \frac{A}{6\pi h^3} A_c - \frac{2\gamma}{\lambda_0} e^{-h/\lambda_0}. \tag{3.45}$$

在非极性液体中，没有其他特定相互作用，为：

$$F_T(h) \approx -\frac{A_{132}}{6\pi h^3} A_c. \tag{3.46}$$

以下为液体中表面力的总结性特性：

- 液体中的力通常比空气和真空中的力要小得多；
- 在极性液体中，疏水表面相互吸引，而亲水表面相互排斥；

- 液体介质参数，如盐浓度和温度，可以显著改变力的值和行为；
- 如果可行，非极性液体将是设计移动微型机器人应用的理想介质，因为其表面力较为简单。

3.4 附着力

前一节中的表面力通常会在微型机器人接触表面或物体时产生吸引力，因此我们需要施加力和能量将机器人与接触的表面或物体分离开。将它们分离所需的最大力称为附着力（分离力，P_{po}）。此外，将两个表面分离所需的单位面积最大能量称为附着功（W_{12}）。如果这两个表面具有相同的材料，则 $W_{12}=2\gamma$，其中 γ 是给定表面材料的表面能。对于内在表面能分别为 γ_1 和 γ_2 的两个不同表面，其附着功为[62,112]：

$$W_{12}=\gamma_1+\gamma_2-\gamma_{12}\approx\sqrt{2\gamma_1^d\gamma_2^d}+\sqrt{2\gamma_1^p\gamma_2^p}, \tag{3.47}$$

式中，γ_{12} 是两个表面之间的界面表面能，且 $\gamma=\gamma^d+\gamma^p$，其中 γ^d 和 γ^p 分别对应表面能的色散和极性分量。

如果介质不是真空或空气，那么介质也会作为第三种材料对两个表面之间的有效附着功产生影响，使

$$W_{132}=W_{12}+W_{33}-W_{13}-W_{23}. \tag{3.48}$$

正或负的总附着功值 W_{132} 可以由不同材料和液体层的组合产生。负值意味着两个表面会相互排斥，表面通过与流体接触而不是彼此接触来最小化它们的能量。例如，在文献[115]中，使用玻璃表面和聚苯乙烯珠接触进行操作。当浸入水中时，浸入的附着功的范围为 $-45\text{mJ}\cdot\text{m}^{-2}<W_{132}<-3.1\text{mJ}\cdot\text{m}^{-2}$。因为这个范围必然是负值，所以这两个表面会相互排斥。这种排斥可以帮助物体移动，因为移动主要受流体相互作用的影响。对于不规则形状的粒子，表面力也会大大减小，从而远低于其完全光滑的值。

对于惰性非极性表面，例如烃类，附着力只是由于色散范德华力，即 $\gamma=\gamma^d$，附着功是由于两个平坦表面 W_{planes} 接触产生的色散范德华能，如下所示：

$$W_{12}=W_{\text{planes}}(a_0)=\frac{A_{12}}{12\pi a_0^2}, \tag{3.49}$$

式中，a_0 是原子间距离。如果两个相互作用的表面相同，那么：

$$\gamma = \frac{A}{24\pi a_0^2}. \tag{3.50}$$

对于 $a_0 \approx 0.165\text{nm}$ 和 $A = 50\text{zJ}$ 的非极性表面情况，可以从这个关系估算出 $\gamma = 24.4\text{mJ/m}^2$，或者反之亦然。

3.5 弹性接触的微纳力学模型

从 1882 年的赫兹理论到 1971 年的 JKR（Johnson-Kendall-Roberts）理论，再到 1975 年的 DMT（Derjaguin-Muller-Toporov）理论，以及 1992 年的 MD（Maugis-Dugdale）理论[116-120]，存在着许多连续体接触力学理论。

首先，让我们针对球形物体与平坦表面接触的情况，了解每个理论，看看哪些理论可以用来建模给定微型机器人案例的接触变形和附着力。所有的接触力学模型都有以下假设：

- 原子级光滑的球体与原子级光滑的平面接触；
- 接触的物体是弹性的；
- 物体上和交界处没有黏弹性效应；
- 球体在平面上的接触半径远小于球体的半径；
- 接触面上没有摩擦和磨损。

在赫兹理论中，只有外部载荷会压缩界面和使之变形，其压力分布如图 3.7a 所示，公式如下：

$$p(r) = p_0 \sqrt{1 - (r/a)^2}, r < a, \tag{3.51}$$

这会产生一个抛物线形状的变形曲线。该压力分布在界面内的变形关系如下：

$$a = \left(\frac{RL}{K}\right)^{1/3}, \tag{3.52}$$

$$\delta = \frac{a^2}{R}, \tag{3.53}$$

$$p_0 = \frac{3Ka}{2\pi R}, \tag{3.54}$$

$$K = \frac{4}{3}\left(\frac{1-v_1^2}{E_1} + \frac{1-v_2^2}{E_2}\right)^{-1}, \tag{3.55}$$

式中，a 是球体与平面接触的接触半径（图3.7a和图3.8a），δ 是压痕深度，L 是外部法向载荷，R 是球体半径，K 是基于每种材料的杨氏模量（E_1 和 E_2）和泊松比（v_1 和 v_2）计算的接触等效弹性模量[62]。对于这个模型，如果 $L=0$，则 $a=0$，就不会发生变形。

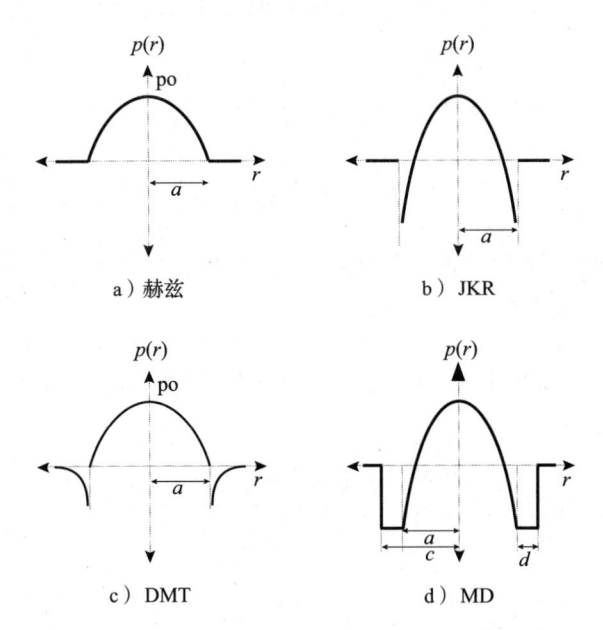

a) 赫兹

b) JKR

c) DMT

d) MD

图 3.7 压力（应力）分布图。a) 赫兹弹性接触模型。b) JKR 弹性接触模型。c) DMT 弹性接触模型。d) MD 弹性接触模型。其中，压缩（为正）的外部法向载荷应力和拉伸（为负）的附着应力在球体与平面接触时引起小的变形

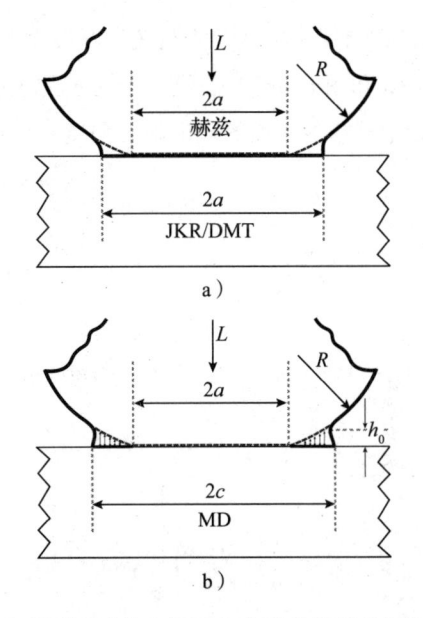

a)

b)

图 3.8 a) 赫兹、JKR 和 DMT 模型下球体在平面上变形的接触几何形状。b) MD 弹性接触模型应用于施加的外部载荷 L，表面吸引力对接触变形不同程度的增加具体取决于接触模型。MD 理论将球体-平面界面的边缘建模为裂纹

在 DMT 理论中，除了由赫兹接触模型给出的载荷引起的接触变形之外，在接触区域外还存在长程附着应力，如图 3.7c 和图 3.8a 所示。那么，

$$a = \left(\frac{R}{K}(L + 2\pi R W_{12})\right)^{1/3}, \tag{3.56}$$

$$\delta = \frac{a^2}{R}, \tag{3.57}$$

$$P_{po} = -2\pi R W_{12}, \tag{3.58}$$

式中，P_{po} 是球体和平面之间的附着（分离）力。此时，如果 $L=0$，由于表面力的作用，仍然会存在有限的接触半径。

JKR 理论在接触区域内引入了短程附着应力（图 3.7b 和图 3.8a），同时在边缘处具有无限大的应力，则有

$$a = \left(\frac{R}{K}\left[L + 3\pi R W_{12} + \sqrt{6\pi R W_{12} L + (3\pi R W_{12})^2}\right]\right)^{1/3}, \tag{3.59}$$

$$\delta = \frac{a^2}{R} - \frac{8\pi a W_{12}}{3K}, \tag{3.60}$$

$$P_{po} = -1.5\pi R W_{12}. \tag{3.61}$$

作为最新、最普遍和最准确的模型，MD 理论使用断裂力学模型将球体-平面界面的边缘建模为裂纹[121-122]（图 3.7d 和图 3.8b）。假设一个恒定的吸引应力（由兰纳-琼斯势以 $\sigma_0 = W_{12}/h_0 = 1.03 W_{12}/a_0$ 近似建模的界面的理论附着强度）作用在一个内聚区距离 d 上，则有

$$L = \frac{Ka^3}{R} - \lambda a^2 \left(\frac{\pi W_{12}}{RK}\right)^{1/3} \left[\sqrt{m^2-1} + m^2 \arctan\sqrt{m^2-1}\right], \tag{3.62}$$

$$1 = \frac{\lambda a^2}{2}\left(\frac{K}{\pi R^2 W_{12}}\right)^{2/3}\left[\sqrt{m^2-1} + (m^2-2)\arctan\sqrt{m^2-1}\right] + \\ \frac{4\lambda^2 a}{3}\left(\frac{K}{\pi R^2 W_{12}}\right)^{1/3}\left[1 - m + \sqrt{m^2-1}\arctan\sqrt{m^2-1}\right] \tag{3.63}$$

$$\delta = \frac{a^2}{R} - \frac{4\lambda a}{3}\left(\frac{\pi W_{12}}{RK}\right)^{1/3}\sqrt{m^2-1}, \tag{3.64}$$

$$\alpha = \frac{7}{4} - \frac{1}{4}\frac{4.04\lambda^{1/4} - 1}{4.04\lambda^{1/4} + 1}, \tag{3.65}$$

$$P_{po}=-\alpha\pi RW_{12}. \tag{3.66}$$

式中，$1.5 \leqslant \alpha \leqslant 2$，$m=c/a$，$c=a+d$，$a_0$ 是原子间距离。在为给定的 L 和其他系统参数求解出 a 和 m 的前两个封闭形式方程后，可以计算 δ。此外，λ 是无量纲的 Tabor 参数，定义如下：

$$\lambda = \frac{2.06}{a_0}\left(\frac{W_{12}^2 R}{\pi K^2}\right)^{\frac{1}{3}}. \tag{3.67}$$

对于与平坦表面接触的给定微型机器人（假设微型机器人与表面存在球形粗糙面接触），应该使用上述哪个接触力学模型呢？首先，如果施加在机器人上的外部载荷与表面力相比过高，那么可以近似地使用赫兹接触模型。然而，对于微型机器人和其他微纳系统，我们需要避免过高的载荷，以确保不会对表面造成损坏或塑性变形，因为在小接触面积的接触点，接触应力将巨大，很容易超过大多数材料的屈服强度。因此，通常我们避免高载荷，施加与总表面力值相当的载荷。那么，赫兹模型不再适用，我们需要使用 DMT、JKR 或 MD 模型。要确定在给定的微型机器人实例中使用这三个模型中的哪个模型最准确，应检查方程（3.67）中给定的 Tabor 参数的大小。对于 $\lambda < 0.6$ 的情况，界面附着性不强（W_{12} 较低），材料很硬（K 较高），球体半径 R 较小，DMT 模型是一个准确的模型。相比之下，对于 $\lambda > 5$ 的情况，界面附着性非常强（W_{12} 较高），材料相对较软（K 较低），球体半径 R 较大，JKR 模型是一个准确的模型。对于任何 λ 值，包括在 0.6 和 5 之间的中间值，MD 理论将提供最准确的变形和附着模型。另一种更容易计算的中间的粘附模型可能是 Pietrement 模型[120,123]。这些情况在表 3.4 中进行了概览。

表 3.4　原子级光滑球形微型机器人与原子级光滑平面基底粗糙接触时的微纳尺度弹性接触和附着力（分离力）模型

模型	适用条件	分离力（P_{po}）	描述
DMT	$\lambda < 0.6$	$P_{po}=-2\pi RW_{12}$	作用于接触区域之外的长程表面力
JKR	$\lambda > 5$	$P_{po}=-1.5\pi RW_{12}$	作用于接触区域内的短程表面力
MD	任何 λ	$P_{po}=-\alpha\pi RW_{12}$	界面建模为裂纹（$1.5 \leqslant \alpha \leqslant 2$）

为了确定 λ 值，表 3.5 中列出了在微型机器人领域常见的不同材料属性。例如，对于亲水性硅微型机器人来说，它的球形面粗糙地与平坦硅表面接触时，这两个表面之间会有水存在，这意味着 $W_{12} \approx 2\gamma_水$。当 $R=1\text{mm}$、$\gamma_水=72\text{mN/m}$、$a_0=0.2\text{nm}$、$K=50\text{GPa}$ 时，可以计算出 λ 为 15.6。因此，在这种情况下，JKR 理论可以使用方程（3.61）来准确地建模接触变形 a、压痕深度 δ 和附着力 P_{po}。然而，对于相同的参数，如果我们通过将球体尺寸从毫米尺度缩小到微米尺度来改变 $R=1\mu\text{m}$，那么 $\lambda=1.56$，且 MD 模型将是最准确的模型。

表 3.5　常见于微型机器人研究中的材料属性

材料	表面能/表面张力 $\gamma/(\mathrm{mJ/m^2})$	弹性模量 E/GPa	泊松比 ν
玻璃	83～280[124-127]	70	0.25
聚苯乙烯	33～40[112,128]	3.2	0.35
硅	46～72[129]	160[130]	0.17[130]
二氧化硅	17.8[129]	70[131]	0.17
金	1080[132]	79	0.42
镍	2450[133]	200	0.31
光刻胶 SU-8（SU-8）	28～70[102]	2.0	0.37
聚合物	～15～45[134]	～0.3～3.4	～0.3～0.4
弹性体	～15～100	～0.0001～0.1	～0.5
水	72.3	—	—
硅油	19.8～21.0[135-136]		

由于表 3.5 中给出的玻璃表面可能存在的表面能范围广，因此这些表面可能存在着大范围的分离力。当浸泡在液体中操作时，这种范围就被缩小。

3.5.1　其他接触几何形状

之前的解析模型仅适用于球面-平面接触几何形状，微型机器人接触表面可以有效地近似为球，并且机器人与平面或球面（对于球面-球面相互作用，只须在先前的方程中用 $R_1R_2/(R_1+R_2)$ 替换 R，其中 R_1 和 R_2 分别是每个球的半径）相互作用时，这些模型可以满足所有微型机器人的附着力建模。然而，如果机器人的外形无法用球体近似，那么我们需要为更复杂的几何形状推导出其附着力模型。

接下来介绍文献中提出的一些有用的附着力模型。首先，如文献 [137-138] 所示，对于与原子级光滑平坦表面接触的垂直圆柱体，附着力可以使用圆形平坦压头模型进行计算，有

$$P_{\mathrm{po}}=\sqrt{6\pi R_{\mathrm{C}}^3 KW_{12}}, \quad (3.68)$$

式中，W_{12} 是两个表面之间的有效附着功，R_{C} 是圆柱体半径，K 是界面的有效弹性模量。接下来，对于与平坦表面接触的水平圆柱体，附着力模型如下[139]：

$$P_{\mathrm{po}}=3.16 l_{\mathrm{C}}(KW_{12}^2 R_{\mathrm{C}})^{1/3}, \quad (3.69)$$

式中，l_{C} 是圆柱体的长度。两个在一定角度之间接触的水平圆柱体会产生椭圆形的接触变形形状，文献 [140] 对附着力进行了近似建模。此外，文献 [138] 进行了一些初步的弹性粗糙表面附着力建模。

3.5.2 黏弹性效应

所有这些接触力模型都假定在接触或分离过程中没有黏弹性效应，因为这种效应难以在附着和变形建模中考虑[141]。对于从接触表面缓慢分离的情况，之前的弹性接触模型是完全准确的。然而，在更高的分离速度下，黏弹性效应变得重要，需要加以建模和考虑。在高速下，黏弹性效应可以显著增加微型机器人与表面之间的有效附着力。

需要考虑两种主要类型的黏弹性效应。首先，体积黏弹性可以在分离过程中提高给定机器人或表面块体材料的有效弹性模量（硬度），如果附着力是接触材料的有效弹性模量的函数，则可以有效地改变附着力。对于微米尺度的物体，除非在非常高的速度下并且针对的是非常有损耗的黏弹性材料，否则体积黏弹性通常可以忽略不计。其次，界面黏弹性是微米尺度上最重要的耗散机制，接触界面处高裂纹扩展速度会增加有效的界面附着功，使界面变得更具黏附性。作为这种界面黏弹性效应的简单近似，假设体积黏弹性效应可以忽略不计，我们可以将有效的界面附着功 W 定义为裂纹扩展速度 v 的函数[142]：

$$W(v) = W_0 \left[1 + \left(\frac{v}{v_0} \right)^n \right], \tag{3.70}$$

式中，W_0 是在裂纹扩展速度 v 趋近于零时的有效界面附着功，n 是根据经验拟合自实验数据的缩放参数，v_0 是附着功 W 加倍为 W_0 的裂纹扩展速度。这种幂律已被证明适用于低裂纹速度下的黏弹性聚合物材料。为了使用这种模型，我们需要在光学显微镜下通过力-距离测量来获得不同裂纹扩展速度下 W 的经验测量值，以直接可视化裂纹在界面上的扩展。通过数据拟合得到 n 后，我们可以将所有这些附着模型中的 W_{12} 值替换为方程（3.70）中的 $W(v)$ 模型，以近似包含界面黏弹性效应。例如，在文献 [142] 中，通过拟合圆形平面压头附着力实验的经验数据，得到了 $n = 0.69$、$W_0 = 1.335 \text{J/m}^2$ 和 $v_0 = 3.37 \times 10^{-3} \mu\text{m/s}$。然后，我们可以将这些值代入 $W(v)$ 中，附着力模型变为：

$$P_{\text{po}}(v) = \sqrt{6\pi R_C^3 K W_0 \left[1 + \left(\frac{v}{v_0} \right)^n \right]}. \tag{3.71}$$

3.6 摩擦和磨损

根据阿蒙顿定律（Amonton 定律），摩擦在宏观尺度上仅受载荷控制（除非是特别高附着、非刚性的表面），并且与接触面积无关。然而，在微米尺度上，摩擦不仅受载荷控制，还受附着力的控制，因此摩擦与接触面积有关。进而，我们需要为微米尺度的摩擦开发新的模型。微型机器人与给定表面接触时，可以在给定的时间内滑动、黏滑、旋转、滚动或进行这些运动的组合运动,这对于建模和理解至关重要,这样设计的微型机器人可以具有精确、稳定和节能的运动控制。在下面的讨论中,我们将为这些不同的接触运动模式开发基本的摩擦近似模型。

3.6.1 滑动摩擦

假设表面光滑且无磨损,微米尺度下的一般滑动摩擦可以建模为:

$$f \approx \tau_f A_f + \mu_f L \tag{3.72}$$

式中,f 表示摩擦力,τ_f 表示界面剪切强度,A_f 表示实际接触面积,μ_f 表示界面的摩擦系数,L 表示法向载荷。对于低载荷和高附着界面,鲍登-泰伯理论(Bowden-Tabor 理论)给出了以下关系:

$$f \approx \tau_f A_f \tag{3.73}$$

这在微纳尺度下是非常适用的[143-144]。在机器人身体开始滑动之前,f 为静摩擦力,其中 μ_f^s 和 τ_f^s 分别表示静态摩擦系数和静态界面剪切强度。在滑动开始并达到稳定后,f 为动摩擦力,其中 μ_f^k 和 τ_f^k 分别表示动态摩擦系数和动态界面剪切强度。

根据接触变形的尺寸大小(即接触半径 a),界面剪切强度 τ_f 可以近似表示为:

$$\tau_f(a) = \begin{cases} \dfrac{G}{43}, & a < 20\text{nm}, \\ G10^N (a/b)^M, & 20\text{nm} < a < 40\mu\text{m}, \\ \dfrac{G}{1290}, & a > 40\mu\text{m}, \end{cases} \tag{3.74}$$

式中,$M = \tan^{-1}(G/43 - G/1290)/(8 \times 10^4 b - 28b)$,$N = 28b$,$b = 0.5\text{nm}$(是伯格斯矢量)。在这里,界面的体剪切模量 G 定义为:

$$G = \frac{2G_1 G_2}{G_1 + G_2} \tag{3.75}$$

式中,$G_i = E_i / 2(1 + v_i)$,$i = 1, 2$。

实际接触面积 A_f 难以精确计算,而且在很大程度上取决于表面粗糙度。假设表面光滑,我们可以通过使用 3.5 节和表 3.4 中给出的弹性接触力学模型计算球面-平面接触界面的接触半径 a,然后计算实际接触面积 $A_f = \pi a^2$。在获得 A_f 后,滑动摩擦过程中的剪切应力 S 可以表示为:

$$S=\frac{f}{A_f}=\tau_f(a)+\mu_f(P_i) \tag{3.76}$$

式中，P_i 是实际局部剪切压力。当两个粗糙的刚性物体接触时，由于粗糙接触，实际接触面积将小于表观接触面积。对于法向接触力以附着力为主的情况，减少摩擦的常见方法是在接触表面上添加小凸起或脊线作为减小接触面积的接触点[146]。

3.6.2 滚动摩擦

当光滑的球形微型机器人以运动方式在光滑的平面上滚动时，滚动摩擦会抑制其旋转运动。这种阻力通常由最大滚动阻力矩 $M_{\max}^r$ 表示。当接触面具有很强的附着性和可变形性时，即 Tabor 参数 λ 大于 5 时，可以使用 Dominik 和 Tielens 模型[147]（该模型使用 JKR 理论来预测滚动接触面上的近似解析压力分布）近似计算 $M_{\max}^r$ 为：

$$M_{\max}^r \approx 6\pi R \zeta_r W_{12} \tag{3.77}$$

式中，ζ_r 被定义为临界滚动距离，其值位于 $a_0 \leqslant \zeta_r \leqslant a$ 的范围内，其中 a_0 是原子间距离，a 是接触半径。对于任意 λ 值，就如 MD 理论的情况，需要找出一个通用的 $M_{\max}^r$ 解。正如文献 [145]，通过用更简单但更接近解析解的方法来近似 MD 理论（如图 3.9 所示），可以近似计算 $M_{\max}^r$，有：

$$M_{\max}^r \approx \pi \zeta_r W_{12} \sigma_0 \frac{a^3-c^3}{\sqrt{c^2-a^2}} \tag{3.78}$$

式中，c 和 $\sigma_0 = 1.03 W_{12}/a_0$ 是由图 3.8 的 MD 理论中给出的。

在已知 $M_{\max}^r$ 之后，我们需要施加足够大于 $M_{\max}^r$ 的外部扭矩 M_r 以使球体能够在给定表面上滚动。除了外部直接滚动扭矩 M_r 外，滚动力矩也可以沿着球形机器人身体的中心产生外部横向力 f_{roll}。在这种情况下，f_{roll} 需要大于 $M_{\max}^r/R$ 才能使其滚动。通常，对于所需的滑动力 f，这种所需的 f_{roll} 要小得多（例如，小两到三个数量级）。因此，当能够根据任何给定原理移动与表面接触的微型机器人的微驱动力大小受到限制时，例如在磁驱动的情况下，因为所需的力

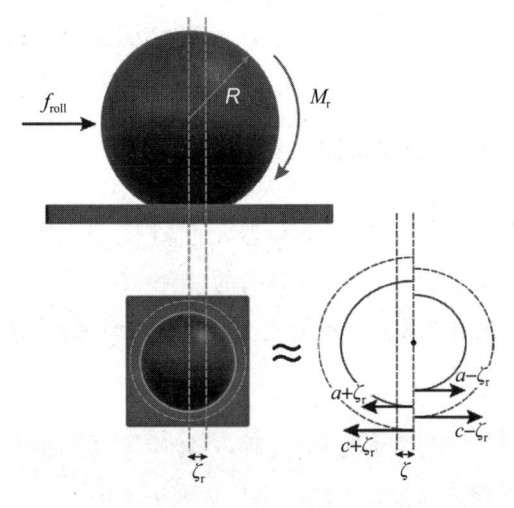

图 3.9 由于施加了滚动力矩 M_r，球体在平面上滚动的侧视图。平面上球体滚动接触的近似形状的俯视图

可能会比滑动力小几个数量级，所以让机器人在表面上最好做滚动运动。

3.6.3 旋转摩擦

在旋转（spin）运动中，球体与平面表面之间会产生相对的剪切运动，就像滑动运动一样。然而，与滑动运动相反，质点围绕其自身中心旋转，没有真正的横向位移。因此，之前讨论的滑移机制是有效的，假设忽略垂直载荷，则最大旋转阻力矩 $M_{\max}^s$ 以及在球体表面上距离中心一定横向距离 x_0 处旋转质点所需的临界横向力 f_{spin} 可以写成：

$$M_{\max}^s = \int_0^a 2r^2 \tau(a) \mathrm{d}r = \frac{2}{3} \tau(a) a^3 \tag{3.79}$$

$$f_{\text{spin}} = \frac{2}{3x_0} \tau(a) a^3 \tag{3.80}$$

对于不可忽略载荷的情况，还需要对载荷控制的滑动摩擦项积分。

通常情况下，所需的临界旋转摩擦力 f_{spin} 要远小于滑动摩擦力 f。假设选择 $x_0 \approx R$，那么 $f_{\text{spin}} = \frac{2a}{3R} f$。因为对于微型机器人和弹性接触模型，通常 $a \ll R$，所以 $f_{\text{spin}} \ll f$。因此，和滚动一样，微型机器人在表面上旋转滚动要比在表面上滑动容易得多。

3.6.4 磨损

磨损是在微机械系统中滑动界面面临的一个关键问题，需要在快速运动的界面中使用特殊的材料组合来实现有效寿命[148]。通过使用弯曲连接而不是旋转销连接，可以避免磨损、摩擦和附着问题，从而微型化机器人结构。

3.7 微流体

许多微米尺度机器人的应用涉及在流体中操作。因此，无论通过何种方法，微型机器人的运动都受到流体力的影响。在本节中，我们涵盖了流体力学的控制方程，重点聚焦在微米尺度运动的简化上。对于微型机器人运动，我们引入了平移和旋转物体的流体阻力关系。

利用动量守恒定理，流体流动受到压力、黏性力和体力（重力）的控制。这些力的平衡体现在以下纳维-斯托克斯方程中：

$$-\nabla P_f + \mu \nabla^2 u + \rho g = \rho \frac{Du}{Dt} \tag{3.81}$$

式中，P_f 代表流体压力，μ 为动态流体黏度（对于水，$\mu=10^{-3}\,\text{kg/(m·s)}$；对于 20℃ 的空气，$\mu=18.5\times10^{-6}\,\text{kg/(m·s)}$），$u$ 为流体速度，ρ 为流体密度，g 代表重力加速度。在这里，$\dfrac{Du}{Dt}$ 指的是流体速度的物质导数。这个控制方程假设流体是连续的、不可压缩的牛顿介质，并忽略了布朗运动等效应。在微型机器人领域，流体力学的连续模型在各个尺度上都是有效的。利用适当的流体边界条件求解该方程，得到流体速度矢量场。在许多应用中，体力项可以忽略不计，我们使用变量变换来分析其余项的相对大小。在这里，我们使用无量纲变量 $x^*=x/L_c$、$u^*=u/u_\infty$，以及 $P_f^*=P_f L_c/\mu u_\infty$，并除以 $\mu u_\infty/L_c$，以将方程左侧的项分离出来。这里，u_∞ 是流体的特征速度（例如自由流速度），L_c 是特征长度（比如一个物体的尺寸）。因此，我们得到了无量纲形式为

$$-\nabla P_f^* + \nabla^2 u^* = \left(\frac{\rho u_\infty L_c}{\mu}\right)\frac{Du}{Dt} \tag{3.82}$$

该方程右侧括号中的项被称为雷诺数 Re，（$Re=\rho u_\infty L_c/\mu$），通常被解释为流体惯性力与黏性力的比值。因此，当雷诺数变小时，黏性力主导惯性力，导致蠕动流（斯托克斯流）产生，因此可以通过更简单的方程来描述：

$$\nabla^2 u^* = \nabla P_f^* \tag{3.83}$$

微米尺度下的流体流动具有较小的特征长度 L_c，主要受黏性力而不是惯性力的主导。这种流动类似于在较大尺度上观察到的低密度、缓慢或高黏度流体的流动。

斯托克斯流与时间无关，因此只需要了解单个时间点的流体状态，就可以求解所有时间的稳定边界条件。此外，流动是时间可逆的。因此，在往复运动中，一个运动及其相反运动随时间重复出现不会对流体施加合力。以上被称为扇贝定理（Scallop theorem）[150]，在比较微米尺度与大尺度游动方法时，这是一个显著的差异。

斯托克斯流方程可以通过找到格林函数（在这里称为斯托克斯子）来精确求解，也可以通过边界元法进行数值求解，或者通过实验表征来求解。现已给出多种有趣案例的流体流动解。这些流体流动解被用于建模微型机器人在流体中的运动，以及研究移动微型机器人产生的流体流动。

3.7.1 黏性阻力

微米尺度上物体受到的流体阻力可以近似为球体的阻力。宏观尺度上的阻力分析包括多种互相冲突的阻力因素（例如黏性阻力、形状阻力等），与此不同，斯托克斯流阻力相对较简单，因为它仅由黏性阻力产生。在大范围的层流流动中，可以使用经验推导的卡

恩-理查森公式（Kahn-Richardson 公式）来计算球体的阻力，记为 F_{KR}，该公式适用于小到中等雷诺数的大范围（$0<Re<10^5$）[151]：

$$Re = \frac{2\rho u R}{\mu} \tag{3.84}$$

$$F_{KR} = \pi R^2 \rho u^2 (1.84 Re^{-0.31} + 0.293 Re^{0.06})^{3.45} \tag{3.85}$$

式中，Re 是球体半径 R、流体速度 u、流体密度 ρ 以及流体的动态黏度 μ 的函数。

对于小的雷诺数 Re，可以使用球体在低雷诺数下的黏性阻力方程[152] 对该力进行简化，该方程的结果与卡恩-理查森模型的结果相差不超过 2.5%：

$$F_{drag} \approx 6\pi\mu R u \tag{3.86}$$

因此，在低雷诺数（Re）状态下，球体受到的流体阻力与流体黏度、球体半径和流体速度成正比。这个简单模型也可以通过使用等效半径的球来应用于非球形形状。对于椭球等情况下等效球体半径的解析解，以及其他几何形状的近似修正因子，在文献 [153-154] 中已给出。

3.7.2 拖曳扭矩

在微型机器人领域经常涉及旋转物体。在低雷诺数 Re 环境中，如果物体是椭圆形，则旋转物体的拖曳扭矩可以得到精确求解，而其他形状可以近似为椭球体。假设流体为斯托克斯流，微型机器人形状为椭圆形（长轴为 a，短轴为 b），其拖曳扭矩可以表示为[155]：

$$\vec{T}_d = -\kappa_d V \mu \vec{\omega} \tag{3.87}$$

式中，κ_d 是粒子形状因子，表示为：

$$\kappa_d = \frac{1.6[3(a/b)^2 + 2]}{1 + \beta_1 - 0.5\beta_1 (b/a)^2}, \tag{3.88}$$

其中

$$\beta_1 = \frac{1}{\epsilon^3}\left[\ln\left(\frac{1+\epsilon}{1-\epsilon}\right) - 2\epsilon\right] \tag{3.89}$$

且

$$\epsilon = \sqrt{1 - (b/a)^2} \quad (a \geq b). \tag{3.90}$$

这里，$V=\dfrac{\pi ab^2}{6}$ 是微型机器人的体积，μ 是黏度。因此，拖曳扭矩与流体黏度和旋转速率成正比。

3.7.3 壁效应

当在靠近固体边界的流体中操作时，旋转或平移微型物体所需的扭矩会增加。Liu 等人[156]研究了一个在低雷诺数环境中绕与平面边界垂直的轴线旋转的直径为 D 的球体，给出了其从无界流体扭矩 T_d 到存在壁时距离壁 d 处的扭矩 T_w 的扭矩增加的远场近似值。这一比值表示为：

$$T_w/T_d \approx \left[1-\frac{1}{64}\left(\frac{D}{d}\right)^3-\frac{3}{2048}\left(\frac{D}{d}\right)^8\right]^{-1} \tag{3.91}$$

其中，与壁接触时的确切最大扭矩比为 1.202。对于绕与边界平行的轴线旋转的球体，远场近似值为：

$$T_w/T_d \approx 1+\frac{5}{128}\left(\frac{D}{d}\right)^3 \tag{3.92}$$

这些远场方程在 $\dfrac{D}{d}$ 大约大于 1.2 的情况下是准确的。

对于不平行于附近壁旋转的平移，阻力的增加为壁接近度的函数，可以近似表示为：

$$F_w/F_d = \left[1-\frac{9}{16}\left(\frac{D}{d}\right)+\frac{1}{8}\left(\frac{D}{d}\right)^3-\frac{45}{256}\left(\frac{D}{d}\right)^4-\left(\frac{D}{d}\right)^5\right]^{-1} \tag{3.93}$$

这个方程适用于 $\dfrac{D}{d}<10$ 的情况（即距离壁较远的情况）。在近距离接触情况下的近似值可以在文献 [158] 中找到。

3.8 微米尺度力参数的测量技术

物理模型中的几何参数，比如球体半径、3D 表面几何和尺寸，以及表面粗糙度，可以通过光学显微镜、扫描电子显微镜（SEM）、原子力显微镜（AFM）和 3D 光学扫描仪轻松地表征。此外，一些物理参数，如杨氏模量、泊松比、屈服强度、液体接触角、德拜长度和表面电荷密度（Zeta 电位）参数，可以使用已建立的测量技术进行表征。然而微米尺度的物理参数，如界面附着功 W_{12}、实际接触半径 a（面积 A_f）、静态和动态滑动摩擦系数

μ_f 以及界面剪切强度 τ_f、裂纹扩展速度 v、临界滚动距离 ζ_r 以及界面最大附着强度 σ_0 等物理参数的测量是富有挑战性和难度的。因为之前的模型过于简化,忽略了黏弹性效应,并且只是近似估计,所以我们需要直接在微型机器人和表面界面处表征附着力和摩擦力以及有效附着功,以了解界面上的精确力和能量值,并验证和调整提出的模型。

为了测量这些具有挑战性的物理参数,最理想的 2D 力测量系统需要具有一个能够精确控制的 2D 位移和对接触界面的实时或离线可视反馈。对于单个粗糙面和小区域接触,力传感的分辨率需要在几纳牛到几百微牛的范围内,而对于大面积和多粗糙面接触,可能需要毫牛尺度的力测量。

对于纳牛到微牛级分辨率的力测量,可以在空气、真空或液体中使用带有附着纳米探针的球形颗粒的 AFM。典型 AFM 系统遇到的主要难题是在力测量期间无法成像真实的微纳尺度接触区域。因此,它主要用于表征 W_{12}、μ_f 和 τ_f。通过使用具有已知形状和尺寸尖端的纳米探针在平坦基底上推动和滚动球形颗粒(参见 [145]),可以使用 AFM 系统来测量 ζ_r。然而,作为一种特殊系统,如果将 AFM 系统集成到倒置的光学显微镜中,就像许多商业 AFM 系统用于生物成像应用一样,微米尺度接触变形也可以在透明基底上实时测量。

对于毫牛级分辨率的力测量,可以构建一个定制的 2D 力测量系统,具体是将两个高分辨率的载荷传感器(用于垂直和横向力测量)和两个计算机控制的位置调节器集成到倒置的光学显微镜系统中进行接触面积成像。球形、圆形平坦压头或任何其他形状的硬度计压头可以在透明基底上以可控的位置和速度移动,并且可以在垂直方向上进行接触和分离以进行附着力的测量,也可以在横向方向上进行接触和剪切以进行摩擦力的测量。在图 3.10 中,可以看到定制的力测量系统的示例。使用这样的装置,可以生成如图 3.11 所示的力-距离曲线数据。此时,直径为 1mm 的半球压头以非常小的 $1\mu m/s$ 的恒定速度从平坦的圆形、平面压头形状的聚氨酯弹性纤维阵列上加载和卸载,以将任何黏弹性效应最小。球形硬度计压头在距离 $a_0 \approx 0.17nm$ 处与基底接触。接触后,界面根据界面的有效模量(柔度)K 进行弹性压缩,该模量决定了接触后力曲线的斜率。压头在 B 点以所需的预紧力停止。然后在 $C \sim F$ 点间以相同的恒定速度卸载压头,拉伸回缩力在 E 点达到最大拉伸力,该力定义为界面的附着力 P_{po}。在点 F 处,两个表面分离。通过将测量数据拟合到适当的接触力学模型中,可以测量有效附着功 W_{12} 和界面的模量 K。对于使用平坦弹性体基底而不是纤维阵列的情况,我们可以使用接触力学模型来拟合这些值。在 $\lambda > 5$ 的情况下,我们可以使用 JKR 理论,得到以下 a 和 L 的关系式:

$$\frac{a^{3/2}}{R} = \frac{1}{K}\frac{L}{a^{3/2}} + \left(\frac{6\pi W_{12}}{K}\right)^{1/2} \tag{3.94}$$

如果我们根据这个方程将 $a^{3/2}/R$ 作为 $L/a^{3/2}$ 的函数绘制出来，则可以用这个图的加载部分的斜率计算 $K^{[67]}$。在已知 K 之后，可以将其代入上面的方程中，找到 W_{12}，其中假设泊松比和压头的 R 已知。

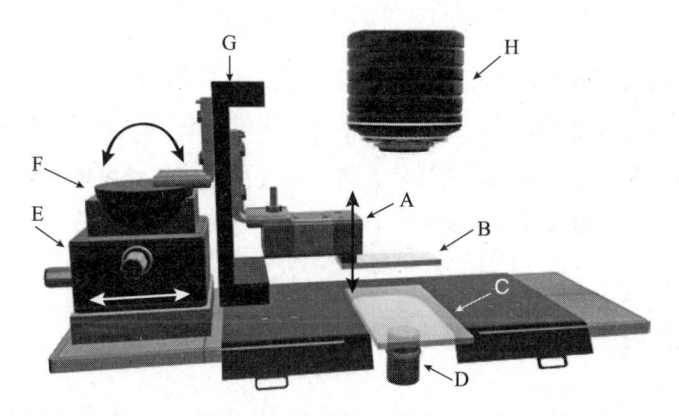

图 3.10　用于表征微米尺度下的毫牛级相互作用力的附着力和摩擦力的定制力测量装置示意图。A：载荷传感器。B：（球形、圆形平面压头等）硬度计压头。C：平坦表面。D：显微镜物镜。E：二轴手动线性平台。F：二轴手动测角仪。G：电动线性平台。H：光源

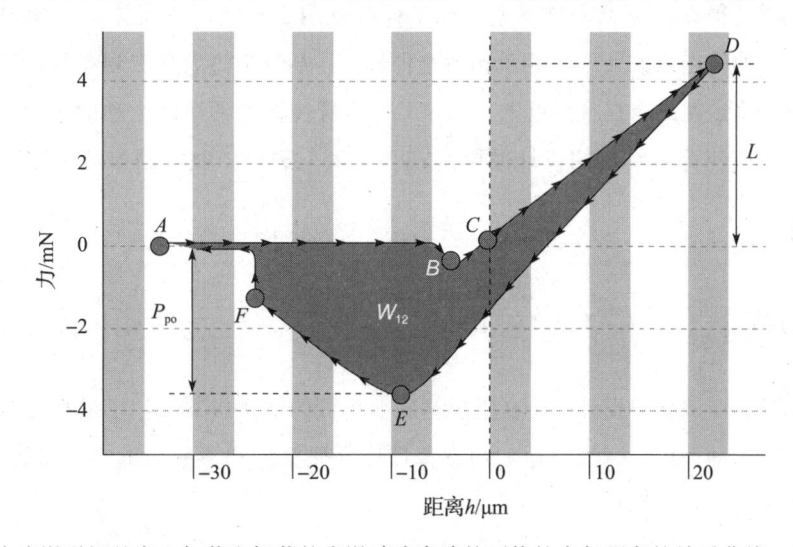

图 3.11　在光滑平坦基底上加载和卸载的光滑玻璃半球的可能的力与距离的关系曲线。两个表面从点 A 开始接近以相互接触。长程吸引力可能会在点 B 处以最大吸引力吸引半球。两个表面在距离达到原子间距离 a_0 的点 C 处接触。在压缩加载过程中，界面会在点 D 处弹性变形，直到达到预定的载荷 L。在点 E 处产生吸引的（负的）最大拉伸力（即分离力 P_{po}）。最终两个表面在点 F 处分离

3.9　热性能

在微米尺度结构中，通常通过材料的热膨胀来实现驱动。由温度变化引起的热应变 ε_t 为：

$$\varepsilon_t = \alpha \Delta T \tag{3.95}$$

式中，α 是热膨胀系数。α 的值在不同材料之间变化很大，这意味着不同材料组合会导致弯曲和膨胀。

由于导热，通过表面流失的热量与表面积的平方成正比，而它所含的热能与体积成正比。因此，小物体会快速导热，需要不断产生能量来维持高温。通过加热和冷却来驱动的微型结构可以快速循环，以实现高速操作。对于中等尺度物体，热量时间尺度可能为几分钟，而在微米尺度上，这些尺度可能为几秒钟甚至更短。

3.10 确定性与随机性

随机事件（例如由流体力学中的热效应引起的布朗运动）对宏观系统没有显著影响，即系统的驱动很容易应对环境中的随机事件。但在微型机器人感知-行动循环的控制方面，随机性占主导，很大程度上未被探索，也未被有效用于控制。在流体动力学中，定义在式（2.10）中的佩克莱数（Pe）用于衡量这种效应。$Pe \gg 1$ 将表征宏观系统，这些系统在行为上主要是确定性的。在小尺度上，$Pe < 1$ 意味着传输受到布朗运动的影响。所有事物不断摇摆的效应使得需要新的设计原则来在小尺度上进行控制，例如随机控制微型机器人群。

3.11 习题

设计问题：应该如何设计一个在平坦基底上爬行的微型机器人，以最小化对基底的黏附，并且爬行运动可控？详细讨论如何选择操作介质类型和参数、机器人和基底的材料/涂层、表面纹理和几何形状。

力建模问题：昆虫和壁虎具有微米或纳米尺度的足毛，可以重复而且稳定地附着在各种光滑或粗糙的表面上。以下问题受到这些生物足毛的启发，是关于具有球形尖端（为了简化，假设其为球形形状）的单根和多根聚合物纤维的附着力的。图 3.12a 显示了一根具有半径为 R 的球形尖端的聚合物纤维，它附着在平坦且原子级平滑的玻璃表面上。另外，图 3.12b 显示了两根纤维，它们通过球形尖端接触，这在许多情况下是可能的构型。

请使用以下默认的纤维和表面材料参数，除非另有说明。参数如下：$E_{纤维} = 2\text{MPa}$，$v_{纤维} = 0.5$，$E_{基底} = 70\text{GPa}$，$v_{基底} = 0.3$，$A_{纤维} = 80\text{zJ}$，$A_{基底} = 200\text{zJ}$，$\gamma_{纤维} = 0.045 \text{J/m}^2$（纤维表面能，其中表面张力的色散和极性分量分别 $\gamma_{纤维}^d = 0.04 \text{J/m}^2$ 和 $\gamma_{纤维}^p = 0.005 \text{J/m}^2$），

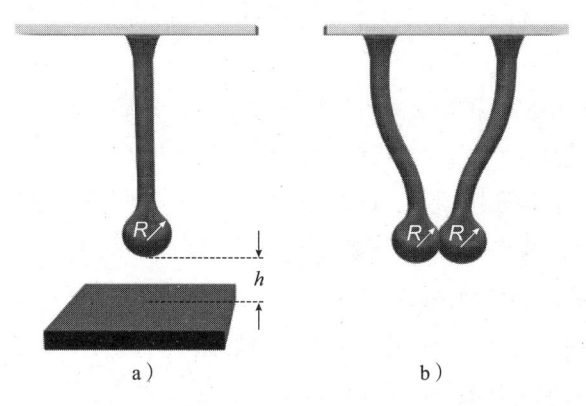

图 3.12　a) 单根具有球形尖端的聚合物纤维，附着在平坦的玻璃基底上。
b) 两根聚合物纤维球形尖端相接触

$\gamma_{基底}=0.2\mathrm{J/m^2}$（基底表面能，其中表面张力的色散和极性分量分别为 $\gamma_{基底}^d=0.06\mathrm{J/m^2}$ 和 $\gamma_{基底}^p=0.14\mathrm{J/m^2}$），$a_0=0.2\mathrm{nm}$（当纤维尖端与基底或两根纤维尖端接触时的原子间距）。

在问题 8 之前，假设聚合物纤维材料是非常疏水的（例如，$\theta=100°$）。因此，在问题 8 之前，可以假设这些纤维主要使用范德华力作为主导表面力来附着在表面上。在使用这一假设的情况下，回答以下问题：

1. 当纤维球形尖端与原子级光滑平坦的玻璃基底在环境空气中接触时，对于纤维尖端半径 $R=2\mathrm{\mu m}$，计算由于范德华力产生的单根纤维尖端附着力。（提示：对于由范德华力计算产生的纤维附着力，要计算当它达到最大值时的范德华力。）

2. 如果平坦玻璃表面的均方根粗糙度为 20nm（类似于铝箔表面的粗糙度），则计算纤维尖端在空气中的近似附着力。从这个结果中讨论粗糙度对附着力的影响，并提出对于两个刚性表面可能的物理原因。

3. 如果纤维尖端完全浸泡在水中，纤维尖端在玻璃上的附着力会在定性上发生什么变化？然后，在这种情况下，计算纤维尖端在水中的附着力，并与问题 1 中的附着力进行定量比较（$A_水=37\mathrm{zJ}$）。

4. 解释是否有方法使纤维尖端和基底由于范德华力而相互作用，从而具有排斥性。如果有，找出并写下相关的哈梅克常数条件以实现这一点。

5. 对于两根通过尖端接触的纤维（如图 3.12b 所示），当在空气中进行任何表面附着力测试时，需要多少弹簧力能使一根纤维恢复到其原始垂直位置？

6. 在问题 5 中，如果图 3.12b 中的两根高度疏水和柔软的纤维完全浸泡在水中而不是在空气中，那么需要多少弹簧力来将一根纤维恢复到其原始垂直位置？在这里，利用 Derjaguin 近似推导出一个疏水力的附着力模型，其中两个无限平面之间的疏水力能量由

$W_{疏水}(h)=-2\gamma e^{-h/\lambda_0}$ 给出，$\lambda_0=1\text{nm}$，$\gamma=0.072\text{J/m}^2$。将这个所需力与问题 5 中的力进行比较，并讨论。

7. 除了通过范德华力模型计算纤维尖端的附着力外，还可以通过建模计算分离纤维尖端和平坦玻璃基底所需的最大力。这种分离力也称为拔出力（F_{po}），该力可以使用微纳尺度接触力学模型确定，例如用 JKR、DMT 或 MD 模型。使用图 3.12a 中纤维尖端接触情况的适当的接触力学模型回答以下问题：

   a. 使用 Tabor 参数确定哪种接触力学模型（JKR、DMT 或 MD）最适用于图 3.12a 中的情况。然后，使用这个模型计算分离力，即附着力。（提示：由于纤维材料是疏水的，忽略纤维尖端与玻璃基底之间的水层。）

   b. 对于零垂直载荷，请使用自己选定的接触力学模型计算接触面积，以此确定纤维尖端与玻璃基底之间的摩擦力。通过假设 $\tau \approx G/30$（其中 $G=2G_{纤维}G_{基底}/(G_{纤维}+G_{基底})$），计算纤维尖端与玻璃表面之间的界面剪切强度。绘制并打印预加载对摩擦力的影响，其中预载荷范围为从 0 到 $1\mu\text{N}$，纤维尖端与玻璃基底之间的摩擦系数 $\mu=0.8$。

8. 如果聚合物纤维材料具有亲水性，接触角为 20°（即 $\theta_c=20°$），那么这些纤维可以使用主导的毛细力来附着在空气中的表面上。对于这种情况，在环境湿度为 90%、$R=5\mu\text{m}$ 和 $\gamma=72\text{mJ/m}^2$ 的情况下，计算纤维尖端在平坦玻璃基底上由于毛细力而产生的附着力。（提示：要计算这种附着力，使用给出最大毛细力值的距离 h，并取 $d=2r_k\cos\theta_c$。）将这个附着力值与问题 1 中由范德华力产生的附着力值进行比较。

CHAPTER 4

第 4 章

微型机器人制造

传统机器人的制造依赖于使用铣刀、钻头等加工体形材料，使用 3D 打印机、激光切割机、精密装配进行快速成型，并在机器人主体上集成电源、计算和驱动装置。这些传统技术不容易延伸到微米尺度，因此采用其他的微制造方法。借鉴微芯片和 MEMS（微机电系统）制造领域的经验，微型机器人主要采用微机械加工的方法，包括光刻、材料沉积、电镀、微模塑等。这种微加工技术主要包括紫外线（UV）光刻、批量微加工、表面微加工、LIGA 工艺和 DRIE 技术。此外，对激光微加工、双光子立体光刻、EDM、微铣削等附加工艺也进行了探索。

使用市售或定制装置的激光微机械加工设备几乎可以切割任何材料，这些材料的 2D 特征尺寸可小至几十微米，但作为一种串行工艺，其速度会受到影响。它通常用于切割 2D 零件几何形状，但也可用于一些精度较低的简单 3D 零件的切割。例如，如图 4.1a 所示，可使用激光微机械加工系统（Quicklaze）从体形钕铁硼薄片材中切割出磁性微型机器人。同样，EDM 作为另一种串行加工工艺，可以加工出小至数十微米的金属零件。EDM 通常用于加工 2D 零件几何形状。双光子立体光刻是一种前景广阔的微米级 3D 制造工艺，最近已被用于使用紫外光固化聚合材料制造出特征尺寸为几微米的高分辨率 3D 形状[159-160]，甚至可用于多材料结构[161]。图 4.1b 展示了一个使用商用双光子立体光刻系统（Nanoscribe）的 3D 打印微型机器人的例子，其中位于立方体微型机器人顶部中央的微孔可以捕捉微气泡，以便于在液体介质中拾取和放置各种小部件[162]。此外，这种 3D 打印机已被用于制造使用磁性薄膜涂层[45]或嵌入的磁性微纳粒子[163]进行功能化的 3D 微型机器人的外形。使用微型传统刀具（如高速运转的立铣刀）进行微加工也可以制造出微米级特征尺寸。这些典型的定制装置已用于切割数十微米的特征[164]。智能复合制造（SCM）方法是一种很有前途的毫米级机器人制造方法，它可以用毫米或厘米级的元件制造出带有集成挠性接头的分层结构[165]。这些结构在 2D 中设计，然后折叠成复杂的 3D 机构[149]。不过，由于需要组装过程，而且依赖于复杂的分层设计，这种方法可能无法很好地缩小到亚毫米尺寸。

图 4.1 扫描电子显微镜（SEM）下的示例图像。a) 磁性微型机器人，由激光微机械加工制成，采用体形钕铁硼片材，具有很强的磁化特性。b) 聚合物微型机器人（涂有磁性钴纳米膜），由双光子立体光刻系统 3D 打印而成，立方体微型机器人身体上侧的孔用于捕获微气泡，利用流体内部的毛细力拾取和放置小部件。比例尺为 200μm

每一种可用于制造微型机器人的微加工方法都有其优缺点，需要根据特定的微型机器人的应用进行选择。因此，了解所有可能的技术并在特定应用中选择合适的技术至关重要。表 4.1 概述了与微型机器人相关的各种微加工方法的特点。可以看出，这些商业化技术可以以不同的分辨率和纵横比在 2D、2.5D 或 3D 中制造出不同类型的材料。在这里，特定 2D 技术的 2.5D 制造意味着可以使用特定的蚀刻技术来制造比 2D 技术更复杂的微型结构。除了表中给出的特征外，可重复性、收益、总产量和成本对于特定的制造技术尤其是工业应用也很重要。激光微加工、双光子立体光刻、微铣削和 EDM 等串行制造技术的制造速度和产量较低。这些方法更适合快速原型制造，但不适合大批量生产。相比之下，微成型、EDM、双光子立体光刻和微铣削方法由于可能受工艺不确定性和随时间变化的影响，其产量远低于 100%。最后，这些制造技术大多需要基本的洁净室环境和昂贵的设备，这可能会大大增加研究和工业应用的成本。

表 4.1 制造微型机器人及其部件的不同微加工技术的特点

方法	维度	材料	分辨率/μm	纵横比
紫外线光刻	2D/2.5D	半导体、紫外线聚合物	~0.5	中
表面微加工	2D/2.5D	半导体、金属	~0.5	低
批量微加工	2D/2.5D	半导体	~0.5	低
DRIE 工艺	2D	半导体	~0.5	高
LIGA 工艺	2D	金属、聚合物、陶瓷	~0.5	高
微模塑	2D/2.5D	任何材料（可塑材料）	0.1~5	中
EDM	2D	金属、半导体	5~10	高
激光微加工	2D	任何	5~10	低
双光子立体光刻	3D	紫外线聚合物	~0.1	高
微铣削	3D	任何材料（可去除材料）	10~20	中

制造的微型机器人零件需要使用自装配或精密机器人微装配技术进行装配，以创建 3D 功能系统。使用的技术取决于所需的功能，磁驱动需要特殊材料，所有设计都需要特定的几何部件。

许多微加工技术的一大优势是并行批量生产。通常在硅晶圆上进行制造，一个晶圆上的数百或数千个微型机器人部件通常都是在一个工艺流程中制造出来的。这些技术通常只支持 2D 平面形状，而且特定工艺可使用的材料有限。这些技术可分为晶圆级工艺和图案转印[166]。在本节中，我们还介绍了其他用于制造微型机器人的方法（包括表面涂层、微装配和自装配），并简要介绍了生物相容材料在相关应用中的使用。

4.1 双光子立体光刻

随着 1997 年双光子聚合技术的出现，微加工技术已经达到了最先进的精度，几乎可以加工任意的 3D 结构[167]。从根本上说，双光子聚合是聚焦飞秒激光辐射与被称为"体素"的高度受限体积内的光敏材料之间的相互作用。这种相互作用导致体素内的材料以高的时间和空间分辨率聚合（或固化），当前最小特征尺寸低至 80nm。这项技术已经成为商业交钥匙系统，如 Nanoscribe 和 Workshop of Photonics，为微型机器人在不同领域的许多其他研究人员所用。

使用传统光刻技术的微加工依赖于单光子（即紫外线固化），用于创建光敏材料的 2D 图案，由于光垂直穿过整个样品，因此仅限于轴向均匀的横截面。为了呈现 3D 效果，采用了逐层生长的策略，这导致在迭代过程中垂直维度的保真度下降。相比之下，双光子立体光刻技术得益于光敏材料在近红外辐射下的透明度，同时在紫外线范围内具有高吸收性。双光子立体光刻技术成功地利用了这一点，在聚焦的近红外飞秒激光脉冲下精确地启动聚合反应。因此，光敏材料在所有三个维度上，沿着为相对于激光焦点移动的样品台指定的轨迹聚合，从而通过在光敏材料体积内直接写入，实现轴向复杂的三维结构。

在聚合之后的步骤中，通过在适当的溶剂中使样品显影，来去除未反应的聚合物，将制造的结构留在支撑基底上。因此，双光子立体光刻技术以高精度和亚微米分辨率的实用制造方案，成功地完成了复杂计算机辅助设计的 3D 打印，从而为制造几乎任何所需的微型结构提供了无与伦比的工具。相对较低的写入速度、较小的写入工作空间和难以实现的尺寸缩放是目前可用的基于双光子立体光刻的微型打印机系统需要改进的主要问题。

通常，有效的最大写入速度取决于材料的可用激光功率和光敏性，没有一种通用方法包括适用于所有材料的激光剂量和最大写入速度。因此，每种材料都需要根据所需的结构质量和写入速度进行优化。不过，在硬件方面，写入速度和精度是由 xy 平面和 z 维度的压电驱动器控制的，在这两个维度上，样品相对于固定的激光束进行移动。尽管压电平台实现了很高（即纳米级）的空间分辨率，但压电系统提供的最大写入速度通常在 30～150μm/s 之间，远低于快速制造大量微型结构所需的实用性速度。为了提高写入速度，另一种方法是通过振镜横向扫描 xy 平面，同时通过压电平台控制 z 维度。这种固定移动光束的示例方法通过采用逐层构建工艺，可将制造速度提高几个数量级（高达米每秒）[168]。此外，振镜扫描会受到像差和渐晕的影响，这大大降低了在物镜视野内写入大型结构边缘的精度。

双光子立体光刻技术实现了新型功能光子器件，包括非周期性光子结构和机械超材料、3D 复杂组织支架以及微流体器件和过滤器。在微型机器人领域，双光子立体光刻技术已被用于制造新的微型游动机器人来运输和递送特定的物质[45,169]。

微型游动机器人的最佳设计应使其受到周围体液的阻力最小，从而获得最大的驱动效率。此外，微型游动机器人应具有预先设定的多孔结构，以储存不同尺寸（从几纳米到几十微米）的治疗药物。双光子立体光刻技术有可能解决这些结构性问题，从而优化设计空间异质微型机器人，实现最高效的功能。作为此类 3D 打印微型机器人的早期实例，受到细菌鞭毛运动的启发，利用远程磁场旋转和驱动磁性螺旋微型游动机器人[45]。螺旋设计使其在旋转磁场下呈螺旋状运动，从而沿着螺旋轴的方向产生平移运动。

响应性或智能材料也可能为微型机器人的制造提供新的机会。例如，通过双光子吸收直接激光写入技术，以亚微米分辨率制造的液晶弹性体保持了所需的分子取向，然后利用这种取向通过光驱动开发微型行走机器人[170]。从应用方面来看，需要开发具有双光子聚合兼容性的新型材料，以实现高级功能。特别是，开发新的生物医学工具需要新的可生物降解、生物相容的材料，如果可能的话，还需要生物活性材料。直接 3D 打印导电、金属、磁性和弹性材料为我们开辟了广阔的前景。

除了 3D 结构之外，通过 3D 模式和梯度来定制局部化学特性还能进一步丰富微型机器人的复杂功能[171]。化学异质性可以通过两种方式实现。首先，微型机器人的主体部分是由物理或化学性质不同的材料制成的，因此每个部分都作为独立的部件来执行规定的任务。例如，一个部件可以在高交联密度的网络中嵌入磁性纳米粒子，用于远程转向，而另一个部件可以装载药物，这样只有在肿瘤部位才会根据局部 pH 值的变化释放药物。这种微型机器人设计方案中的复杂性尚未得到解决。其次，通过嫁接某些（生物）化学分子对微型机器人进行图案化，可以在微型机器人中明确限定的位置实现扩展表面和主体功能。

例如，如图 4.2 所示，通过选择性地在 3D 微型游动机器人的内腔上对催化剂铂纳米粒子进行三维表面图案化，从而创建一个复杂的驱动系统。为了实现这些策略，双光子现象是一个有用的工具，因为它能有效地将反应光剂量定位在小的体细胞内，用于嫁接分子或在界面处键合本体材料。然而，要键合不同的材料，每种组分上都必须有兼容的光敏基团，因为激光提供了启动反应的能量，但兼容的分子种类之间的键合具有促进作用。要解决这个问题，可以利用微型机器人初始聚合过程中未反应的键，或者制备光敏材料，使连续的步骤能够产生新的光敏键合位点。

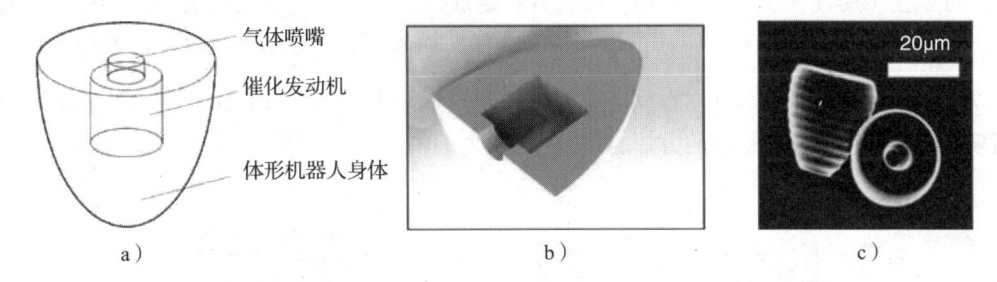

图 4.2 双光子立体光刻技术制造的 3D 微型机器人设计示例。在图 a 中，双光子激光脉冲可选择性地处理每个部件，从而通过光化学反应实现选择性功能化。催化发动机壁上有选择性地排列着铂纳米粒子群，这些粒子在发动机内产生气体微气泡。微气泡通过气体喷嘴离开机器人，产生推力驱动微型机器人前进。图 b 为催化微型机器人的剖面图，显示了 3D CAD 图中的各组成部分。在图 c 中，展示了一个由生物相容性聚合物——聚乙二醇丙烯酸酯制造的微型机器人的扫描电子显微镜图像

4.2 晶圆级工艺

晶圆级工艺包括清洁和材料沉积。第一种沉积方法是物理气相沉积（PVD），可以是蒸发或溅射。蒸发可用于沉积金属，通常用于种子层或电极。溅射法使用惰性气体等离子体将原子从目标表面击出，然后到达要镀膜的基底。

电镀用于将离子从溶液沉积到表面上。金、铜、铬、镍和铁镍磁性合金通常用电镀法沉积，并且该方法能够形成比物理气相沉积、溅射或化学气相沉积更厚的镀层。

旋涂法是一种简单的机械方法，通过旋转晶片将液滴扩散到晶片上。离心力与溶液表面张力相平衡，形成取决于旋转速度的均匀厚度。这是应用光刻胶的典型方法，光刻胶随后用于光刻技术，可形成微型机器人结构或作为进一步加工的掩蔽层。

4.3 图案转印

微型机器人的设计可以通过图案转印的方式转印到所用材料上。在常用的光学转印中，光线通过图案的光掩膜有选择地照射到基底材料上。然后，这种基底材料会被图案的光选择性地改变。一种常见的光敏材料是光致抗蚀剂，它能在有光或无光的情况下形成交联键。因此，在随后的化学蚀刻步骤中，掩膜暴露的区域变得耐蚀或易蚀，只留下与掩膜形状相对应的挤出结构。

软光刻是另一种图案转印方法，它使用聚合物模具来转印图案[172]。通常使用聚二甲基硅氧烷（PDMS）或其他橡胶作为模具，并使用光刻胶或硅进行光刻和蚀刻来制作主图案。可以使用模具（如图 4.3 所示）将聚合物制成最终部件，也可以使用模具进行薄膜转印。如图 4.4 所示[26]，为了制造出更先进的磁性微型机器人，并集成可通过远程磁场控制开合的柔顺夹持器，可对嵌入磁性微粒的模塑弹性机器人身体进行磁化。软光刻可重复使用模具，是一种简单、快速的方法。

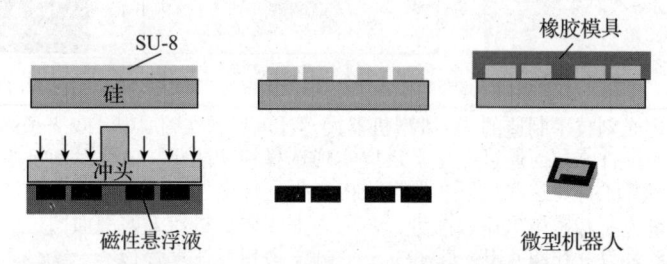

图 4.3 基于光刻技术的复制模塑工艺用于制作大量的磁性微型机器人。从左上到右下的工艺步骤分别是：在硅晶片上沉积 SU-8 光刻胶；使用紫外线光刻法在 SU-8 层上绘制图案；使用硅橡胶模具复制 SU-8 图案的底片；用混有磁性微粒的液态聚合物在硅橡胶模具上成型，并用冲头从模具中取出多余的聚合物混合物；聚合物固化后，对微型机器人进行脱模。这种工艺可以制造出从微米到毫米尺度的任意 2D 形状的聚合物复合微机器人

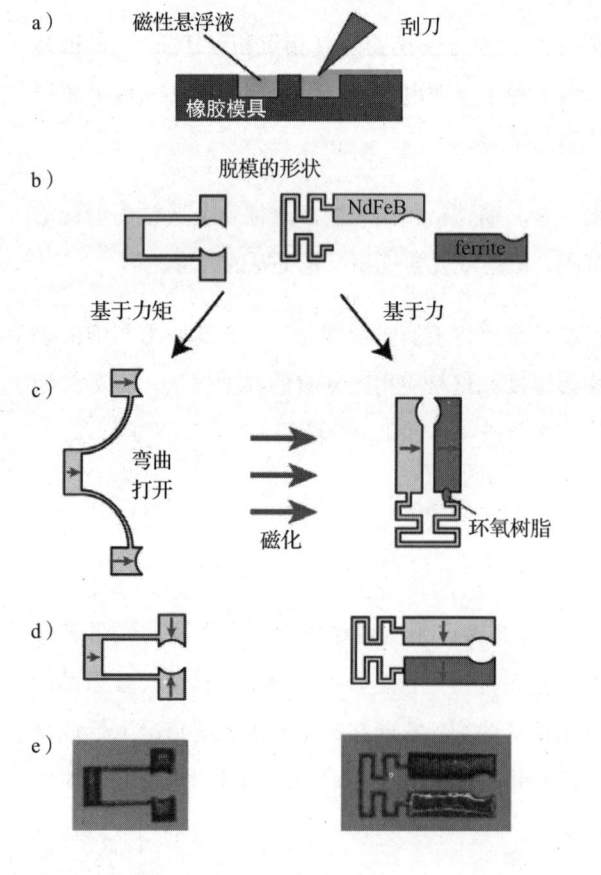

图 4.4 两个集成柔顺挠性夹持器的磁性微型机器人的制造和磁化过程[26]。Copyright © 2014 by John Wiley Sons, Inc. 经 John Wiley Sons, Inc 许可重新印刷。a) 将由磁性微粒和聚合物结合基质组成的磁性悬浮液倒入阴模中。b) 使用镊子将微型夹持器从模具中取出。c) 基于力矩的设计在磁化前张开，使每个夹持器尖端都能朝相反方向磁化。图中所示的弯曲方向会导致夹持器处于常闭状态。基于力的微型夹持器由两种磁性材料在两个单独模塑批次中成型。使用紫外线固化环氧树脂的方法将部件固定在一起，并用橡胶模具作为固定装置，以精准固定部件。这些基于力的夹持器尖端在一个共同的方向上被磁化。d) 松弛后，夹持器显示出最终的磁性结构。e) 磁化和组装后夹持器的松弛状态

如图4.3所示，如果模塑的机器人身体由嵌入磁性微粒的弹性材料组成，那么在这种软磁微型机器人磁化的同时，机器人身体会发生各种形状的变形，从而制造出更复杂的软磁微型机器人，其磁化曲线并非均匀一致，而是在空间上各不相同。例如，如图4.5所示，将嵌入钕铁硼微粒子的矩形弹性体微型机器人身体绕圆柱体滚动，然后朝特定方向将其磁化，这样就能制造出一种软体游动机器人，它能在机器人身体上产生起伏，如同行波一样，从而在水上或水下有效驱动[25]。最近，利用具有更复杂磁化曲线的磁弹性片，将这种方法扩展到不同的静态和动态变形中，可制造复杂的小型可编程软体机器人[173]。

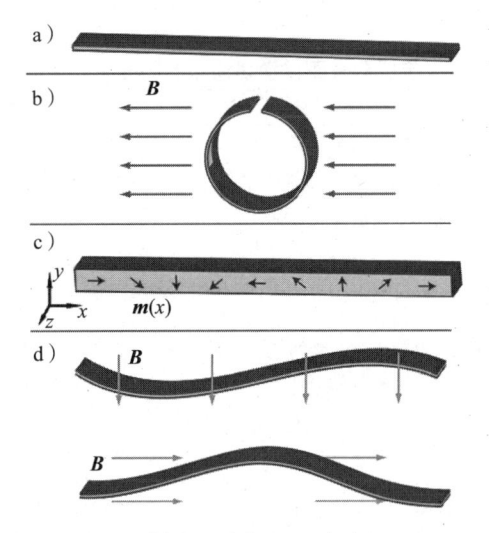

图4.5 游动片状磁性软体微型机器人的制造、磁化和驱动过程。经AIP出版社许可转载[25]。a) 由永磁微粒和共聚酯（Ecoflex）硅橡胶制成的平板。b) 将图a的平板弯曲成圆形并置于1.0T的均匀磁场中。c) 当磁场被移除并且弹性机器人身体被拉直时，它的磁化会沿长度方向发生变化。d) 图c导致在受到微弱的外部磁场作用时平板会发生变形。随着时间的推移，外部磁场不断旋转，导致平板变形并沿其长度方向前行，从而在流体中产生驱动力

另一种制造方法是在硅特征中加入柔性弹性元件[174]。这样就可以在传统的微机电系统工艺中制造出挠性铰链和弹性储能元件。这种工艺或类似工艺可大大提高微型机器人应用中微米尺度机构自由度的设计。

4.4 表面功能化

微型机器人部件的磁功能化或电功能化可以通过材料的选择和涂层来实现。对于磁驱动，磁性材料（如镍、铁、钴或它们的合金）可以作为块体材料，也可以作为粒子混合到聚合物黏结剂中。电沉积的镍或铁镍（坡莫合金）可以进行图案化和成型，厚度可达几百微米[71]。铁、氧化铁或稀土磁体材料的研磨颗粒可以直接与光刻胶[39]或模塑部件[13]结合在一起。

对于电功能化，可使用聚合物结构使微型机器人的特征具有电气绝缘性，或使用金属结构或涂层使其具有导电性。其他功能化可以通过化学图案化应用于被动遥感，如光学激发和读取氧传感器涂层[181]。对于液态或气态环境中的化学、生物、气体或其他传感应用，在机器人传感器制造过程中或之后，传感器元件的表面需要通过特定的化学探针进行功能化处理，这种探针可以与目标分子特异性结合。附着过程可能需要一个中间黏合层，例如聚合物基质或沉积金属层，因为探针分子可能不容易附着在传感器材料上。表 4.2 列出了微悬臂文献中使用的探针分子、靶分子和黏结材料的列表。这种微悬臂的探针和目标也有可能用于移动微型机器人。

表 4.2　微型机器人传感器表面化学功能化的靶分子、探针分子和黏结材料

靶分子	探针分子	黏结材料	参考文献
CO_2	丙烯酰胺+丙烯酸异辛酯	聚合物基质	[175]
NH_3	POY（丙烯酸-丙烯酸异辛酯共聚物）	聚合物基质	[175]
H^+（pH）	丙烯酸+丙烯酸异辛酯	聚合物基质	[176]
葡萄糖	PVA（聚乙烯醇）和一种由 DMAA（二甲基烯丙基胺）、BMA（甲基丙烯酸丁酯）、DMAPAA（二甲氨基丙基丙烯酰胺）等制成的共聚物	聚合物基质	[175]
H_2O（湿度）	二氧化钛或氧化铝	溶胶-凝胶沉积	[175]
B 炭疽孢子	抗 B 炭疽噬菌体	金	[177]
fPSA（游离前列腺特异性抗原）	兔抗人 PSA	蒸发金＋DTSSP（丙酸酯）	[178]
抗生蛋白链菌素	维生素	N/A	[179]
单克隆抗体至（2,4-D）	2,4-二氯苯氧乙酸	蒸发金＋半胱胺＋BSA（牛血清白蛋白）	[179]
肌红蛋白	抗肌红蛋白单克隆抗体	磺基-LC（低压蒸汽凝液）-SPDP	[179]
密度脂蛋白胆固醇	肝磷脂	蒸发金＋2-氨基乙硫醇-氯化氢	[180]
免疫球蛋白 G（IgG）和 BSA	金	蒸发	[180]

4.5　精密微装配

虽然使用批量制造技术制造微型机器人的最终形态最为简单，但也可以装配部件，尤其是实现平面外 3D 特征。镊子等手动方法可用于组装尺寸小至约 100μm 的零件，但精密微装配只能通过机器人精密控制系统完成。在文献 [71] 中，使用这样的系统组装了多个大小为几百微米的平面电镀镍零件。这些微装配方法属于串行工艺，可能与批量制造不兼容。

4.6 自装配

精密机器人装配的另一种替代方法是所谓的自装配,即零件之间的微米尺度相互作用力引起的并行装配。在微米尺度上使用毛细力、磁力和电力对专门设计的部件进行装配时,就会出现这种现象[182]。与微装配技术相比,通常自装配的体积更小、并行速度更快,而且可以自我修正。

自装配技术在微型机器人领域格外有用,它可以打破 2D 制造方法在制造微米尺度部件方面的普遍局限性。作为其中的一个示例,如图 4.6 所示[183],自折叠图案化的 2D 薄板已被证明可创造出复杂的 3D 形状,并且形状具有高级的电气特性。

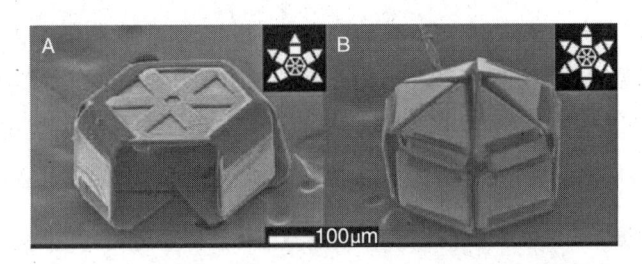

图 4.6 利用定向自装配从 2D 图案中获得的自折叠不受约束的微型夹持器的扫描电子显微镜图像。转载来自文献 [51]。一切权利得以保留

这种能力可以用于创建具有功能性的 3D 微型机器人特征,用于运动、传感或形成在小到数十微米的尺度上操纵微小零件的工具。

4.7 生物相容性和生物可降解性

对于流控芯片中的生物应用或人体流体腔内的医学应用,微型机器人的生物相容性是一个主要问题。在微型机器人制造中许多常用的材料不具有生物相容性,包括大多数磁性材料。大多数微型机器人研究没有涉及生物相容性的问题,只有一个例外[45],即小鼠成肌细胞可以在微米尺度的 IP-L 和 SU-8 光刻胶微螺旋上生长。使用表面涂层可以使由其他材料制成的微型机器人具有生物相容性,但还需要进一步研究。例如,可以在其他功能材料上涂覆对二甲苯或聚吡咯这些常见的生物相容性聚合物[185-187]。在微型机器人技术中使用这种涂层的研究刚刚起步,值得进一步研究。

对于未来人体内的一些潜在生物医学应用,微型机器人可能不容易收集或排出。在这些情况下,微型机器人除了具有生物相容性外,还可以由可生物降解的材料制成,这是一

种潜在的解决方案[55]。因此，微型机器人材料需要从可生物降解的聚合物、水凝胶和其他合成或生物材料中选择，这样它们才能在特定的生理环境中自我降解，而不会产生任何副作用。此外，免疫系统会根据生理环境的不同来攻击这些微型机器人材料，因此必须通过适当的表面功能化来防止免疫毒性类型问题的产生。

4.8 中性浮力

对于在3D空间中运动的微型机器人来说，由于需要对微型机器人的重量进行补偿，悬浮能力变得更加复杂。因此，微型机器人最好获得中性浮力。文献[16]研究了在3D液体环境中进行复杂运动的磁驱动的不受约束的钴镍微型机器人。为了进行重量补偿，除了控制力之外，还必须始终施加垂直力，这对运动控制产生了负面影响。在垂直方向的磁场中，浮力为 $0.95\mu N$ 的直径为 $300\mu m$ 的微型机器人在水中受到的最大向上磁驱动力为 $2.2\mu N$。因此，微型机器人的重量约为磁力系统在该方向所能提供最大力的25%。如果没有重量补偿，就可以在各个方向上施加更均衡的力，从而实现更好的运动。实现磁性微型机器人的中性浮力格外困难，因为磁性材料密度很大。表4.3列出了相关材料的近似密度。

表4.3 微型机器人研究中常见材料在25℃（合成液体）和体温（生物液体）下的近似密度

材料	近似密度 $\rho/(kg/m^3)$
水	997（25℃下）
硅油	971（25℃下）
甘油	1260
人体血液	1043～1057[188]
人体尿液	1000～1030
人类玻璃体	1005～1009[189]
人类脑脊液	1003～1005[190]
空气	1184
钕铁硼	7610
铁	7870
镍	8900
钴	8900
金	19 320
钛	4430
白金	21 450
银	10 490
PDMS（聚偏二甲基硅氧烷）	965
聚苯乙烯	1050
PEG 400	1128
聚氨酯	～1200

低密度水凝胶可用于减轻微型机器人的重量[191]，而 3D 磁性微结构可利用低密度中空玻璃微胶囊产生浮力[163]。这些材料与光固化聚合物混合后，用激光形成复杂的 3D 形状，如螺旋形。在医学领域，血液、脑脊液和泌尿道都是微型机器人技术的关注重点，因为微型机器人技术在这些领域具有潜在的优势。这些流体环境的密度值都接近于水的（1000kg/m³），因此通常将其作为微型机器人的目标密度。类似的制造方法可以利用大型滞留空气腔产生浮力[192]。该设计通过光刻法制造，包括一个大空腔，空腔用聚合物盖手工封盖。这种设计可以调整到恰当的密度，并且仅由磁性材料和黏结聚合物组成。

为了使中性浮力机器人设计在水中更容易操作，可将细胞分离液介质与水混合，以增加其密度。例如，将 140μL 细胞分离液（Sigma-Aldrich，St. Louis，MO）与水混合，可将水的密度增加至 1090kg/m³[23]。这种密度较高的介质适合生物学的使用。

4.9 习题

1. 列出文献中大量制造球形 Janus 粒子的可行方法，其中一半粒子涂有不同的材料（如金属）。在适当的化学物质中使用这种 Janus 粒子，可以使用哪种自驱动方法来制造微型游动机器人？
2. 哪些微型机器人制造技术已被用于制造具有螺旋状尾部或身体，且总体尺寸小于 1mm 的磁性微型游动机器人？目前制造出的最小尺寸合成螺旋游动机器人是什么？
3. 哪些硬磁微粒子材料可用于制造具有高磁化特性的磁性微型机器人？在保持硬磁特性的同时，这种粒子的最小尺寸是多少？是否有可生物降解的无涂层微纳磁性粒子材料？是否有化学或生物材料具有磁性？
4. 查找并列出文献中通过激光微机械加工、自装配、双光子立体光刻技术制造的微型机器人。同时列出每种微型机器人的潜在应用领域。

CHAPTER 5

第 5 章

微型机器人传感器

移动微型机器人可以为给定的应用场景配备机载或非机载（远程）传感器。图 5.1 展示了一个微型机器人的概念图，它能够在其环境中进行机载传感并与实体交互。微型传感器的典型设计参数有：

- 分辨率：定义为传感器所能检测到的最小变化。它通常由电子输出中的电噪声决定。根据一般经验，传感器分辨率应至少比要测量的参数小 10 倍。例如，如果我们想检测到与缓慢变化的表面相接触的 1μN 的接触力，那么力传感器必须能够在低频下检测到至少 0.1μN 的力。分辨率是测量带宽/频率的函数，因此为了检测给定频率下的参数变化，传感器需要在该频率下具有足够的分辨率。
- 灵敏度：定义为被测参数每变化一个单位，传感器的输出变化量。该因子在传感器量程范围内可能是恒定的（线性），也可能是变化的（非线性）。
- 量程：每个传感器都被设计为在特定量程内工作。传感器的分辨率越高，其量程通常会越低。
- 带宽：指频率响应，反映传感器对测量参数变化的响应能力。例如，传感器的带宽应该足够高，以快速检测到测量参数的变化。
- 噪声：传感器输出的电噪声是限制其最小可测量范围的主要因素。因此，应该尽量减少噪声。噪声的量化指标是传感器的信噪比（SNR），应使该值达到最大。
- 非线性：传感器的响应可能具有非线性，包括迟滞。这种非线性可能会使传感器的校准和使用此类传感器的反馈控制复杂化。
- 功耗：由于小型移动机器人的电源有限，因此应尽量降低给定传感器（以及所有其他机载组件）的功耗。
- 对操作环境的兼容性：根据不同的应用，移动微型机器人需要在空气、水、人体或其他生理流体中操作，或者在低温或高温的真空中、不同 pH 值环境等条件下操作。因此，在给定材料选择的情况下，它们的传感器需要与这种环境条件兼容。

- 尺寸：对于给定的应用场景，传感器的整体尺寸应远小于无约束的微型机器人的整体尺寸要求。因此，传感器及其处理电子元件应具有最小的尺寸，并应以紧凑的方式集成到机器人中。
- 重量：对于特定的应用场景，如飞行或悬浮的微型机器人，传感器的重量需要最小化。

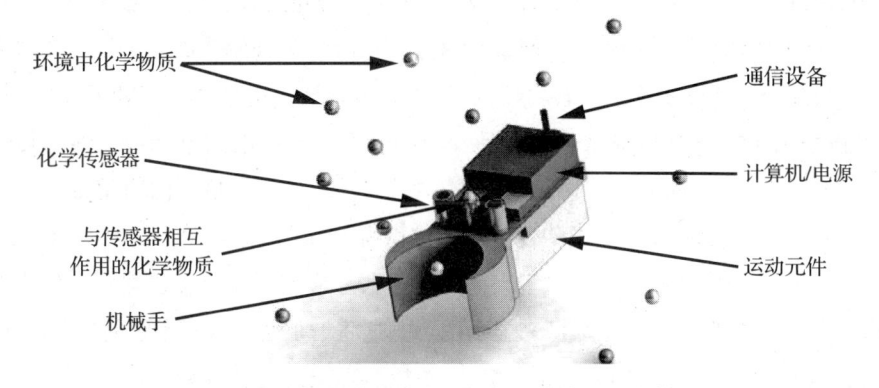

图 5.1 微型机器人的概念图，它能够在其环境中进行机载传感并与实体交互。在这个例子中，微型机器人可以通过使用化学传感器来检测化学物质，并且可以通过无线方式传输这些数据。微型机器人也可以用一个机械手来主动控制其环境中的物体

对于给定的应用场景，移动微型机器人需要多种不同类型的传感器，如图像、位移/应变、力/压力、加速度、角速度、生物、化学、气体、流量、温度和湿度传感器。本章涵盖了可能的图像传感器和可能的各种传感器设计的转换方法。

5.1 微型摄像机

视觉是动物和机器人在复杂环境中操作的最重要的非接触（远场）传感方式。因此，在一定尺寸的微型机器人中，图像传感器是必不可少的。与人的眼睛一样，目前的高分辨率微型摄像机通常依靠单个透镜，将图像聚焦到光传感器（视网膜）上。这种透镜可以主动聚焦图像，和目前手机使用电润湿液体的情况一样[193]，类似于睫状肌改变生物晶状体上的张力，改变其曲率和焦距。受限于数据传输速率和图像采集硬件，传统摄像机的成像带宽为 20～50fps。人眼的分辨率为 1.2 亿像素（11 000×11 000 像素），而目前的微型摄像机通常分辨率较低（62 500～410 000 像素）。相比之下，小型昆虫的复眼由数百或数千个晶状体组成。它们具有较小的尺寸和较低的分辨率（最多 100×100 晶状体），并对高速下（例如 120fps）的形状和运动检测进行了优化。并置和叠加类型的透镜收集和过滤光线，以产生非聚焦、模糊的图像。一些研究小组已经使用微加工技术制作了合成复眼的原型样机，并将其用于微型机器人和设备[194]。

目前的图像传感器主要有两种类型：电荷耦合器件（CCD）图像传感器和互补金属氧化物半导体（CMOS）图像传感器。CCD传感器由一组光电二极管组成，检测与投射在其上的光强度成正比的电荷积累。每个光电二极管上的电荷依次接受检测并被以给定的帧速率发送到单独的数字信号处理器。相比之下，微加工的CMOS传感器具有的一组光电二极管有片上集成电子元件和处理功能，这使得它们具有功耗低、微型、轻便、性价比高的特点。比较这两种用于微型机器人的图像传感器，CMOS传感器的图像分辨率略低、色彩再现性较差、亮度动态范围较暗（即CMOS传感器需要比CCD传感器多一倍的功率来覆盖其黑暗）、景深较浅、尺寸较小、总功耗低于CCD传感器。这种基于CMOS和CCD传感器的微型摄像机通常用于FDA（美国食品及药物管理局）批准的毫米级无线内窥镜胶囊（给定Imaging和Olympus），其直径在胃肠道内为10mm。目前最小的商用摄像机（Nan-eye相机，Awaiba）使用CMOS图像传感器，体积为1mm^3，分辨率为250×250像素，帧率为42～55fps，功耗为4.2mW。对于人体内部的医疗应用，需要在机器人上使用诸如发光二极管（LED）的单个或多个光源来显示图像，这将增加图像传感系统的尺寸和功耗。

5.2 微米尺度传感原理

微米尺度传感原理可以是电容原理、压阻原理、光学原理、压电原理、磁性原理、热电原理、热磁原理等。除压阻式外，这些转换方法也可用于驱动。微型机器人中最常见的是电容式、压阻式、压电式和光学式。以AFM中常用的末端有纳米级尖端的硅微悬臂探针为例，微型传感器可以集成到微型机器人中，主要利用电容原理、压阻原理和光学原理来检测悬臂探针的静态或动态偏转。在此示例中，作为基本分辨率的比较案例，光学、电容和压阻偏转传感系统的分辨率分别约为0.1nm、0.01nm和1.0nm。另一个例子是，通过构建由两种热膨胀系数不同的材料制成的双层悬臂梁，可以改进微加工的悬臂梁使其用来测量环境中的温度，这种双层悬臂梁由于温度变化而引起机械偏转，可以使用电容原理、压阻原理和光学原理来检测[179]。压电原理通常不用于检测静态偏转，但可以精确检测振荡偏转。这种原理将在6.1节作为驱动方法进行讨论。

在最近的发展中，人们还利用嵌入不同纳米材料（如纳米线、碳纳米管和纳米粒子）的弹性体的电阻或电容感应原理[195-196]，实现高度可拉伸的微型柔性应变传感器和其他微型传感器。将这种柔性传感器集成到未来的软体毫米级机器人和微型机器人中是至关重要的。

5.2.1 电容传感

两个平行导电板之间的电容在其中一个导电板垂直或水平移动时会发生变化。例如，将其中一个电极放置在机器人身体上,另一个电极放置在其运动的表面上,可以实现机器人与表面的距离感知或接触感知。当两个导电板之间距离为 h 时,它们之间的电容 C 为

$$C = \frac{\varepsilon \varepsilon_0 A}{h}. \tag{5.1}$$

式中,A 为导电板表面积,ε 为导电板间材料的相对介电常数,ε_0 为自由空间介电常数 (8.85×10^{-12} F/m)。当其中一块导电板垂直移动一段距离 Δh 时,电容变化 ΔC 为

$$\Delta C = \frac{\varepsilon \varepsilon_0 A}{\Delta h}. \tag{5.2}$$

当这块导电板水平移动距离 Δx 时,

$$\Delta C = \frac{\varepsilon \varepsilon_0 L_x \Delta x}{h}, \tag{5.3}$$

式中,L_x 为导电板长度。例如,在空气中,对于长度为 100μm、间隙距离为 1μm 的两块导电板,10μm 的横向位移将产生 8.85×10^{-15} F 的电容变化。为了增加这样的电容变化值以获得更好的传感器灵敏度,可以设计梳齿驱动的传感器[197],其中 N 个梳齿可以相对于彼此横向移动 Δx,并且可以增加 $2N$ 的电容变化。

电容式传感器的问题包括它们对环境电磁耦合的灵敏度(电屏蔽可以降低它)和对导电板平行度的定向对准灵敏度。它们的分辨率可能非常高。测量范围通常受到移动导电板的运动范围的限制。它们是高度线性的,并且具有高带宽来检测低频和高频参数。它们与真空兼容。以电容式微型传感器为例,利用梳齿驱动的微型传感器测量果蝇数十μN 的空气动力学的飞行力[198],它的灵敏度为 1.35mV/μN、线性度<4%、带宽为 7.8kHz。梳齿驱动的电容式传感器最常见的用途是用在商业化的微型加速度计中,梳齿驱动的传感器上附着的质量块使用电容驱动进行振动,并且由传感器检测到由于惯性力引起的振荡变化。这种加速度计的灵敏度为 38mV/g,量程为 ±50g,噪声为 1mGal$^{\ominus}/\sqrt{\text{Hz}}$。

5.2.2 压阻传感

压阻效应是由于材料中应力的变化而引起的材料电阻的变化。金属、半导体和许多其他材料会表现出压阻效应。它通常由应变灵敏度因数 G 来量化,G 是每个电阻在给定应变下的电阻变化:

$\ominus$ 1Gal=0.01m/s^2。——编辑注

$$G = \frac{\Delta R}{R\varepsilon_s} \tag{5.4}$$

式中，R 为材料的电阻，ε_s 为外加应变。电阻变化 ΔR 由材料的几何结构或电导率变化而产生。在微型机器人上的长、宽、厚尺寸分别为 L、w、t 的矩形截面金属元件中，材料的电阻 $R = \rho L / A$，其中截面积 $A = wt$，电阻 dR/R 的变化量可计算为

$$\frac{dR}{R} = \frac{dL}{L} + \frac{d\rho}{\rho} - \frac{dA}{A} \tag{5.5}$$

$$= (1 + 2\nu)\varepsilon_s + \frac{d\rho}{\rho}, \tag{5.6}$$

式中，$\varepsilon_s = dL/L$，$dA/A = -2\nu\varepsilon_s$。因此，

$$G = 1 + 2\nu + \frac{d\rho}{\rho\varepsilon_s} \tag{5.7}$$

对于金属元素，$d\rho/(\rho\varepsilon_s)$ 项可以忽略不计，几何变化是改变元件电阻的主要机制，导致 $G \approx 1 + 2\nu$。在金属中，假设一种金属的最高 ν 为 0.4，最高 $\varepsilon_s = \Delta L/L$ 为 1%，则最高 G 值为 1.8（即 $\Delta R/R = 1\% \sim 2\%$），接近金属的屈服强度。

对于掺杂硼或磷离子的硅和多晶硅等半导体压阻元件，基于电导变化的压阻效应占主导地位，使得 $G \approx \pi_L E$，其中 $\pi_L = d\rho/(\rho\varepsilon_s E)$ 为压阻系数，E 为材料的杨氏模量。因为硅和多晶硅是各向异性晶体材料，所以 π_L 取决于晶体取向。

p 型和 n 型离子掺杂硅压阻元件的 $\pi_{L<111>} = 93.5 \times 10^{-11} \text{Pa}^{-1}$，$\pi_{L<100>} = -102.2 \times 10^{-11} \text{Pa}^{-1}$。对于 p 型 $\text{Si}_{<110>}$，得到的 $G = 133$ 是可能的，这比金属传感器元件大两个数量级。在表面或批量微加工过程中，通过使用掩膜以 10^{15} 个原子/cm³ 的速率在选定的元件区域掺杂硼或磷离子，可以很容易地将掺杂硅压阻元件集成到微型机器人体内。因此，可以在晶圆级工艺中制造大量高度集成的压阻式微型传感器。这种传感器元件需要导电（例如，铝）电线，且有适当的电隔离层（例如，Si_3N_4）围绕着它们进行图案化，以防止电流泄漏，特别是对于在离子液体中操作的微型机器人。

在 p 型掺杂和 n 型掺杂的情况下，多晶硅压阻元件的 G 值分别为 -40 和 20。它们具有比掺杂硅元素更低的 G 值，同时它们具有更少的电流泄漏问题，并且可以具有更大的感应电压。在 560℃ 下使用低压化学气相沉积（LPCVD）工艺沉积多晶硅层并在 1000~1100℃ 下退火后，这些元素可以在微型机器人表面上使用光刻技术进行微图案化。这些元素还需要以更高的速率（10^{19} 个原子/cm³）进行离子掺杂以增加 G 值。

利用惠斯通电桥和信号放大器将压阻元件中的电阻变化转换为电信号（电压差）。这种简单的电子器件可以通过 CMOS 微加工工艺集成到传感器元件和微型机器人中。这种片上电子器件可以显著降低电噪声。例如，大鼠心肌细胞对不同化学刺激的收缩反应是通过使用具有片上 CMOS 电子设备集成压阻传感器的硅微夹持器进行测量的，这种传感器具有 10∶1 的信噪比[199]。

压阻式传感器的主要问题是电噪声和热漂移。由于环境温度可能发生变化，压阻式传感器的电阻也会随时间变化。电噪声限制了这种传感器的分辨率，它们的噪声可以通过适当的电屏蔽或片上 CMOS 电子器件最小化。然而，热漂移是一个更困难的问题。作为最小化热漂移的一种可能的解决方案，可以制造一个仿制的传感器，在真实传感器和仿制的传感器之间进行差分信号读取，以消除温度变化的影响。此外，如果应用场景允许，可以将传感器区域浸入液体中或为其覆盖保温层，为传感器元件提供恒定的温度。

压阻式传感器可用于设计各种紧凑的单个或阵列的挠度、应变、力、压力、流量、加速度计、陀螺仪、生化等传感器[200-202]，用于给定的微型机器人应用场景。例如，在微悬臂的底部带有压阻传感元件，如果在其表面涂上适当的特定化学涂层，则可以检测到其表面上的分子结合的情况[203]。这种检测是可能的，因为分子结合事件会在微悬臂上诱导应力，在其底部产生应变和应力。这种生化传感器结构紧凑，集成度高。

压阻式传感器的另一个重要优点是，它们可以被制造成能集成到微型机器人中的传感器阵列，其中它们的电信号检测可以很容易地使用 CMOS 电子元件解耦和集成。在这里，这种解耦的传感器阵列可以实现高空间分辨率的流体检测或对不同生化试剂或分子的同时检测。

5.2.3　光学传感

由于光学传感需要对准和聚焦的光源，如激光二极管或垂直腔面发射激光器（VCSEL）、光电探测器和处理电子器件，因此为微型机器人设计和制造具有亚毫米级所有组件的机载光学传感器具有挑战性。目前所有的光学微型传感器都采用远程照明和光探测技术来实现小范围的远程传感。在这种情况下，光源需要能够穿透微型机器人的工作空间，并且需要始终聚焦在微型机器人上，这对于给定的应用场景来说可能是限制因素。例如，人体对可见光和紫外线是不透明的，对近红外光（NIR）是半透明的（直到皮肤下 10～20mm 深的区域），对 X 射线是透明的。相比之下，在微流体生物应用场景中，机器人工作空间可以对可见光和紫外光透明，这使得针对机器人及其环境的许多远程光学传感技术成为可能。例如，一个镍基磁性游动微型机器人可以通过在聚苯乙烯基体中涂上铱磷光复合物来感知水中的环境氧[204]，当被蓝色发光二极管激发时，该复合物在氧气存在下会发出磷光。激发后，发冷光寿命随微型机器人周围氧浓度的变化而变化。通过光学检测，可以进行测量，因此这种传感机制需要对环境中的微型机器人进行视距、无遮挡的监测，这限制了微型机器人可以执行的测量任务和环境的类型。

5.2.4 磁弹性遥感

磁弹性材料可以用作微型机器人的传感器来测量环境的特性[175,205]。传感元件本身是一个由磁致伸缩材料构成的自由悬臂梁，在激活后沿纵向振动。当受到远程电磁、声或光信号的激发时，磁弹性传感器将响应二次衰减的电磁信号，该信号可以使用外部传感系统进行测量（参见图5.2所示的基于电磁信号的传感方案）。这种信号会随着磁弹性传感器的质量载荷或弹性特性的变化而变化。通过将探针分子结合到传感器上（以类似于悬臂梁的方式），该传感器可用于检测温度[206]、湿度、流体流速、液体黏度和密度[207]、pH值[176]、磁场强度以及化学物质或气体浓度[175]。这种方法特别有优势，因为传感器可以使用电磁信号读取。因此，传感器不需要肉眼可见就可以被读取，并且可以在封闭或不透明的环境中工作。此外，这种远程微型传感器可以很容易地集成到移动微型机器人中，而不需要机载测量电子设备、数据传输和电源。

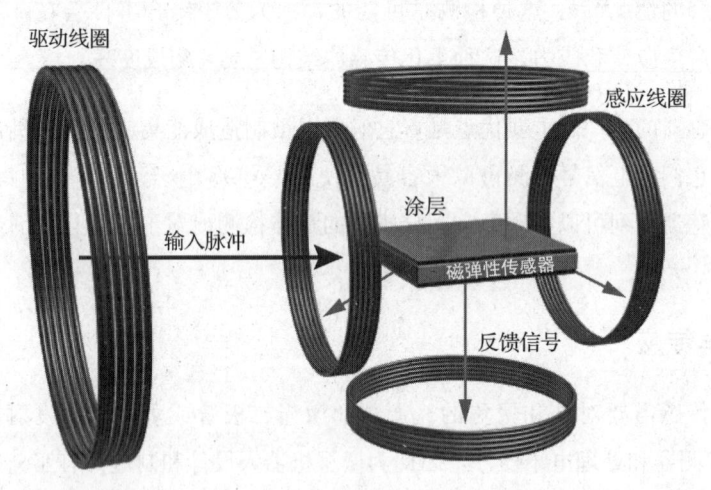

图5.2 用于检测磁弹性传感器（MES）固有频率变化的可行传感方案示意图。利用驱动线圈可以发送电磁脉冲，引起磁弹性传感元件振荡。这种振荡会产生一种衰减的电磁信号，可以被感应线圈接收到。对电磁响应进行分析，确定响应的幅值和共振频率

磁弹性传感器的工作原理是磁致伸缩振动。对于材料长度为 l 的薄带，纵向振动的第一共振频率 f_0 可以近似为[175]：

$$f_0 = \frac{1}{2l}\sqrt{\frac{E_\mathrm{m}}{\rho_\mathrm{m}(1-\nu_\mathrm{m}^2)}} \tag{5.8}$$

式中，E_m 为磁弹性材料的杨氏模量，ρ_m 为其密度，ν_m 为其泊松比。

文献中使用的许多磁弹性传感器都需要在磁弹性材料表面涂覆一层活性化学物质层，从而改变材料的有效杨氏模量（E_{eff}）和密度（ρ_{eff}）：

$$E_{eff} = \alpha_m E_m + \alpha_c E_c, \tag{5.9}$$

$$\rho_{eff} = \alpha_m \rho_m + \alpha_c \rho_c, \tag{5.10}$$

式中，α_m 和 α_c 分别为磁弹性材料和涂层部分的厚度。

一旦确定了磁弹性传感器的 f_0，其固有频率的变化就可能由于传感器的变化而变化，例如由于靶分子附着在设备上而增加的质量。由于质量增加 Δm 远小于传感器质量 m（即 $\Delta m/m \ll 1$），且对传感器刚度的影响可忽略不计，则共振频率的变化量 Δf 为

$$\Delta f = -f_0 \frac{\Delta m}{2m} \tag{5.11}$$

当在液体中操作时，液体的密度和黏度起到抑制振动的作用，降低了响应的振幅，同时也增加了传感器的有效质量，从而降低了其共振频率。用于确定在液体中磁弹性传感器的理论响应的高黏度极限在文献［207］中有描述。与流体体积的特征长度大小 $2h$ 相比，传感器振荡产生的波的穿透深度 δ 是确定哪种情况更合适的优劣值。明确地，对于低黏度，

$$\delta \approx \sqrt{\frac{\eta}{\pi \rho_l f_0}} \ll 2h \tag{5.12}$$

对于高黏度，

$$\delta \approx \sqrt{\frac{\eta}{\pi \rho_l f_0}} \gg 2h \tag{5.13}$$

式中，η 为流体的动态黏度，ρ_l 为流体密度。

对于低黏度流体，共振频率的变化为

$$\Delta f = -\frac{\sqrt{\pi f_0}}{2\pi \rho_m d} \sqrt{\eta \rho_l} \tag{5.14}$$

式中，d 为传感器的厚度。对于高黏度流体，共振频率的变化为

$$\Delta f = -\frac{1}{3} f_0 \frac{\rho_l h}{\rho_m d} \tag{5.15}$$

对于磁致伸缩材料，有效弹性模量是材料的磁各向异性的函数。外加磁场（H）的变化会改变材料的磁化强度（M）和磁导率（χ），这两者反过来又会影响内应力与应变之间的关系。这就得到了与场相关的有效杨氏模量，从而得到了与场相关的共振频率 $f(H)$：

$$f(H) = f_0 \left(1 + \frac{9 E_m \lambda_s^2 M^2}{M_s^2} \chi \right), \tag{5.16}$$

式中，λ_s 为材料的饱和磁致伸缩系数，M_s 为材料的饱和磁化强度。M 对 H 的依赖关系是传感器几何形状和材料的函数，而 χ、λ_s 和 M_s 除了是材料的固有特性外，还都是温度的函数。这些依赖关系可能是有利的，因为可以通过选择适当的偏置磁场来抵消温度的影响，从而能够在温度难以或不可能控制的环境中测量一些其他参数。或者，如果需要，可以使用适当的偏置磁场来改变共振频率，或者如果要测量的参数是温度，则可以增强对温度的灵敏度。

CHAPTER 6

第 6 章

微型机器人的机载驱动

微型机器人可以使用机载微型驱动器驱动，通过与其操作介质或附着在其上的生物细胞的物理或化学相互作用自驱动，或者远程驱动。在本章和接下来的两章中，将详细解释每一种驱动方法。本章将介绍常用的机载驱动方法，如压电驱动、形状记忆材料驱动、电活性聚合物驱动以及基于 MEMS 的静电、电容和热驱动等，这些驱动方法可以缩小到数十或数百微米尺度，并集成到移动微型机器人中。然而，对于这样的驱动器，我们需要一个机载电能能源（这种能源也可以远程传输）、驱动电子、处理器和控制器。对于这样的机载组件，目前技术的小型化限制使得将它们用于移动微型机器人更具有挑战性。因此，这些驱动技术的许多例子通常会针对移动微型机器人给出。

6.1 压电驱动

压电驱动（piezoelectric actuation）具有高输出力、高功率密度、高带宽（高达兆赫兹）、小尺寸（可作为薄/厚膜集成到机器人结构中）和低功耗（数十微瓦或毫瓦）等优点，是最有前景的机载毫微尺度驱动方法之一。然而，它能够产生微小应变（通常小于 0.1%，只针对单晶压片能达到 1%）；具有一定的非线性，如迟滞、蠕变、软化和漂移；需要数百伏的电压放大器；可能断裂、老化或去极化；如果涂层不当，则不具有生物相容性。

1880 年，雅克·居里和皮埃尔·居里兄弟发现了压电效应。piezo 这个词在希腊语中的意思是按压（press），因此压电是指在压电材料上机械压力诱导了电极化（压力感应模式）。压电材料也可以通过电场输入（驱动模式）产生机械应力/应变。因此，压电材料可以同时被用作驱动器和传感器。

压电驱动器的材料种类繁多，如有畴壁但无晶粒边界的极性非铁电单晶（ZnO、AlN、电气石、罗谢尔盐、石英)、既有晶粒边界又有畴壁的铁电多晶（BaTiO$_3$、Pb(Zr-Ti)O$_3$、LiNbO$_3$、LiTaO$_3$ 等)、铁电单晶（PZN-PT、PMN-PT 等)、一些天然有机物（橡胶、羊毛、毛发、丝绸等)，以及特定的热塑性含氟聚合物［PVDF（聚偏二氟乙烯)]。最典型的商业化的压电材料是 PZT（即 Pb(Zr$_x$-Ti$_{1-x}$)O$_3$，锆钛酸铅，$0 \leqslant x \leqslant 1$）铁电多晶，它可被分为软型（如 PZT-5H）和硬型（如 PZT-5A)，分别针对应变较大但受力较小的情况和应变较小但受力较大的情况进行了优化。

PZT 等多晶铁电材料具有钙钛矿型晶体结构，通式为 $A^{2+}B^{4+}O_3^{2-}$。这种晶体在温度低于居里温度（T_C）时具有四方对称性和固有的内置电偶极子。在高于 T_C 的温度下，这种晶体具有立方对称性，没有电偶极子（顺电位模式)。在 $T < T_C$ 时，如果压电材料没有极化，则其电偶极子是随机取向的。在这种形式下，压电材料不能用作驱动器，因为恒定电场方向引起的机械应力会抵消随机偶极子的每个应变，导致可忽略不计的总应变。因此，在将压电材料用作驱动器之前必须对其进行极化，极化可以通过在略低于 T_C 的温度下施加高电场来实现。在这样的极化过程中，电偶极子都沿着电场方向排列，当电场关闭时，它们仍然可以保持排列的偶极子方向。

当电压 V 施加到压电材料上时，它有一个机械运动（收缩/膨胀）δ，可以近似为线性关系：

$$\delta = d_{33} V, \tag{6.1}$$

式中，d_{33} 是压电常数。然而，由于许多非线性效应，这种关系并不准确，例如：

- 在驱动过程中会发生迟滞（偶极畴的延迟重定向)，这会导致压电材料的非线性和能量损失。
- 改变驱动场并保持恒定后会发生蠕变（运动后应变的变化)，其中越来越多的偶极子由于相互影响而在外加电场中自定向。
- 在高电场下，压电材料可以改变其刚度（软化)。

除了可能的非线性之外，如果长时间不施加外场，那么一些区域可能会失去极性，需要重新极化。在双极模式下，高机电载荷和驱动所导致的微裂纹会降低压电驱动器的使用寿命（耐久性)。当如此高的载荷被最小化并以单极模式驱动时，它们可以有 10^9 个生命周期，这样的寿命足够用于大量机器人应用。压电材料具有高抗压强度，因此它们可以承受高达数百兆帕的压缩载荷。然而，它们的拉伸和剪切强度较低，这使得它们在拉伸和剪切载荷下易碎/脆。为了尽量减少这种脆性行为，可以利用预应力（通过外力、内部热失配或更高的电场在外部或内部预加载压电材料)。

例如，表 6.1 列出了商用的硬压电材料的性能。压电电荷常数 d_{ij} 是由于机械应力而产生的电极化，其中 i 为外加电场方向，j 为诱导应变方向。因此，d_{31} 为 z 方向上的电场所诱导的 x 方向上的应变的常数。这种指标编号与压电陶瓷材料的 3D 各向异性多晶方向有关，如图 6.1 所示。

表 6.1 针对大受力和小应变的应用场景进行优化的硬 PZT 陶瓷驱动器材料（PZT-5A）（$\varepsilon_0 = 8.854 \times 10^{-12} \text{F/m}$）的物理特性

参数	数值
居里温度 T_C/℃	220
密度 ρ/(kg/m³)	7900
频率常数 N/(Hz·m)	2000
抗压强度/MPa	600
拉伸强度/MPa	600
相对介电常数 $\varepsilon_r/\varepsilon_0$	1700
d_{31} 电荷常数/(C/N)	-171×10^{-12}
d_{33} 电荷常数/(C/N)	374×10^{-12}
耦合因子 k_{31}	0.62
泊松比 ν	0.3
杨氏模量 E/GPa	70

压电驱动器可以以许多不同的方式设计，例如轴向（d_{33} 模式）、横向（d_{31} 模式）、复合（多层/叠加）和弯曲型，其中每种设计类型在特定方向上给出不同的力（阻滞力，F_b）和位移（δ）输出。

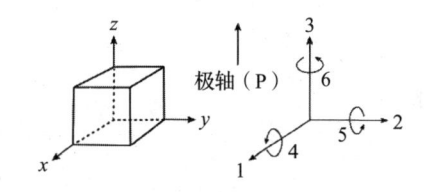

图 6.1 3D 各向异性多晶压电陶瓷的基本方向

在轴向型（纵向效应）中，

$$\delta = d_{33} V \tag{6.2}$$

$$F_b = \frac{lw}{S_{33}^E t} d_{33} V \tag{6.3}$$

$$K_m = \frac{F_b}{\delta} = \frac{lw}{S_{33}^E t} \tag{6.4}$$

$$f_r = \frac{N_3^D}{t}, \tag{6.5}$$

其中，图 6.2 显示了在 z 方向极化（P）的矩形压电材料的 l、w 和 t 尺寸。在 z 方向

上施加电场 E_3，将在 z 方向上诱导产生 F_b 和 δ。式中，K_m 为驱动器的机械刚度，f_r 为驱动器基座不固定时（基座固定时分母变为 $2t$）的共振频率（第一模态），N_3^D 为频率常数，$S_{33}^E = 1/E$ 为柔度，其中 E 为 z 方向上各向异性陶瓷的杨氏模量。

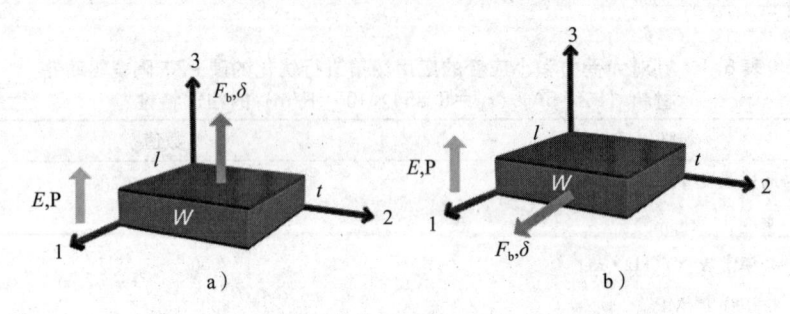

图 6.2 a) 轴向压电驱动器。b) 横向压电驱动器

在横向型（纵向效应）中，在 z 方向上施加电场 E，将在 x 方向上诱导产生 F_b 和 δ。此时有

$$\delta = -\frac{l}{t}d_{31}V \tag{6.6}$$

$$F_b = -\frac{w}{S_{11}^E}d_{31}V \tag{6.7}$$

$$K_m = \frac{hw}{S_{11}^E l} \tag{6.8}$$

$$f_r = \frac{N_1^E}{l}, \tag{6.9}$$

负号是由于长度的减少。对于堆叠压电，这是最典型的压电驱动类型。

轴向和横向压电驱动器的高行程需要高电压。为了降低施加电压，n 个薄压电层可以堆叠在彼此的顶部，以形成复合堆叠的设计。因此，使用相同的施加电压 V，便可以得到 n 倍多的位移。这种压电管形式的复合堆叠设计或其他具有 3D (xyz) 平移运动能力的设计经常用于高分辨率原子尺度纳米定位系统，扫描力显微镜的运动范围很小或只有几十微米。

虽然以上三种压电驱动方法可以提供高输出力，但它们的运动范围有限，这限制了它们在机器人中的应用。然而，弯曲型压电片可以通过降低驱动器的刚度来显著增加运动范围。典型的弯曲型压电片可以是单晶片型（一个有源压电层）或双晶片型（两个有源压电层），其中压电层与被动弹性层结合。

6.1.1 单晶压电驱动器

激活状态下的标准矩形截面单晶型驱动器如图 6.3 所示。该驱动器由连接到弹性层的单层压电层组成。弹性层通常选用钢或钛。当电压施加在压电层的厚度方向上时，单层压电层的纵向和横向会产生应变。压电层与横向应变相反，将导致弹性层弯曲变形。

如图 6.3 所示，对于一端固定一端自由挠曲的单晶型驱动器，其尖端位移 δ、F_b、f_r、K_m 以及机械品质因数 Q 可表示为[208]：

图 6.3 用于小尺度驱动的基于悬臂式矩形压电单晶型驱动器的设计

$$\delta = \frac{3l^2}{h_p^2} \frac{AB(B+1)}{D} d_{31} V \tag{6.10}$$

$$F_b = \frac{3wh_p}{4s_p l} \frac{AB(B+1)}{AB+1} d_{31} V \tag{6.11}$$

$$f_r = \frac{\lambda_i^2 h_p}{4\pi l^2} \sqrt{\frac{E_p}{3\rho_p} \frac{D}{(BC+1)(AB+1)}} \tag{6.12}$$

$$Q = \frac{f_r}{f_{r1} - f_{r2}} \tag{6.13}$$

$$K_m = \frac{F_b}{\delta} = \frac{wh_p^3}{4s_p l^3} \frac{D}{AB+1}, \tag{6.14}$$

式中，$A = s_p/s_s = E_s/E_p$，$B = h_s/h_p$，$C = \rho_s/\rho_p$，$D = A^2 B^4 + 2A(2B + 3B^2 + 2B^3) + 1$。其中 f_{r1} 和 f_{r2} 为挠曲幅度降至其共振峰值的 70.7% 时的频率。$s_p = 1/E_p$ 和 $s_s = 1/E_s$ 为弹性柔度，h_p 和 h_s 为厚度，E_p 和 E_s 为杨氏模量，ρ_p 和 ρ_s 分别为压电层和钢层的密度，λ_i 为特征值（其中 i 为共振模态，即第一模态 $\lambda_1 = 1.875$，第二模态 $\lambda_2 = 4.694$）。PZT-5H、PZN-PT 和钢层的杨氏模量、密度、d_{31}、耦合因子 k_{31}、相对介电常数 $K_3 = \varepsilon/\varepsilon_0$、最大电场 E_3 值如表 6.2 所示。

表 6.2 PZT-5H、PZN-PT、钢层的性能

	PZT-5H	PZN-PT	钢
E/GPa	61	15	193
ρ/(kg/m³)	7500	8000	7872
d_{31}/(C/N)	320×10^{-12}	950×10^{-12}	N/A

（续）

	PZT-5H	PZN-PT	钢
k_{31}	0.44	0.5	N/A
K_3	3800	5000	N/A
$E_3/(V/m)$	1.5×10^6	10×10^6	N/A

当发生共振时，驱动器将以 δ_r 的振幅振荡。若假设线性行为，其中机械品质因数 Q 可以定义为

$$Q=\frac{m^*\omega_0}{b_a}=\frac{\delta_r}{\delta}, \tag{6.15}$$

若假设为一个二阶线性模型，其中 m^* 为单晶弯曲驱动器的有效质量（对于一端固定的悬臂梁，$m^*\approx 0.24m_a$，其中 m_a 为单晶质量），$\omega_0=2\pi f_r$，b_a 为驱动器阻尼。

PZT-5H 压电层尺寸和外加电压（$h_p=127\mu m$、$l=16mm$、$w=3mm$、$V=150V$）固定，调整弹性层厚度 h_s，以优化单晶驱动器的位移和机械能输出。从图 6.4 可以看出，要使挠度 δ 最大，则 h_s 应在 $20\mu m$ 左右。然而，典型的机器人方面的应用需要最大限度地提高机械能输出，在这种情况下，可以通过使 $h_s=56\mu m$ 来实现。

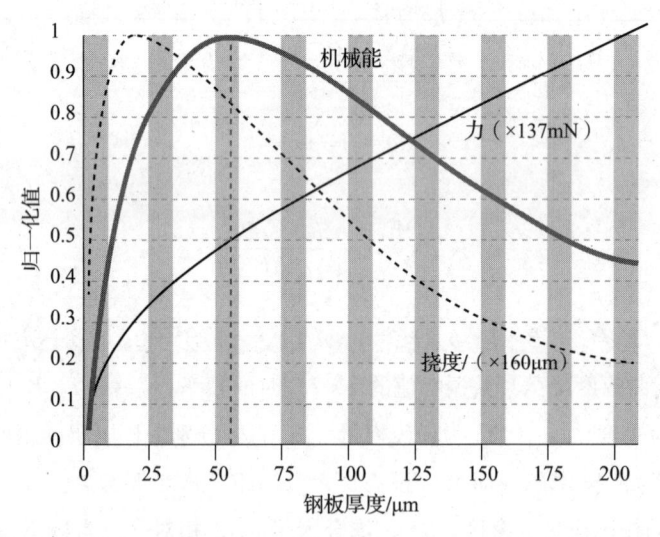

图 6.4 PZT-5H 压电层尺寸和外加电压固定，调节弹性层的厚度 h_s 使单晶驱动器的位移或机械能输出最大

6.1.2 案例研究：基于扑翼的小尺度飞行机器人驱动

作为案例研究的示例，本节涵盖了使微型空中扑翼机构能够起飞的单晶驱动器的设计。研究了 PZT-5H 和 PZN-PT 作为压电层在单晶驱动器中的作用。讨论了微型空中扑翼

驱动器的设计问题，确定了单晶驱动器的理想参数。

扑翼机构需要驱动器以高速（10～100Hz）进行较大的周期性行程（旋转）运动（30°～150°），且具有大的输出力以克服气动阻尼。此外，重量轻（几十毫克）、效率高、寿命长、体积小也是对驱动器的重要要求。设计合理的压电驱动器几乎可以满足以上所有要求。柔性弯曲驱动器产生的挠度大且重量小。因此，双晶驱动器和单晶驱动器较为适用于微型空中扑翼机构。因为单晶驱动器更容易制造，所以我们选择应用单晶驱动器。

在扑翼机构的设计中，为简化起见，将单晶驱动器的线性运动方程转换为旋转运动方程。假设驱动器尖端挠度较小，驱动器转动角 θ、输出转矩 τ_a、转动刚度 K_a 为：

$$\theta = \frac{\delta}{l} \tag{6.16}$$

$$\tau_a = F_b l \tag{6.17}$$

$$K_a = K_m l^2. \tag{6.18}$$

其中，最大输入电压为 $V_{max} = E_3 h_p$，例如，$h_p = 100\mu m$ 时，PZT-5H 和 PZN-PT 单晶驱动器的最大输入电压分别为 $V_{max} = 150V$ 和 $V_{max} = 1000V$。此外，驱动器是单极驱动的，即 $V > 0$，这样可以最大化其寿命。因此，在直流处，扑翼运动 $\phi \in [0, \phi]$；在共振处，$\phi \in [\phi/2 - \phi_r, \phi/2 + \phi_r]$。

对于受到翼载荷的扑翼机构，需要选定单晶驱动器尺寸、输出扭矩、共振频率、所需传动比、品质因数、重量等设计参数以获得最佳性能。在一种可行的扑翼机构中，四杆传动机构可以与单晶驱动器耦合来实现行程的放大[165,209-211]。翼对刚度为 K_t、行程放大（传动比）为 T 的四杆传动机构产生惯性为 J_w 和气动阻尼为 B_w 的载荷。如图 6.5 所示，该系统的近似线性动力学模型为

$$J_w \ddot{\phi} + B_w \dot{\phi} + \left(\frac{K_a}{T^2} + K_t\right)\phi = \frac{\tau_a}{T}, \tag{6.19}$$

式中，ϕ 为扑翼行程角，K_a 为驱动器旋转刚度。这里，假设相对于载荷的阻尼和惯性，驱动器的阻尼 B_a 和惯性 J_a 可以忽略。

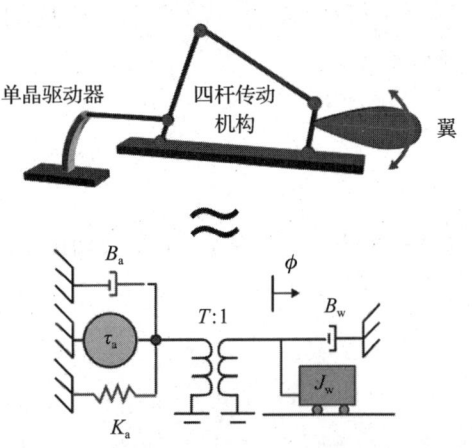

图 6.5 具有压电驱动器、无损四杆传动机构和翼的扑翼设计结构（上图）的线性动力学模型（下图）

考虑到给定的载荷功率要求，对驱动器尺寸的选择应考虑是否满足机械传动、制造和驱动电压要求。参考以绿头苍蝇为原型的昆虫仿生飞行机器人，其质量 $m=0.1\text{g}$，扑翼频率 $\omega=2\pi150\text{rad/s}$，共振时扑翼振幅 $\phi_r=70°$，翼的净升力应与昆虫体重的 10^{-3}N 相匹配。虽然升力和阻力在准稳态下通常与速度的平方成正比，我们选择在扑翼速度峰值处的力等于飞行机器人重量的线性阻尼器作为上界。（请注意，线性阻尼器过高估计了所有扑翼速度小于峰值速度时的阻尼力）。因此，扑翼关节处的扑翼阻尼 B_w 可估算为：

$$B_w = \frac{mgl_w}{\omega\phi_r}, \qquad (6.20)$$

式中，$m=0.1\text{g}$，$g=9.81\text{m/s}^2$，l_w 为扑翼压力中心的长度。当 $l_w=10\text{mm}$ 时，$B_w=8.65\times10^{-9}\text{N}\cdot\text{s}\cdot\text{m}$。

蝇类的机械品质因数 Q 值相对较低，估计在 1~3 之间。对于飞行机器人，我们选定翼和胸部的机械品质因数 $Q_w=2.5$，因为在直流时具有更高 Q_w 的系统需要更低的传动比和更小的驱动器运动。若要获得低 Q_w 的翼，即有机动性的翼，翼的惯量应为：

$$J_w = \frac{Q_w B_w}{\omega} = 2.26\times10^{11}\text{kg}\cdot\text{m}^2. \qquad (6.21)$$

从翼的活动关节处可以看出，驱动器刚度一定会在 ω 处产生共振，因此：

$$K_1 = \frac{K_a}{T^2} + K_t = J_w\omega^2 = 2\times10^{-5}\text{N}\cdot\text{m}. \qquad (6.22)$$

四杆传动机构通过传动比 T 将驱动器的小的旋转角 θ 转换为翼的旋转角 ϕ。直流时，翼的旋转角为

$$\phi = \frac{\tau_a}{TK_1} + K_t = \frac{2\phi_r}{Q_w} = T\theta. \qquad (6.23)$$

在共振频率 ω 下，对于给定的传动比 T 和期望扑翼的振幅 ϕ_r 有：

$$\tau_a = \frac{2K_1\phi_r T}{Q_w} = \phi K_1 T \qquad (6.24)$$

$$\theta = \frac{\phi}{T} = \frac{2\phi_r}{Q_w T} \qquad (6.25)$$

对于给定的 h_s、h_p 和 V 值，l 和 w 可计算为

$$l = \frac{h_p^2 D}{3d_{31}AB(B+1)V}\theta \tag{6.26}$$

$$w = \frac{4s_p}{3d_{31}h_pV}\frac{AB+1}{AB(B+1)}\tau_a \tag{6.27}$$

翼的平均功率也是设计的另一个重要参数，可以通过计算下式得到：

$$p_w = \frac{\tau_a^2 B_w}{8T^2(B_w+B_a/T^2)^2} = \frac{(mgl_w)^2 B_w}{2(B_w+B_a/T^2)^2}, \tag{6.28}$$

式中，$B_a = K_a/(Q\omega) = 20$，$K_a = T^2(K_1-K_t)$。

此外，为了使飞行机器人的总质量 $m=0.1g$，我们需要限制驱动器的质量 m_a。因此，还应核对 $m_a = (\rho_p h_p + \rho_s h_s) lw$。

参考到表 6.2 中可用的压电材料，PZT-5H 层取 $V=150V$ 和 $h_p=127\mu m$，PZN-PT 层取 $V=250V$ 和 $h_p=136\mu m$。取 $J_w=2.26\times10^{-11} kg\cdot m^2$、$B_w=8.65\times10^{-9}N\cdot s\cdot m$、$\omega=2\pi 150 rad/s$，$\phi_r=70°$、$Q_w=2.5$、$K_t=5.3\times10^{-6}N\cdot m/rad$、$P_w=4.7mW$，表 6.3 给出了给定 T 和 h_s 的情况下，计算得到的 l、w、F_b、δ、f_r 和 m_a 的值。从这些数值可以发现，$16\times3\times0.21mm^3$ 大小的 PZT-5H 和 $5\times1.3\times0.22mm^3$ 大小的 PZN-PT 将使得飞行机器人扑翼频率为 150Hz、扑翼幅度为 140°，且其质量相对较低。为了让使用 PZT-5H 单晶型机器人起飞，应该将 V 增加到 250V，并将为每个翼提供动力的驱动器的质量降低至 26mg。

表 6.3 为不同 T、h_s 值和单晶压电类型选取的飞行机器人单晶驱动器设计参数

类型	T	$h_s/\mu m$	$l\times w/(mm\times mm)$	F_b/mN	$\delta/\mu m$	f_r/Hz	m_a/mg
PZT-5H	44	76	16×2.9	54	354	464	74
PZN-PT	36	76	5×1.4	142	135	3032	12
PZT-5H	39	50	16×3.6	49	393	406	78
PZN-PT	28	50	5×1.3	109	176	2548	10

6.1.3 双晶压电驱动器

在双晶压电驱动器的设计中，将以往单晶驱动器设计中的被动弹性层替换为相同尺寸和材料的主动压电层（双晶压电驱动器有两个主动压电层）。为了做出弯曲运动，当上层压电层收缩时，下层压电层需要膨胀，反之亦然。因此，在相同的外加电压下，采用双晶片设计的挠曲量比采用单晶片的大得多。每个压电层之间的电气连接可以采用串联或并联方式实现，如图 6.6 所示。其中并联型灵敏度更高，去极化风险更小。

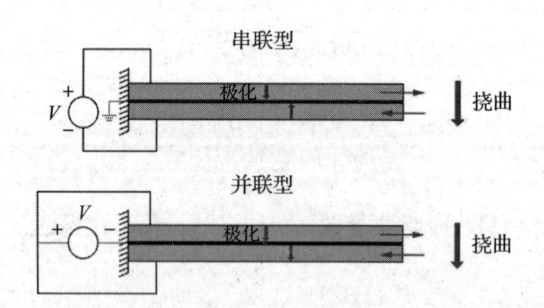

图 6.6 串联和并联型双晶压电驱动器,其中两个主动压电层以给定的极化方向(图中每个压电层中的箭头)和给定的电气连接方式相互连接。上层膨胀,下层收缩,以增强弯曲运动

6.1.4 压电薄膜驱动器

压电陶瓷或聚合物材料,如 ZnO(氧化锌)、PZT(锆钛酸铅)、PVDF(聚偏二氟乙烯)和 AlN(氮化铝),可以沉积、涂覆或生长在微型机器人和其他表面上形成薄或厚的膜,是微型机器人领域最有前途的压电薄膜驱动器类型。当压电材料形成薄膜时,其材料性能可以不同于块状材料。例如,压电薄膜的 d_{31} 值为 $-(5\sim100)\text{pC/N}$,K_3 值为 $300\sim1500$,均低于同体积其他压电材料。但是,压电薄膜存在许多缺陷,制造成品率低。而且,对于每一种机器人的材料和结构来说,薄膜与结构的结合以及产生的到薄膜电极电接触问题都是需要面对的实际挑战。

溶胶-凝胶沉积是一种标准、低成本的压电薄膜制造技术。在这种技术中,液态 PZT 的溶液通过旋转涂覆在给定基板上,在 600℃ 下加热 0.1h,再次通过旋转涂覆并加热,循环往复直到达到合适的厚度。工序的最后一步是薄膜在 700℃ 退火 1h。薄膜形成后需要电极化。磁控溅射法制备 ZnO 薄膜、脉冲激光烧蚀法制备 PMN-PT 薄膜、水热法制备 PZT 薄膜、金属有机化学气相沉积法制备 ZnO 薄膜是常见的几种压电薄膜制造技术。

6.1.5 聚合物压电驱动器

PVDF 压电薄膜由于较低的刚度具备柔韧性好、脆性弱、重量轻(低密度)、高应变的优点。PVDF 压电材料的典型值为 $E=2\text{GPa}$、$\rho=1780\text{kg/m}^3$、$K_3=1200$、$d_{31}=-20\text{pC/N}$。缺点是它的 d_{31} 值比压电陶瓷材料低近一个数量级,这极大降低了它的力输出和应变输出,并且它与压电陶瓷材料相比具有黏弹性动力学性质和高蠕变行为。聚合物压电陶瓷主要应用于主动悬挂、主动噪声控制和声学驱动器等领域,如果将它作为薄膜涂覆在机器人结构上,它可以作为微型机器人的驱动器。

6.1.6 压电纤维复合驱动器

长度为 110mm、直径为 $5\sim250\mu\text{m}$ 且对齐的单晶或多晶压电纤维单层具有柔韧性的优势,可创建具有定向刚度特性的对齐压电纤维驱动器。在一些机器人应用中,驱动器需要具有各向异性的柔度(例如,在特定的平移或旋转自由度中具有低刚度,而在其他自由度中具有高刚度),以获得最优的性能和寿命,例如生物驱动器和结构就需要这样的各向异性柔度。在这种情况下,希望压电纤维可以产生这种各向异性柔度。

6.1.7　采用压电驱动器的冲击驱动机构

由于压电陶瓷驱动器具有高输出力和高速度,新型驱动机构(例如冲击驱动机构)在小尺度上可利用摩擦力在表面上移动机器人或设备。将压电陶瓷一端连接在主体上,另一端连接在带有惯性重量的载荷上,压电元件缓慢收缩(惯性力<静摩擦力)、突然停止、快速膨胀(惯性力>摩擦力),可在主体上产生惯性力,推动主体以给定速度在表面上运动。柯尼卡使用这种驱动机构来纠正相机抖动。这种简单的机构可以实现高分辨率(纳米级)的远距离高速定位系统。保持物体在一个位置不需要任何能量。如果物体与基板之间有足够大的摩擦力,那么它甚至可以爬墙。

应用类似原理的是黏滑驱动机构,其中惯性质量可以由可变形的压电腿来引导。如果施加三角波形使压电腿不对称地弯曲(在一个方向上快,在另一个方向上慢),则可以在腿尖处产生净惯性力从而向一个方向移动。在使腿缓慢挠曲的情况下,腿尖黏在表面上,而在使腿快速挠曲的情况下,它与表面产生相对滑动。这样产生的黏滑运动是粗糙、长距离、高速的。对于短距离的精确定位,可以使压电腿以对称的波形(例如正弦波)变形,这样不会产生任何净惯性力。应用这种机构,可以构建能在表面上以高精度、高速、远距离爬行的微型机器人。

6.1.8　超声波压电电动机

如果将压电陶瓷制成环形圆盘,那么通过图形化选定短段上的顶部电极,并以特定的波形共振激励每个短段,可以在其表面上诱导出达到超声频率(超过 40kHz)的行波。这样的行波生成盘被称为定子。定子表面上的点以逆椭圆运动方式运动。如果使用表面摩擦力和垂直载荷将定子固定到环形转子盘上,则定子几乎可以无噪声地使转子旋转。这种电动机的尺寸可以缩小到几毫米大小,在小型机器人上很有应用前景。与现有的小型电动机相比,无噪声、速度快、高输出和失速转矩运行是它们独一无二的优势。它们已被用于小尺度带有旋转翼的微型飞行机器人、爬行机器人[212]和医疗机器人[213]。

超声频率压电陶瓷振动可以通过旋转螺杆结构来诱导平移线性运动,就像商用 Squiggle 电动机一样。这种压电电动机具有不多的纳米分辨率,速度快(线性速度为 $1\mu m/s \sim 10 mm/s$),具有高输出力(高达 5N),体积小(小至 $1.5 \times 1.5 \times 6 mm^3$),工作噪声小且运动平滑。

6.1.9 压电材料传感器

压电材料也可以用作传感器，它的工作原理是检测由于施加在其上的机械应力而产生的电极化的程度。压电材料由于其高介电常数（K_3）而具有高电容，这使得由于电荷泄漏问题而无法进行准静态（<1Hz）机械挠曲/应力检测。但超过1Hz的循环应力/弯曲振荡可以很容易地被检测到。这种传感方法可以通过两种方式实现。首先，某一机器人上的相同压电材料可以同时用作驱动器和传感器。在这种情况下，电路需要既能施加电压又能检测压电材料两个电极之间的累积电荷，并且需要避免驱动模式和传感模式之间的一切耦合。其次，单独的压电片或驱动器可以用作驱动器和传感器，这样更容易解耦驱动信号和传感信号。

6.2 形状记忆材料驱动

形状记忆合金（SMA）驱动器具有体积小、操作简单、功率密度高、机械坚固性好、重量轻等优点，因此在小尺度机器人中得到广泛应用。它们在受热时会收缩长度，可以产生高输出力，像压电片一样具有高功率密度，且可以产生远高于标准压电片的高达3%～4%的应变。形状记忆合金具有生物相容性，可以被压缩成毫米/微米尺度的电线、弹簧、薄片或薄膜。然而，它们响应速度慢、不节能（大约2%能量以热能的形式传递到周围环境中）、耐用性差（寿命大约为 10^4~10^5 个工作周期），并且由于迟滞现象而是非线性的。

形状记忆效应是某些材料消除变形并恢复预先设定或压印形状的能力，它基于SMA在特定温度区间内的固-固相变。SMA有两种不同的固相。在奥氏体状态下（加热到奥氏体温度以上），它们具有高弹性模量的对称β相晶体结构。在马氏体状态下（冷却到低于马氏体温度），它们是孪晶，具有低弹性模量。在这种状态下，材料可以通过外部机械应力/变形去孪晶。如果材料在机械变形后被加热到超过其奥氏体温度，则材料会记住并恢复到奥氏体状态并恢复成其上次在奥氏体状态下的形状。1951年首次观察到金镉合金的马氏体相变。

SMA以两种方式用作驱动器。在单向记忆效应中，只有当SMA元件被加热时，形状才会恢复。在马氏体（冷）状态下，SMA元件通过受到拉伸而发生去孪晶和塑性变形。当被加热到奥氏体温度以上时，它又恢复到受拉伸前的形状。这种效果可用于制造SMA紧固件、卡箍和连接套筒。例如，对于骨折后两个分离的骨区，可以在冷状态下将SMA卡箍分别固定这两个骨区上，然后加热SMA卡箍使其收缩进而将两个骨区夹紧。在单向记忆效应中，SMA可以有高达8%的应变。在双向记忆效应中，加热和冷却都会使SMA发生形状变化。SMA 可以通过训练来记忆其在高温和低温状态下的形状。采用热处理和机械训练方法可以在 SMA 上产生双向形状记忆效应。通过在 500℃左右使 SMA 元件退火特定的一段时间和周期（例如，20~100 个周期），可以压印加热形状。在这种情况下，SMA 可以有高达 3%~4%的应变。

SMA 双向形状记忆效应可被应用于机器人领域。SMA 元件受热至其奥氏体温度以上产生收缩，冷却后恢复其加热前的长度和形状。对于 SMA 的热激活，可以使用电或光热进行加热。在前者中，焦耳加热是通过使电流通过 SMA 元件实现的。这是最紧凑和高效的加热方法。对于后者，可以使用聚焦激光束低效远程和局部加热无约束微型机器人上的 SMA。此外，可以通过加热 SMA 元件周围的液体或空气介质来加热 SMA，对于移动机器人应用来说，这通常是一种笨重且低效的加热方法。

典型的 SMA 驱动器材料有 NiTi（镍钛）、CuZnAl 和 FeNiCoTi。这些材料的转化温度足够高，这样可以避免其被周围的温暖空气误激活。通过施加脉冲电流，可以很快地加热这些材料。然而，由于周围的空气或水介质（在水中的冷却速度比在空气中快得多）和 SMA 元件尺寸（较小的尺寸，即较高的表面体积比可以使冷却速度较快）的影响，这些材料的冷却速度较慢。因此，应用于微型机器人的 SMA 薄膜响应快速（高带宽），这是因为它具有较小的尺寸。此外，同样的 SMA 元件也可以用作温度传感器（加热介质可以使 SMA 元件收缩）或应变传感器（SMA 元件的测量电阻是其长度变化量的函数）。

因为 SMA 可以在低电压下工作，所以可以直接由电池供电。然而，它们需要高电流（0.01~1A），这导致可能需要安装 H 桥电流放大器，并且由于能量效率较低，SMA 在短时间内的工作就会消耗大量电能。它们已被用于医疗机器人（如柔性主动导管）、空间机器人、机器人离合器、仿昆虫机器人等。

形状记忆聚合物因其可以产生较大应变、具有柔性，而成为一种有趣的候选驱动材料[214]。当被加热时，它们可以恢复预先设定的形状，但目前形状记忆聚合物驱动器的耐用性还不够（大约几个工作周期便会损坏）。当它们的耐用性得到改善时，将能够被用于微型机器人领域。

6.3 聚合物驱动器

许多聚合物材料可用于小尺度驱动器。我们可以将这些驱动器分为三大类：磁聚合物驱动器、热聚合物驱动器以及电活性聚合物（EAP）驱动器。首先，可以将磁性微纳粒子嵌入聚合物材料内部，或者将磁性薄膜涂覆在各种聚合物材料上，利用远程磁场或梯度来驱动聚合物材料。例如，如文献［25］中的图4.5所示，可以将软弹性聚合物嵌入坚硬的NdFeBr磁性微粒中，这可以用来驱动波动的毫米级/微型游动机器人。这种软磁聚合物驱动概念在微型移动机器人的远程复杂和动态驱动方面具有重要潜力。其次，可以使用光热或焦耳加热方法局部加热形状记忆聚合物和其他温度敏感聚合物来驱动微型机器人，如6.2节所述。最后，电活性聚合物驱动器是小尺度机器人中最常见的聚合物驱动器，可以依据电能收缩或膨胀。

电活性聚合物有两个主要的亚组：离子电活性聚合物和电子电活性聚合物。离子电活性聚合物，如导电聚合物、离子聚合物-金属复合材料和离子凝胶驱动器，涉及离子的迁移或扩散（质量传递），通常是润湿的，通过低电压（1~10V）驱动，可以产生较小的力和较大的位移。电子电活性聚合物，如介电弹性体、电致伸缩聚合物、电黏弹性弹性体、铁电聚合物和液晶弹性体驱动器，通常是干燥的，由电场力或库仑力驱动。以下包括几种最有希望用于微型机器人的聚合物驱动器。

总的来说，聚合物微型驱动器可以在盐溶液、血浆、尿液和细胞培养基中工作；可以是柔性的；在低电压下可以产生较大的应变和能量密度，这使得它们对生物医学和柔性微型机器人应用很有吸引力。

6.3.1 导电聚合物驱动器

导电聚合物的电导率在10^{-12}~10^7S/cm范围内，掺杂后具有较高的电导率。一些常见的导电聚合物是聚苯胺、聚吡咯（PPy）和聚乙炔。这些材料在掺杂前是纯半导体。然而，在经过氧化或还原反应后，它们的导电性显著增加。当施加电流时，由于聚合物链之间的相互作用、链的构造或反离子的插入，它们可以可逆地改变体积。最常见的导电聚合物驱动器（CPA）是Au-PPy双层结构，它的体积变化机制是反离子的插入。该双分子层厚度小于1μm，Au层作为电极和结构层。在氧化（$V>0$，例如，$V=0.35V$）和还原（$V<0$，例如，$V=-1V$）时，它们的体积可改变约2%；在氧化过程中，反离子会移动到PPy层外部，而在还原过程中，反离子会移动到PPy层内部。这种体积变化可引起面内（例如0.45~3%的）和面外（例如超过35%的）的应变，应变大小具体取决于其边界条件。它们的响应时间取决于聚合物层的厚度（扩散时间控制离子传输）。

对于导电聚合物驱动器的电驱动，典型的反电极为镀金硅片，参考电极为Ag/AgCl电极，工作电极为驱动器的Au层。电解液pH值大于3。Jager等人使用这种聚合物微型驱动器构建了微型夹持臂和可折叠微型结构[215]。这种微型夹持臂可以在0.5Hz的带宽下来回180°地举起物体。Au-PPy层分层（为了获得更好的附着力，通过粗糙化Au表面形成的

Ti-PPy 分层更佳）导致这种导电聚合物微型驱动器只有 0.2% 的能量效率和有限的寿命（1000 次循环）。

6.3.2 离子聚合物-金属复合材料驱动器

由于聚合物网络中阳离子的迁移性，离子聚合物-金属复合材料（IPMC）会因电激活而弯曲。它们通常由离子交换聚合物膜组成，铂或金电极沉积在膜的上下两面，这种膜如杜邦公司的 Nafion™ 或日本旭硝子玻璃公司的 Flemion™。当施加电场时，阳离子拖动着溶剂分子向聚合物膜的阴极移动。这种运动导致阴极一侧的体积增加而阳极一侧的体积减少。溶剂中离子和分子的总运动使 IPMC 体积发生变化并使 IPMC 运动。IPMC 可在频率高于几十赫兹的低电压（1～10V）下产生较大变形，并且在潮湿的环境中运行效果最佳。但也可以将 IPMC 封装，以便在干燥环境中工作。这种材料易于处理，可制成较大的片状，然后通过激光微加工切割成所需的形状和尺寸。当两侧都带有 1.45μm 厚的 Au 层的全氟羧酸膜（140μm 厚）在水中被驱动时，它可以在高于 100Hz 的带宽下弯曲，并具有 1000 万次循环的耐久性。对许多毫米级的游动机器人和软体夹持臂的驱动已经使用了 IPMC 驱动器。

6.3.3 介电弹性体驱动器

介电弹性体是一种利用电场穿过带有柔性电极的橡胶介电材料来实现收缩的电活性聚合物。当高电压作用于它们的柔性电极（例如，碳浸渍润滑脂）时，由于绝缘材料表面自由电荷的电场压力，橡胶介电材料上产生麦克斯韦应力，进而纵向收缩、横向膨胀，如图 6.7 所示。它们具有高驱动压力（0.1～2MPa）、短响应时间（<1ms）、高效率（高达 80%～90%）、高应变（30%～250%）、高能量密度（0.15J/g）和低密度/重量（1000kg/m³）。

图 6.7 当高电压作用在介电弹性体的柔性电极上时，介电弹性体驱动器纵向收缩、横向膨胀

用于介电弹性体驱动器（DEA）的典型介电弹性体是硅树脂弹性体（来自道康宁的 HS3 和 NuSil Technology 的 CF19-2186）以及来自 3M 的 VHB 4910 丙烯酸弹性体。VHB 4910 的驱动效果最好，应变大于 100%（117%～215%），压力为 7MPa，能量密度为 3MJ/m³，带宽为 30～40Hz[216]。这种驱动器已被用于驱动微型阀、扑翼机构和软体微型机器人。尽管介电弹性体驱动器具有许多优点，但它仍有一些问题需要解决：碳浸渍油脂电极不坚固、需要高电压（3～4kV）。最近的介电弹性体驱动器也使用了超弹性材料，并利

用材料不稳定性产生了大应变[217]。对小尺度机器人的柔性驱动器的近期广泛回顾涵盖了所有可能存在的软体驱动方法和它们的性能[218]。

6.4 微机电系统微型驱动器

自1990年以来，微机电系统（MEMS）技术利用光学光刻、批量微加工和电镀技术实现了许多电容/静电、热和磁性微型驱动器。在电磁驱动方面，可在微图案区域电镀铜以产生微线圈，微线圈可诱发局部磁场，从而驱动特定机器人或设备上的磁性镍或钴结构。

对于热驱动，单层或两层金属结构可以因电流通过产生的热而弯曲，如图6.8所示。对同样的结构，也可以用聚焦激光束远程加热。在单层金属梁结构中，因为每个部分的电阻（$R = \rho_e l/A$，其中ρ_e是材料电导率，l是长度，A是横截面积）不同，加热和膨胀也不同，悬臂梁会由于几何不对称（图6.8a）而产生机械弯曲。因此，每个臂的温差和长度增加（$\Delta l = \alpha l \Delta T$）是不同的，这使整个梁结构产生了弯曲。在双层梁结构中，每一层的热膨胀系数α需要有显著不同。两种材料的组合通常是Al-Si、两种不同的金属或者聚酰亚胺与金属或另一种聚酰亚胺组合。在图6.8b所示的设计中，弯梁的曲率半径R_c的数学模型为

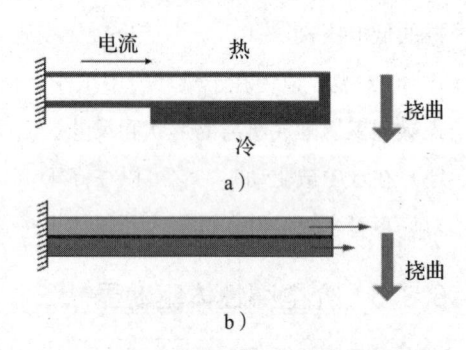

图6.8 两种热微型驱动器的侧视图。a) 单层金属悬臂梁在受热时弯曲，因为每个梁臂的几何形状和电阻不同使它们的加热和膨胀不同。b) 双层悬臂梁由热膨胀系数差异显著的两层材料组成

$$R_c = \frac{(t_1 + t_2)^2}{6(\alpha_1 - \alpha_2)t_1 t_2 \Delta T}, \tag{6.29}$$

式中，t_1、t_2、α_1和α_2分别为第1层和第2层的厚度和热膨胀系数。典型的热驱动器因冷却缓慢而响应缓慢。然而，将它们缩放到微米尺度会使它们的表面积-体积比更高，从而使它们响应得更快。

最常见的MEMS微型驱动器是静电梳状驱动器[219]，静电力适合小间隙和驱动器尺寸。虽然它们需要高电压，例如100~150V，但梳状驱动器可以在高带宽下提供高输出力和位移。它们很容易使用深反应离子刻蚀类型的基于光学光刻的微加工技术进行微加工。图6.9给出了梳状驱动器的设计参数，其中电容$C(x)$和静电力F_{el}可以建模为

$$C(x) = \frac{2N\varepsilon_0 h(L_0 + x)}{g_0} \tag{6.30}$$

$$F_{el} = \frac{N\varepsilon_0 h(L_0+x)}{g_0}V^2 = k_x x, \quad (6.31)$$

式中，x 和 k_x 分别为梳子在 x 方向上的位移和刚度，N 为梳齿数，L_0 为每个梳齿的初始重叠长度，h 为梳齿的厚度，g_0 为梳齿间间隙距离，V 为外加电压。x 方向的位移和 F_{el} 随着 N 的增大而线性增加。为了稳定运行，y 方向不发生弯曲，需要满足以下条件：

$$k_y > \frac{2N\varepsilon_0 h(L_0+x)}{g_0^3}V^2. \quad (6.32)$$

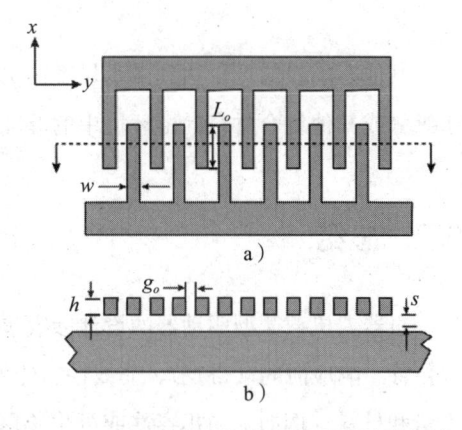

图 6.9 N 梳齿静电梳驱动微型驱动器的俯视图（图 a）和侧视图（图 b）

6.5 磁流变和电流变液驱动器

磁流变和电流变液（MRF 和 ERF）发现于 20 世纪 40 年代末，它们是一类胶体分散体。在分别受到磁场或电场作用时，它们的流变行为会发生巨大的可逆变化[220]。粒子型 ERF 由绝缘硅油中的微米级高介电粒子组成，均质型 ERF 则由低分子或大分子液晶制成。MRF 主要是软磁材料（如羰基铁）形成的微粒在载体硅油中的分散体。MRF 和 ERF 通过流动黏度的急剧增加（高达几个数量级）表现出从液相到固相的伪相变，这是因为最初分散的微粒在施加磁场或电场时分别自组装成垂直的粒子链。它们的响应速度（带宽）快（时间为 1~4ms）、功耗低，并能产生强大的剪切力。不过，驱动它们需要高电场（1~4kV/mm）或高磁场（0.1~1T）。

MRF 或 ERF 驱动器具有不同的操作模式，如图 6.10 所示。在流动模式下（图 6.10a），施加磁场时，两个平行固定板之间的流体由于流体黏度的急剧增加，其流量（flow rate）会发生明显变化。在剪切模式下（图 6.10b），两个平行板中的一个是横向移动的，因此施加的场引起的黏度变化可以显著地改变活动板上的剪切力和速度。最后，在挤压（压缩）模式下（图 6.10c），黏度变化会在垂直方向上对活动部位产生力和位移。这些驱动器已用于主动悬架和阻尼系统、离合器、阀门、制动器、管道内微型爬行机器人和触觉设备。

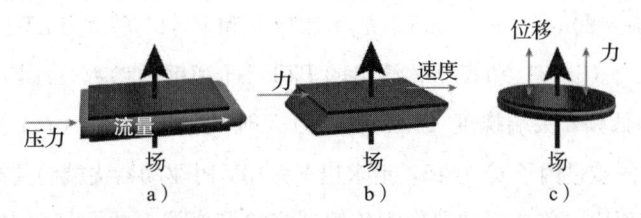

图 6.10 MRF 和 ERF 驱动器的基本工作模式。a）流动模式。b）剪切模式。c）压缩模式

6.6 其他

其他有前景的可以达到微米尺度的机载驱动器包括基于环境刺激驱动的驱动器，如基于纸张或其他复合材料的由环境中的湿度或温度变化驱动的驱动器[221]。

6.7 总结

机器人机载微型驱动器的设计参数包括输出机械力或扭矩、机械功率密度、输出应变或位移、响应时间（带宽）、非线性、能效（即功耗）、耐用性、操作环境要求、外形因素、重量和材料（例如生物相容性或可生物降解性）。在确定给定小尺度移动机器人应用的与这些设计参数相关的需求后，选择合适的机载驱动方式、传动机构（若可用）和载荷，然后进行优化，以达到性能要求。表 6.4 给出了微型机器人的机载微型驱动器的总结比较。

表 6.4 电力驱动的机载微型驱动器的比较（高：●●●。中等：●●。低：●。CD：MEMS 梳状驱动器）

类型	力	应变	速度	效率	耐用性	电压	电流
压电驱动器	●●●	●	●●●	●●	●●	●●●	●
形状记忆材料驱动器	●●●	●●	●	●	●	●	●●●
导电聚合物驱动器	●	●●●	●	●	●	●	●●
离子聚合物-金属复合材料驱动器	●	●●●	●●	●●	●●	●	●●
介电弹性体驱动器	●	●●●	●●●	●●●	●	●●●	●
热驱动器	●●●	●●●	●	●	●●●	●	●●●
CD	●●●	●●	●●●	●●	●●●	●●●	●
电流变液驱动器	●●●	●	●●●	●●●	●●●	●●●	●

6.8 习题

1. 6.1.2 节介绍了 PZT-5H（多晶软压电材料）和 PZN-PT（单晶压电材料）陶瓷基压电单晶驱动器的设计和制作，设计并构建了基于扑翼的飞行机器人。阅读本节后，请回答以下问题：

    a. 对于尺寸为 $l=20$mm、$w=4$mm、$h_p=127\mu$m 和 $V=200$V 的 PZT-5H 单晶压电驱动器，根据公式（6.15）和表 6.2 给出的 PZT-5H 和钢的参数，计算出最优钢的厚度（h_s）、DC（低频）尖端挠度（δ）、阻挡力（F_b）、共振频率（f_r）和弯曲刚度 K_m。若该驱动器的质量因子 Q 为 15，请求出 $V=10$V 时驱动器尖端的共振挠度（δ_r）。

    b. 解释如何使用压电单晶驱动器作为传感器来检测机翼上的空气动力。简要讨论一下你是否能在机翼上检测到低频振动或力并说明原因。

c. 列出将压电驱动器应用于微型机器人时，压电驱动器所具备的优点和缺点。

2. 我们讲到了许多机载驱动器的类型或设计及其优缺点。对于以下微型机器人应用，你将使用哪种驱动器设计，为什么？

   a. 在医学超声成像头上。

   b. 在一个从环境振动中获取电能的微型装置上。

   c. 在行走于地球和月球表面的毫米级机器人的一条腿上。

   d. 在一个像鱼一样游动的微型机器人的尾巴上。

   e. 在一个纳米级精度的微型定位器上。

   f. 在毫米级/微型游动机器人上。

   g. 在生理液体中的水母状微型游动机器人上。

   h. 在一个柔软的爬行微型机器人上。

   i. 在血管系统内的主动导管装置上。

   j. 在用于吉赫兹频率射频中继切换的微型装置上。

CHAPTER 7

第 7 章

自推进式微型机器人的驱动方法

本章介绍可在液体介质中自推进式微型移动机器人的可能的驱动方法。自推进方法可在适当的液体环境中使用自生成的局部梯度或场或生物细胞作为驱动源。它们不需要任何机载电源、电子设备、处理器和控制电路，这使它们有望成为驱动几微米甚至亚微米尺度微型移动机器人的方法。

采用自推进方法的微型游动机器人的动力学和运动速度取决于自己产生的力和黏性阻力的大小。因此，需要优化机器人的设计和运行参数，如机器人身体的几何形状和尺寸、液体介质的黏度、燃料成分、温度，以便在未来的应用中实现高速游动。

7.1 基于自生成梯度或场的微驱动

自 2004 年以来，自生成梯度或场已经开始用于微型机器人的流体推进[42]。在液体介质中可以有多种可能的自生成场或梯度，如自电泳、自扩散泳、自声泳和自热泳，以流体方式推进微型机器人。

7.1.1 自电泳推进

图案表面含有不同特定材料的微型机器人（如球形 Janus 微粒子和双金属微米棒）可通过粒子或棒两端的双极电化学反应生成离子（质子、卤化离子等）浓度梯度（图 7.1）。由此产生的电场通过电泳作用诱导电机运动。这种推进器也被称为催化型微型电机。例如，双金属的（如金-铂）金属微纳米棒就可以利用这一原理在过氧化氢溶液（H_2O_2）中推进。

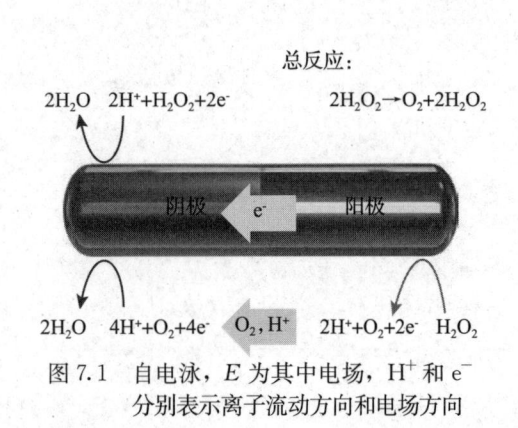

图 7.1 自电泳，E 为其中电场，H^+ 和 e^- 分别表示离子流动方向和电场方向

H_2O_2 的电催化分解在阳极表面产生氢阳离子,在阴极消耗氢阳离子,从而在电机附近产生不对称的离子分布。这种驱动方法总是需要燃料,如过氧化氢。

电泳描述了微纳米实体(如微纳米粒子、DNA 和细胞)在液体中的迁移。在电泳过程中,带电的微纳米粒子在空间均匀电场(E)的作用下相对于流体迁移,其速度(v)由带双薄层粒子的斯莫鲁霍夫斯基方程(Smoluchowsky equation)描述[222]:

$$v = \frac{\zeta \epsilon}{\mu} E, \tag{7.1}$$

式中,ζ 是粒子表面的 Zeta 电位,与表面电荷有关;ϵ 是介质的介电常数;μ 是液体的动态黏度。近几十年来,许多微纳米尺度系统都利用了电泳的概念。与普通电泳不同,这些自驱动粒子不会对外部施加的电场做出反应,而是会通过化学梯度产生局部电场,并根据自生成的电场进行移动。

这种将化学能催化转化为流体推进力的驱动方法首先由 Paxten 等人[4] 于 2004 年提出,使用了长度为 2~3μm、直径为 300nm 的金-铂纳米棒,Fournier-Bidoz 等人[223] 于 2005 年使用了尺寸相近的金-镍纳米棒。据观察,这些纳米棒在稀释的 H_2O_2(几个 wt%)中的自推进速度平均约为 10μm/s。它们是第一个将化学能催化转化为自主运动的人工微型系统。

在自电泳中,由于离子分布不对称,带电微粒在自生成电场中移动[222]。例如,在金-铂双金属纳米电动机中,H_2O_2 的氧化作用优先发生在阳极(铂)端,而 H_2O_2(和 O_2)的还原作用发生在阴极(金)端。这种双极电化学反应导致铂端附近的质子浓度较高,而金端附近的质子浓度较低。由于质子带正电,不对称分布导致电场从铂端指向金端。因此,带负电荷的纳米棒会在电场中移动,这种效果类似于电泳。虽然质子梯度是双金属电动机在 H_2O_2 溶液中运动的原因,但其他离子也可以通过相同的机制推动电动机。关键在于离子的不对称分布生成了局部电场。

通过制造双金属球形 Janus 粒子,还研究了除棒以外形状的双金属自电泳电动机。电动机速度随着 H_2O_2 浓度的增加而线性增加。通过进一步打破电动机形状的对称性,可以引入扭矩,从而实现电动机的旋转。双金属和三金属纳米棒也可以通过蒸发非圆柱体几何形状的不同材料层来实现旋转。

除 H_2O_2 外,其他燃料也被证明可以推进受电泳驱动的微型电动机。铜-铂纳米棒可在稀肼(N_2H_4)及其衍生物中移动,铜-铂和锌-铂纳米棒或 Janus 微粒可在稀释的 I_2 或 Br_2 溶液中自主移动。铜-铂和锌-铂电动机的寿命很短,原因是电动机的活性金属部分易受到腐蚀。在有葡萄糖燃料的情况下,一块碳纤维(厚度为 7μm、长度为 5~10mm)能够在空气-水-氧气界面以 1~10mm/s 的速度移动 3min 后停止[6]。这种终端葡萄糖氧化微阳极和氧气还原微阴极可产生葡萄糖-氧气发电反应和高效的生物电化学运动。葡萄糖驱动的电动机系统可用于生物系统，因为它们使用生物可利用的燃料：葡萄糖和氧气。然而，它们只能在空气-水界面以及高浓度葡萄糖和氧气条件下短时间移动，这给实际应用带来了挑战。

通过增加催化表面积[224]或使用银-金合金作为阴极材料[225]，可将双金属纳米电动机的速度提高到 150μm/s，这将在两个电极之间产生大的势差。此外，激光产生的热脉冲导致温度升高，从而加快电化学反应，降低高温下的流体黏度，从而提高电动机速度[226]。

要想将这种微驱动方法真正应用于微型机器人，还需要解决许多难题。首先，大多数电泳驱动电动机都依赖于有毒燃料，如 H_2O_2 或肼。这些有毒燃料需要用生物相容的化学物质（如葡萄糖）来替代。不过，要使这种电动机能够在葡萄糖和氧气浓度较低的生物液体中移动，还需要大幅提高效率。有人提出了其他可能的材料，如 Br_2、I_2 或甲醇，但葡萄糖仍然是迄今为止最有希望的一种。即使找到了合适的燃料，另一个主要限制因素依然存在：自电泳在高离子强度下不起作用。虽然这些电动机可以承受低浓度的离子溶质（例如，高达 10^{-4} mol/L 的 Ag(I) 离子），但电泳驱动的电动机不适合在高离子强度的生物介质中使用（例如，约为 0.2mol/L 的血清）。最后，自电泳驱动的电动机的能效极低，约为 10^{-8}~10^{-9}。需要新的燃料、电动机设计和推进方案来提高能效，以便这些电动机能在低浓度燃料下运行。

7.1.2 自扩散泳推进

微型机器人可以利用自生成的化学浓度梯度来推进，这种现象被称为自扩散泳。在扩散泳中，粒子的运动是由溶质的浓度梯度驱动的[227]。扩散泳分为电解质和非电解质两种类型，其中有助于梯度生成的分子分别带电和不带电。如图 7.2 所示，在表面发生的化学反应会消耗反应物并生成产物，从而产生浓度梯度来推进微型机器人。这里使用自扩散泳一词，是因为浓度梯度是由机器人与液体介质相互作用生成的。

在微型机器人推进过程中较常用的电解质扩散泳技术是由 Ebel 等人 1988 年首次通过实验证明的[228]。在这种扩散泳中，带电粒子受到离子种类

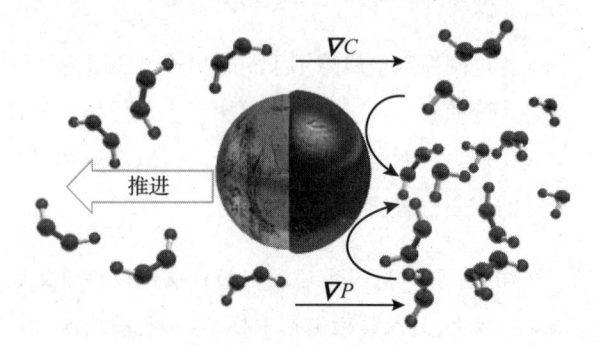

图 7.2 自扩散泳，∇C，浓度梯度，诱导压力梯度 ∇P 以推进微型机器人身体

浓度梯度的驱动。由于阳离子和阴离子的扩散速度不同，因此会产生电场，推动带电粒子。此外，阳离子和阴离子与带电粒子双层的相互作用方式不同，会产生使粒子移动的压力。在大多数情况下，化学泳效应可以忽略不计，除非阳离子和阴离子的扩散性相近，否则扩散泳流的方向受电泳效应支配。

球形 Janus 粒子是观察自扩散泳推进时使用最广的对象，由发生在其表面上的化学反应推进[229]。例如，在直径为 75nm～10μm 的由聚苯乙烯（PS）、二氧化硅、琥珀岩和介孔二氧化硅纳米粒子制成的粒子上半涂金属（如铂、银、金和铁）纳米薄膜，从而制造出在 0.5%～30% 的 H_2O_2、1M NaOH 或 10^{-7}10% N_2H_4 溶液中通过自扩散泳推进的 Janus 粒子。

Volpe 等人在水和 2,6-丁烷的临界混合物中展示了光驱动的 Janus 微型电动机[230]。制备 Janus 微型电动机的方法是在顺磁性二氧化硅粒子的一个半球上沉积金层，并用羧基硫醇对金表面进行功能化处理，以获得亲水性头部。当 Janus 微型电动机受到外部光（λ＝532nm）照射时，他们观察 Janus 粒子的弹道轨迹。另一项单独的研究[231]探讨了游动机制，得出的结论是 Janus 电动机的光照会产生临界二元混合物的局部不对称分层，该混合物在粒子周围产生浓度梯度，从而通过自扩散泳机制产生运动。

对于生物相容性液体中的自推进应用，最近的一种方法是通过酶促反应自推进 Janus 粒子。使用生物素-链霉亲和素连接程序[28]，用脲酶和过氧化氢酶对直径为 0.8μm 的聚苯乙烯微粒进行功能化处理。之所以选择这些酶，是因为它们在室温下具有稳定性和相对较高的转化率。酶涂层粒子在尿素溶液中的扩散率提高了约 22%，这是由于主动推进。此外，Ma 等人[232]展示了基于 Janus 中空介孔二氧化硅微粒的自推进技术，该技术由生理浓度下尿素的生物催化分解提供动力。定向自推进运动持续 10min 以上，平均速度可达每秒 5 个体长。微型电动机的速度是通过化学方法抑制和重新激活脲酶的酶活性来控制的。这些由表面生物催化反应产生的化学泳机制所实现的推进方法实例，可能是未来生物医学应用中在生理流体中操作的潜在解决方案。

7.1.3 基于自生成微气泡的推进

通过化学催化或其他方法在微型机器人表面不对称地自生成的微气泡可以快速有效地推进微型机器人。对于通过化学催化自生成的微气泡，自推进来自通过化学催化在粒子表面不对称产生的气泡的反冲力[14,229]（见图 1.5a）。气泡推进的微型电动机可适用于多种材料（二氧化钛-铂、镁-铂、镁-金和铝-钯）和形状（卷曲微管、Janus 微球和微管），这些材料和形状是通过电沉积制造的，长度从 5μm 到 50μm 不等。Ismagilov 等人[233]在 H_2O_2 中在 PDMS 表面上使用铂镀膜的多孔玻璃片来移动毫米级物体，并将物体的移动归因于铂催化剂释放的氧气（O_2）气泡的反冲力。镍-金纳米线和碳微管的一端在 H_2O_2 中被铂团簇选择性修饰后,也观察到了类似的机理[234]。此外,由铝-水[235]或镁-水反应[236]驱动的氧化还原Janus粒子的运动也遵循气泡推进机制,能观察到氢气(H_2)气泡的产生和分离就是其证明。

微管机器人的中空内壁含有铂等活性材料,可将化学物质分解成气体分子。这些材料可以是催化或非催化的,可以分解各种燃料(主要是H_2O_2)。这种气泡推进分为三个阶段。首先,燃料溶液与催化材料相互作用,氧气积聚并形成微气泡。接着,气泡向开口端移动并从开口端释放,从而产生一个有限距离的运动步骤。运动速度与气泡半径和频率的乘积成线性关系。

通过铝微粒和液态镓的微接触混合制备的部分涂层铝镓二元合金微球可以在水中自推进,从而在生理流体中实现生物医学应用[237]。当铝-镓合金半球与水接触时,从其暴露的一面喷射出的氢气气泡可提供强大的定向推力。这种自发产生的氢气气泡反映出铝合金与水之间的快速反应。由此产生的水驱动的球形电动机能以3mm/s(即每秒150个体长)的速度移动,同时产生超过500pN的巨大力。

7.1.4 自声泳推进

在声场中,自声泳电动机由周围流体的非对称稳定流推进,因此自声泳电动机可以在水和生物流体中运行,从而实现生物医学应用。利用低功率超声波,微型机器人可以感受到声波辐射力,这种辐射力可使微型机器人在压力梯度的作用下移动到压力节点(或反节点)。当声波激励达到可以形成驻波的标准时,辐射力最强。Wang等人在2012年提出了一种利用频率为4MHz左右的超声波进行自声泳推进的微型机器人[20]。在该系统中,不对称形状的钌-金金属微米棒(几微米长)悬浮在声学室的水中。垂直驻波将微米棒悬浮到压力最小的平面中。在该平面上,微米棒以高达200μm/s的速度在水中做轴向运动。由于平面内的节点和反节点,它们在节点平面上形成了特定的图案。研究发现,微米棒的成分对它们的运动有很大影响,只有金属微粒表现出快速的轴向运动。微米棒的后端呈凹形,而前端呈凸形。据此认为,两端对声波的散射不同,导致压力梯度凹端高、凸端低,相差约1Pa。这种压力梯度被认为可以形成金属棒的强轴向推进。

7.1.5 自热泳推进

微型机器人还可以利用温度梯度来运动,这种机制被称为自热泳。人们对热泳或索雷特效应的了解和研究已有150多年的历史。不过,对热泳的研究大多是在宏观系统中进行的,在这些系统中,胶体粒子在外部建立的热梯度中集体迁移。各种微型游动机器人是由水中自生成的温度梯度推进的[17,238-239]。Jiang等人报道了金-二氧化硅Janus微球在激光照射下（1064nm 的偏焦激光束）通过自热泳产生的推进力[17]。金盖吸收了激光照射，并产生了局部温度梯度（粒子上的温度梯度约为 2K），从而诱发了运动。Qian 等人从理论上模拟了用激光照射 Janus 粒子的温度梯度，并用实验说明了金‐PS Janus 粒子的 3D 运动[239]。接着，Baraban 等人使用交流磁场加热溶液中的坡莫合金封接的二氧化硅粒子，并观察到了推进力[238]。粒子周围的温差估计为 1.7K。在这些演示中，微粒从受热的一侧移开，表现出正向的热泳效应。此外，Golestanian 利用随机公式研究了自热泳微型游动机器人的群体行为[240]。他发现热排斥微型游动机器人可以组织成不同的结构，而热吸引微型游动机器人则变得不稳定。

7.1.6 基于自生成马兰戈尼流的推进

马兰戈尼效应是由表面张力梯度引起的沿两种流体之间界面的质量传递。马兰戈尼流就是由这种表面张力梯度驱动的流动。一般来说，表面张力 σ 取决于界面的温度和化学成分。因此，马兰戈尼流可能是由界面上的温度梯度或化学浓度梯度产生的。在与温度相关的情况下，这种现象可称为热毛细对流。在基于化学成分的表面张力梯度的情况下，通常会使用表面活性剂。表面活性剂是对界面具有亲和力的分子，常见的例子包括肥皂和油。由于其分子结构（通常包括亲水性头部和疏水性尾部），发现停留在自由表面上对能量来说是有利的。它们的存在降低了表面张力，因此表面活性剂浓度梯度会产生表面张力梯度。这样，表面活性剂会产生一类特殊的马兰戈尼流。例如，在牙签的一端涂上肥皂就能产生肥皂船，肥皂的作用是降低表面张力。由于小船周围的表面张力不均匀，因此会产生净横向推进力，使小船远离肥皂。自然界中也会出现类似的马兰戈尼推进：某些在水中行走的昆虫会喷射表面活性剂，并利用由此产生的表面张力梯度在水面快速推进。此外，当松针掉入池塘时，由于其底部树脂的影响，它同样会在水面被推进，从而降低局部表面张力。

考虑周长为 C 的平面漂浮机器人身体与自由表面接触。对于与表面相切的方向上的单位长度的力 σ，作用在物体上的总切向表面张力为[241]：

$$F_c = \int_C \sigma \mathbf{s}\, dl, \tag{7.2}$$

式中，$\mathbf{s}$ 是与自由表面相切且法线指向 C 的单位矢量，dl 是沿 C 的弧长增量。如果 σ 是常数，则根据散度定理，该线性积分为 0。但是，如果 $\sigma = \sigma(x)$，这个方程就会产生净马兰戈尼推进力，和肥皂船的情况一样。

利用基于表面活性剂的马兰戈尼效应，许多毫/微米尺度漂浮机器人在水‐空气界面中被推进[242-246]。例如，在聚合物快速解聚的基础上，吸液管吸头被证明是一种可产生马兰戈尼流的毫米级微型游动机器人[242]。聚（2-乙基氰基丙烯酸酯）（PECA）是通过生成异氰酸酯离子合成的。美国食品和药物管理局批准的PECA是一种生物相容和可生物降解的聚合物，对人体无毒且无免疫原性。吸液管吸头开口端释放的主要表面活性产物（乙醇）为其运动提供了动力。因此，表面张力是由降低表面张力的产物中的乙醇引起的，乙醇打破了对称性，从而引起了空气-水界面上的运动。

基于表面活性剂的马兰戈尼推进效率高、速度快。它的主要缺点是由于微型机器人可储存的表面活性剂容量有限，因此其推进时间有限。此外，这种机器人总是在移动，需要额外的机械装置来使其停止和转向。

如果微气泡附着在微型机器人身上，并在局部表面活性剂、加热或温度梯度的作用下产生局部表面张力梯度，那么马兰戈尼推进也可用于在水下推进微型游动机器人。

7.1.7 其他

导电Janus球的直线运动可以通过双极电化学（BPE）诱导[247]。BPE的基本思想基于以下事实：当导电物体被置于水溶液中，在两个电极之间施加外部电场时，物体的两个半球之间会产生最大极化电压 ΔV。$\Delta V = El$，其中 E 是电场，l 是物体的特征尺寸。当 ΔV 值合适时，氧化还原反应发生在粒子的相反的极。例如，电解水产生的不对称气泡推进会导致平移运动[247]。此外，在溶液中加入比 H_2O 分子更容易氧化或还原的还原剂，可以提高气泡推进速度，从而只在其中一个半球中形成气泡。此外，2014年还证明了铂-PS二聚体在电场下的推进作用[248]。

7.2 基于生物混合细胞的微驱动

细胞（如收缩型心肌细胞、平滑肌细胞和骨骼肌细胞）、游动的或表面爬行的微生物（如细菌和藻类）以及一些其他可运动的细胞，都可以附着在合成的微型机器人体内，并利用其细胞内或环境中的化学能（三磷酸腺苷，ATP）来驱动微型机器人。这种驱动方法被称为基于生物混合（生物和非生物材料相互融合）细胞的微驱动[52]。生物细胞经过数百万年的进化，在微米尺度上具有高效、稳定和敏捷的运动能力。生物马达的能量转换效率比现有的人工（非生物）微型电动机高出几个数量级。生物细胞可用于将化学能转化为机械能，并能通过集成的传感和控制途径对环境中的力、机械应变和化学物质做出反应。生物混合微驱动设计的目标是利用微型机器人的这些细胞功能来创造新的生物混合微型机器人，如微型夹持器、微型电动机、微型泵、微型游动机器人和微型行走机器人，它们可以在生理环境或复杂的现实世界环境中工作。

生物混合驱动方法有许多优点。往微型机器人植入活细胞的一个明显优点是可以实现不受约束的操作。生物细胞由化学能驱动，所以只要在环境中提供适当的营养物质，它们就能将化学能转化为机械能。此外，生物细胞具有适应环境的能力，能够自我修复和自我组装，并且进化出了复杂的传感和驱动机制，而且人工在现有技术下无法复现这些机制。我们可以通过将活细胞植入微型机器人来利用其卓越的传感和驱动能力。

开发生物混合微型机器人需要两个主要的物理组件：（1）可以作为驱动器和传感器的活性生物细胞；（2）可提供结构支撑并帮助机器人实现功能的人工基质。图 7.3 列出了这些组件的示例。除了这些物理组件外，还需要一种控制方法来执行导航和操纵等任务。一些常见的控制方法包括使用磁场、电场、光刺激和化学刺激。在此，我们将论述这些组件，并展示如何将它们集成在一起，形成一个功能工具或一个更大系统中的执行组件。

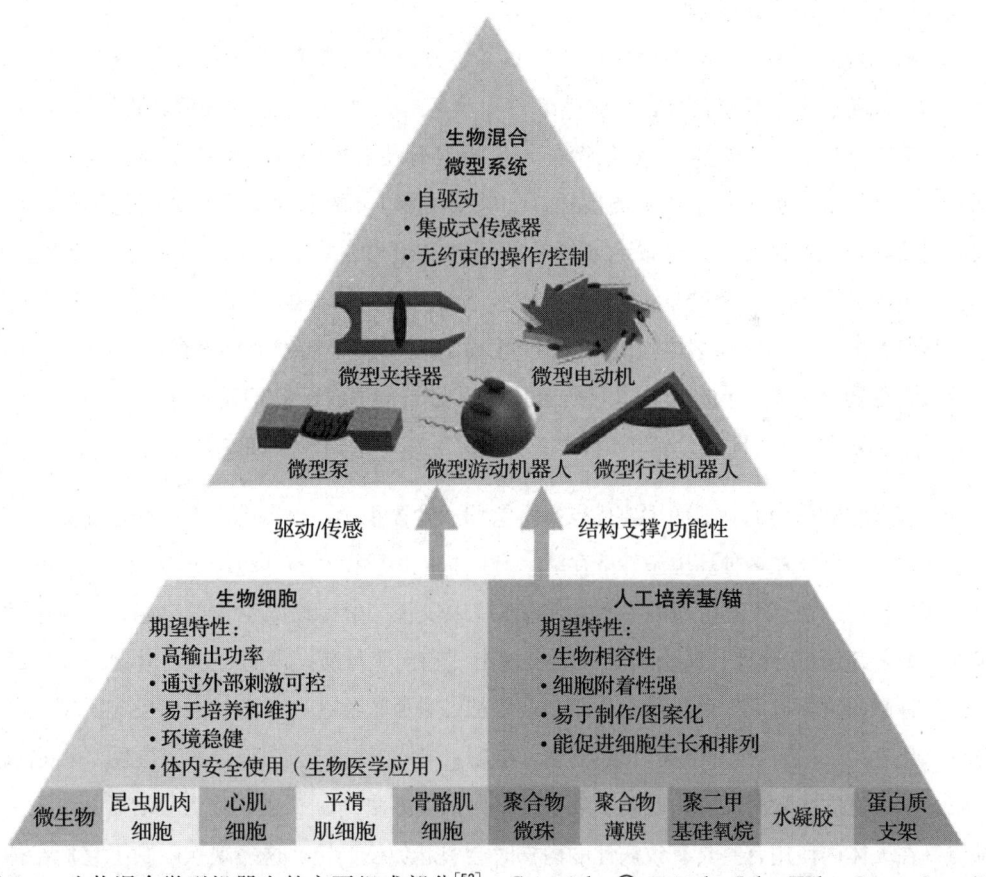

图 7.3 生物混合微型机器人的主要组成部分[52]。Copyright © 2014 by John Wiley Sons, Inc. 经 John Wiley & Sons, Inc. 授权转载。这些微型机器人系统将生物细胞与人工培养基集成在一起，提供驱动和传感功能

7.2.1 作为驱动器的生物细胞

并非所有生物细胞都适合作为生物混合机器人的微型驱动器。首先，这种细胞必须能够产生力，如能动的微生物和肌肉细胞。生物分子电动机产生推进力来驱动能动的微生物在流体环境中游动或在表面上滑行，故而它们通常被用作生物混合微转运器。肌肉细胞在电刺激下收缩，所以通常用于驱动微型柱、悬臂和薄膜等微型结构。应用于生物混合机器人的生物细胞应易于培养，能在各种环境条件下维护，且能产生可重复和可控制的驱动力。选择合适的生物细胞驱动器在很大程度上取决于机器人的应用场景。例如，应用于药物输送时要求细胞足够小，能够穿过人体的毛细血管，并且能够安全地在体内使用，而应用于操纵场景的微型夹持器可能要求细胞能够产生可远程控制和可重复的较大收缩力。在本节中，我们对常用生物细胞驱动器的一些主要特点进行了概述，并介绍了每种驱动器的主要优缺点。

7.2.1.1 基于微生物的驱动器

生物混合微型系统中应用了多种微生物[52]。这些微生物包括鞭毛细菌（如大肠杆菌、粘质沙雷氏菌、鼠伤寒沙门氏菌、溶藻弧菌和枯草芽孢杆菌）、趋磁细菌菌株[249]，以及滑行细菌菌株（如移动支原体）。除细菌外，生物混合装置中还应用了原生动物菌株（如尾柱虫、旋涡虫和四膜虫）以及藻类菌株（如莱茵衣藻）。鞭毛或纤毛是从细胞体伸出的长长的附属物，这些微生物通过鞭毛或纤毛的运动产生力。鞭毛细菌旋转鞭毛可产生推力，大肠杆菌和粘质沙雷氏菌的推力约为 0.5pN，海洋磁螺旋球菌（MC-1）的推力约为 4pN，这使得细胞的游动速度高达体长的 100 倍每秒。这些细菌中的大多数只有 1~3μm，它们可以穿过直径通常为 4~8μm 的人体毛细血管，因此非常适合药物输送应用。一些较大的微生物，如尾草履虫，可以长到 300μm 大，并能产生 27nN 的较大推力。

使用微生物作为驱动器的主要优点是，它们通常体积小，很容易通过一些已建立的细胞系获得，并且可以在多种环境条件下存活。有些微生物可以在温度超过 100℃ 的环境中生存，有些微生物可以在 pH 值在 2~11.5 之间的环境中生长。微生物的生长也只需要简单的营养物质（如葡萄糖）。此外，这些细胞大多表现出"趋向"反应，即对环境刺激做出反应的运动。这种趋向行为可用作引导微生物驱动装置的一种手段。一些常见的趋向反应类型包括趋化性（化学品）、趋磁性（磁场）、趋电性（电场）、趋光性（光）、趋热性（温度）和趋氧性（氧气），通过这些趋向反应，就能实现多种转向控制方法[52]。微生物作为驱动器的一个主要缺点是在人体内使用有些具有致病性的菌株时会引起免疫反应。这一缺点限制了它们在体内外的应用。不过，通过基因改造，往往可以设计出这些菌株的非致病形式。此外，人体内每十个细胞中就有九个是微生物（即人体微生物组）。在体内应用方面，由于这些细胞在人体中自然存在，因此各种细胞都有可能应用于这些生物混合机器人。

7.2.1.2 基于肌肉细胞的驱动器

肌肉细胞（也称肌细胞）会产生收缩力，大小从单细胞的几微牛顿到肌肉组织的几百微牛顿不等[52]。它们的收缩频率为 1~5Hz，当受到更高频率的刺激时，会表现出一种称为强直收缩的长时间收缩状态。脊椎动物的肌肉细胞主要有三种：心肌细胞、平滑肌细胞和骨骼肌细胞。这些细胞直径约为 20μm，长度从 100 微米到几毫米不等。虽然单个肌细胞已被用于驱动简单的驱动器，但这些细胞通常以细胞片或 3D 肌肉组织结构的形式应用。由于组织中缺乏血管系统，所以这些结构的厚度被限制在 1mm 以下。由于产生的能量与组织结构的横截面积成正比，因此人们投入了大量精力研究如何将工程的血管系统融入其中，从而产生更厚的组织。

在这三种类型的肌肉细胞中，心肌细胞和平滑肌细胞最先被探索用作生物混合驱动器，因为这些细胞不需要外部刺激就会自发收缩。然而，随着控制方法的发展，人们认为自发收缩会使其可控性受到限制。因为这些细胞通过间隙连接耦合，会导致电脉冲在细胞间传播并产生同步刺激，所以这些细胞在组织结构中的局部控制受到限制。与此相反，骨骼肌细胞不会自发收缩，可以通过电势进行调节。在人体中，骨骼肌组织由运动单元组成，每个运动单元都可以单独受到刺激来实现对收缩的调节控制。生物混合系统尚未具有这种程度的控制水平。不过，通过使用底层微电极阵列等方法，可以对工程的肌肉组织进行局部刺激。

将哺乳动物肌肉细胞用于生物混合应用的一个主要缺点是，必须严格控制培养环境。为了保持细胞的活力，培养基必须保持温度为 37℃、pH 值为 7.4、二氧化碳供给量为 5%，并且每隔几天就必须更换一次，以清除代谢产物并为细胞提供足够的营养。在生物混合应用中，哺乳动物肌肉细胞培养要求高是其主要缺点。近年来有人提出将昆虫肌肉细胞用于生物混合驱动器来作为一种可行的替代方法。昆虫肌肉细胞对环境的适应性更强。据观察，它们可以在不更换培养基的情况下收缩一个多月，而且可以在 5℃~40℃ 的温度下工作，不过其收缩会随温度变化而变化。还可以通过电刺激对其进行控制。已成功证明昆虫肌肉细胞可以作为生物混合装置中的驱动器，但要广泛使用该细胞，还需要建立细胞系并改进培养技术。目前，由于离体组织的方法尚未建立，所以这些肌肉细胞只能用作组织外植体。

7.2.2 细胞与人工成分的结合

生物混合微型系统的性能在很大程度上取决于细胞与基底的适当耦合。附着性取决于多种因素，包括表面化学、表面形貌、表面电荷和疏水性。某些类型的合成材料必须经过修饰才能促进细胞附着。例如，由于水凝胶材料具有亲水性，因此细胞附着力很差。可用

RGD（精氨酸-甘氨酸-天冬氨酸）细胞附着肽修饰水凝胶，以增强对心肌细胞的附着。胶原蛋白分子可通过化学方法附着在 PEGDA（聚乙二醇二丙烯酸酯）水凝胶上，以促进与心肌细胞的附着。经过表面修饰后，可采用多种方法将细胞实际附着到人工基底上。肌肉细胞通常直接培养在基底材料上。也可利用热敏性聚合物，如聚（异丙基丙烯酰胺）(PIPAAm)，将培养的细胞转移到另一种基底上。当温度降低到 32℃ 以下时，PIPAAm 就会从疏水性材料转变为亲水性材料，从而使细胞培养层得到可控释放。与直接将细胞培养到人造基底上不同，运动微生物通常是通过随机相互作用附着到物体上的。例如，通常采用印迹技术将细菌附着在微珠上[3,70]。在这种技术中，微珠被直接放置在游动细胞的平板上，细胞会随机地与微珠碰撞，并附着在微珠表面。

此外，生物细胞活性的维持也是影响生物混合机器人运行寿命的一个关键因素。生物细胞要保持活力，必须完全浸泡在培养基中。如果不在流体环境中使用，则需要将细胞隔离和封装。例如，将昆虫肌肉驱动细胞封装在含有 40μL 培养基的密封囊中，就能开发出可在大气中使用的生物混合夹持器。哺乳动物细胞也需要频繁更换培养基，如果不在无菌环境中保存，它极易受到感染。要成功实现生物混合机器人，必须开发出营养运输系统，或者使用对环境更友好的生物细胞，如细菌细胞和昆虫细胞。

7.2.3 控制方法

调制和调节生物混合微型系统的驱动力对于有效使用这些生物混合机器人至关重要。控制输入可以来自操作员的远程控制，也可以来自本地环境的刺激。基于细胞的控制方法利用生物细胞的感官途径来引起响应。非基于细胞的控制方法不利用活细胞的传感机制，而是提供外部刺激，诱发响应。例如，装置通过电泳进行的定向运动就是一种非基于细胞的控制方法。不同控制策略的响应时间也各不相同。有些控制方法会立即产生响应，例如肌肉细胞因电势而收缩，其他方法则会产生延迟响应。例如，生物混合微型游动机器人的趋化转向需要数十秒的时间。表 7.1 列出了常见的控制方法及其主要优缺点。

表 7.1 生物混合微型驱动器常用控制方法的主要优缺点[52]

驱动方法	优点	缺点
磁驱动	响应速度快（≤1s） 可远程控制，非侵入式 可穿透大多数环境 环境稳健	难以进行选择性、并行刺激 电磁的热量管理 需要对非磁性细胞/基质进行改造 需要外部控制系统
电驱动	响应速度快（≤1s） 可进行选择性、并行刺激 可远程控制	可能产生有害化学物质/气体/热量 侵入式[需要电极（紧密）接触] 需要外部控制系统
光驱动	响应速度快（≤1~10s） 可进行选择性、并行刺激 可远程控制，非侵入式	无法穿透所有环境 需要对某些细胞进行基因修饰 需要外部控制系统

(续)

驱动方法	优点	缺点
化学驱动	不需要外部控制系统	难以进行选择性、并行刺激 转向控制能力有限 响应时间取决于化学扩散速率 需要具备化学感知/响应能力

7.2.4 案例研究：细菌驱动的微型游动机器人

能动细菌可作为微型驱动器和微型传感器附着在人造微粒或其他材料的表面，从而能在停滞的流体中推动它们。与非生物混合微型游动机器人相比，这种生物混合微型游动机器人具有一个独特的优势，即细菌可以检测和响应各种环境刺激。所以，这些生物混合微型游动机器人可以利用环境刺激（如病变组织释放的生化信号）和外部控制输入（如磁场和光线）进行转向。在本小节中，我们将讨论设计这些装置的注意事项，并根据我们目前对这些系统的了解，提出如何对这些装置进行优化。

细菌作为驱动器：表 7.2 列出了几种应用于微型游动机器人的细菌菌株。为了分析这些装置的设计，我们把粘质沙雷氏菌作为模型细菌，因为它是应用中最常用的细菌种类。这种细菌具有致病性，但经过基因修饰后，可以应用于生物医学领域。它的形态、运动和趋向行为与大肠杆菌非常相似，而大肠杆菌是最容易理解和记录的细菌类型[250]。该细菌的细胞体呈杆状，长为 0.7~2μm，直径为 0.5~1μm，有 1~10 根鞭毛，从细胞体向各个方向伸出。在游动状态下，鞭毛形成一束。鞭毛旋转产生推进力，推动细菌前进。粘质沙雷氏菌的平均游动速度为 26μm/s，可产生约 0.5pN 的推力[53]。如图 7.4b 所示，细菌在游动和翻滚状态之间交替游动，形成随机游动。如图 7.4a 所示，在游动状态下，细菌沿直线运动，而在翻滚状态下，其细胞体在空间中重新定向。它通过改变鞭毛马达的旋转方向来改变这些状态。粘质沙雷氏菌的平均翻滚速率为 1.34±0.16 次/s，但如果它向有利的方向（如食物源）移动，翻滚速率就会降低，从而形成有偏差的随机游动。

表 7.2 细胞驱动微型游动机器人的平均游动速度和物质-细胞尺寸比（blps：每秒体长。PS：聚苯乙烯）[52]

细胞类型	转向控制	物质	平均速度/blps	物质-细胞尺寸比
莱茵衣藻	光学	聚苯乙烯微珠	7.2	0.25
大肠杆菌	无	聚苯乙烯微珠	7.2	0.25
趋磁卵形体	磁性（0.2mT）	聚苯乙烯微珠	5.3	1.1
溶藻弧菌	无	聚苯乙烯微珠	2.7	1.5
粘质沙雷氏菌	无	聚苯乙烯微珠	2.6	5
鼠伤寒沙门氏菌	无	聚苯乙烯微珠	2.1	3
趋磁球菌 MC-1	磁性（0.35mT）	聚苯乙烯微珠	1.9	1.5

(续)

细胞类型	转向控制	物质	平均速度/blps	物质-细胞尺寸比
粘质沙雷氏菌	无	聚苯乙烯微珠	0.4	5
粘质沙雷氏菌	化学	聚苯乙烯微珠	0.7	2.5
粘质沙雷氏菌	pH 值	聚苯乙烯微珠	2.0	3.0
溶藻弧菌	无	脂质体	0.3	6.5
牛的精子	磁性（22mT）	钛/铁微型管	0.2	5
粘质沙雷氏菌	电（8V/cm）	SU-8 微型结构	0.1	20

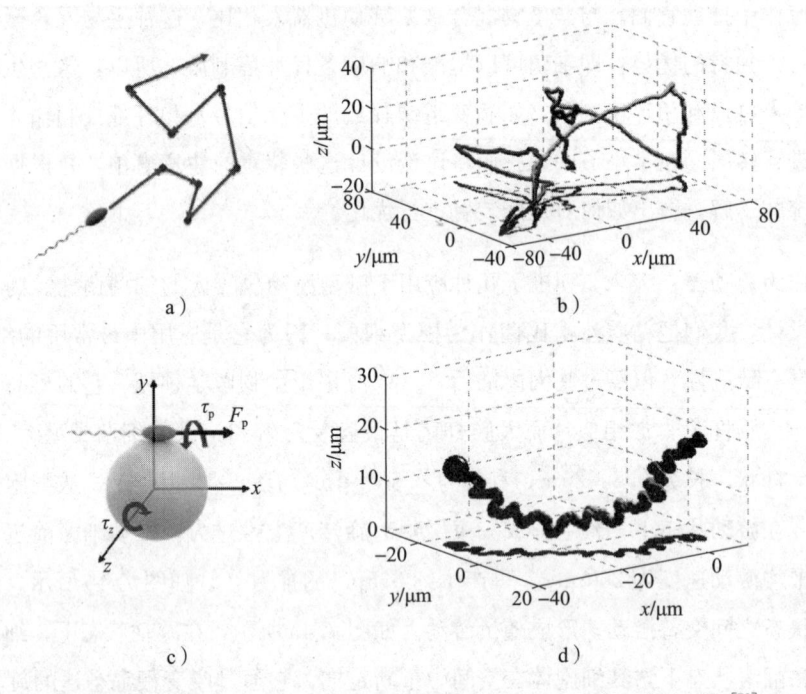

图 7.4 粘质沙雷氏菌和由粘质沙雷氏菌推进的微型游动机器人的随机游动行为[52]。Copyright © 2014 by John Wiley Sons, Inc. 经 John Wiley & Sons, Inc. 授权转载。a) 自由游动的细菌细胞在运行状态（直线行进，见红色箭头）和翻滚状态（翻滚并在 3D 空间中重新定向，见蓝色圆点）之间交替。b) 实验测得的自由游动的细菌（粘质沙雷氏菌）的 3D 游动轨迹。c) 附着在微珠上的单个细菌产生的推进力和扭矩。d) 实验获得的粘质沙雷氏菌所驱动微珠的代表性 3D 螺旋轨迹[53]（见彩插）

人工基底：有几种材料可用作生物混合微型游动机器人的人工基底。如表 7.2 所示，聚苯乙烯微珠是最常见的材料，因为它们易于建立理论模型，可在市场上买到，而且可以进行表面功能化或荧光染色。除聚苯乙烯微珠外，SU-8、PDMS、聚乙二醇（PEG）、水凝胶等微型结构也可用作人工基底。

细菌与微粒的结合：通过将粘质沙雷氏菌附着到合成的微型物体上，制造出生物混合微型游动机器人。与大肠杆菌等细菌[251]不同，粘质沙雷氏菌通过疏水相互作用和静电力[53]可以很容易地附着在大多数表面上。虽然粘质沙雷氏菌通常不需要表面修饰，但它已被用于增强与其他细菌的附着性或修饰亲水性表面（如具有高度的不附着性的水凝胶和脂质体的表面）。有两种化学修饰方法被广泛应用于生物混合微型游动机器人，以促进细菌附着。第一种方法使用非特异性结合剂（如聚赖氨酸）来增强结合。第二种方法采用特异性结合，例如通过抗体结合或利用分子（如生物素和链亲和素）之间的强结合亲和力。还可采用图案化方法将细菌隔离附着在微型物体的某一部分上，通过不抵消附着细菌的推进力来提高推进效率。例如，球形 Janus 微粒可为细菌驱动的微型游动机器人提供更高效的推进力，而聚苯乙烯微珠的半图案化表面涂层可防止细菌附着[251,252]。将细菌附着到微型物体上的最常见方法是通过印迹技术，即让一群细胞与微型物体进行物理接触。细菌通过随机相互作用随机附着在物体上。当附着到物体上时，细菌细胞倾向于将接触面积最大化。对于球体等光滑物体，它们会用细胞体的侧面附着在物体表面，从而最大限度地扩大接触面积。图 7.4c 为细菌用其细胞体侧面附着在微珠上的示意图。

运动与控制：通过分析随机分布和定向的细菌所产生的随机推进力和扭矩，可以理解由细菌推动的微型游动机器人的高度随机运动。为简单，我们以附着在微球上的单个粘质沙雷氏菌细胞为例，如图 7.4c 所示。我们假设鞭毛成束并朝一个方向排列。鞭毛的旋转会对微珠产生力和扭矩。由于力不是指向微珠的压力中心，因此会在微珠上产生额外的扭矩 τ_z。微型游动机器人在低雷诺数的环境中工作，推进力和扭矩与流体阻力和扭矩相平衡。这些力和扭矩会产生如图 7.4d 所示的螺旋游动。这种螺旋游动在由少量细菌推动的微珠上也能观察到[53]。在细菌推动的微珠运动中还可以观察到较长的时间相关性（即在大于 25s 的时间间隔内，微珠运动中存在明显的周期性），这表明力和扭矩几乎是恒定的。对于由多个细胞驱动的微型游动机器人，净力和净扭矩可能不是恒定的，所以会导致微型游动机器人的随机运动，如图 7.5a 所示。

需要一种转向控制方法来引导微型游动机器人的运动。如前所述，有几种转向控制方法已应用于细菌推进装置。如图 7.5b[253] 所示，利用基于细胞的控制方法（如趋化控制），可以引导微型游动机器人进行有偏差的随机游动。pH 趋向性这一特性也可用于引导由细菌推进的微型游动机器人，使细菌游向优选的 pH 值（大肠杆菌约为 7.2)[22]。不利用细胞传感途径的外部输入也可用于控制转向。如图 7.5c 所示，利用电场或磁场势能，可引导生物混合微型游动机器人沿着施加的场方向运动[23]。图 7.5c 中的细菌推进微型游动机器人由附着在超顺磁珠上的细胞组成。因为粘质沙雷氏菌本身不具有趋磁性，所以必须使用磁性基底。外加磁场可使磁珠的磁矩与磁场保持一致，从而实现高度转向控制。

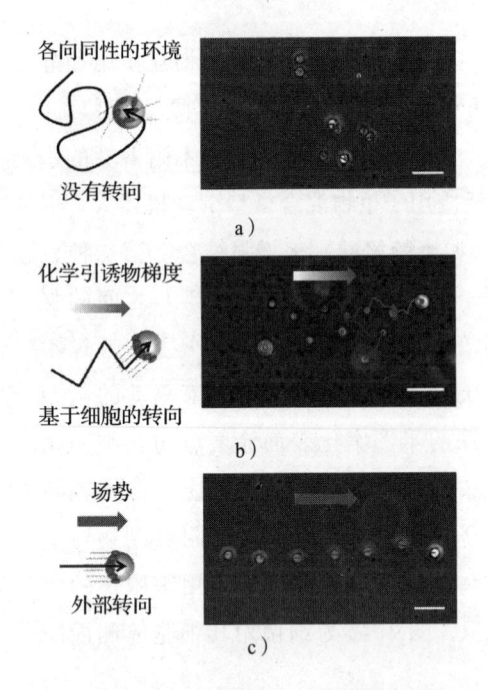

图 7.5 细菌推进微型游动机器人的控制策略[52]。Copyright © 2014 by John Wiley Sons, Inc. 经 John Wiley & Sons, Inc. 授权转载。右图是微型游动机器人在以下情况下的实验延时图像：a) 各向同性的环境导致随机运动；b) 细菌感知到的线性化学引诱物（L-天冬氨酸）梯度导致有偏差的随机游动；c) 10mT 的外加均匀磁场导致定向运动。在图 c 中，细菌附着在超顺磁性微珠上。在图 a 和图 b 中，细菌附着在聚苯乙烯微珠上。红线和蓝线表示微型游动机器人的运动轨迹。图中显示了每种环境条件下的不同微型游动机器人示例。比例尺：20μm（见彩插）

随机运动数据分析：细菌推进微珠的 3D 平移和随机旋转运动是一种 3D 随机行走。可以根据随机运动轨迹测量微珠的平均速度 V_{mean}（即均方位移 ΔL^2）来量化其推进性能。一般来说，微珠在 3D 空间随机平移和旋转时的均方位移可以用下式来描述[50]：

$$\Delta L^2 = 6D\Delta t + \frac{V_{mean}^2 \tau_R^2}{2}\left[\frac{2\Delta t}{\tau_R} + e^{-2\Delta t/\tau_R} - 1\right], \tag{7.3}$$

式中，$D = k_B T/(6\pi\mu R)$ 是平移扩散系数，k_B 是玻尔兹曼常数，T 是绝对温度，$\tau_R = 1/D_R = 8\pi\mu R^3/(k_B T)$ 是旋转扩散随机化时间。例如，对于在水中随机移动的半径为 5μm 的微珠，τ_R 约为 11min。

在短时间内，当运动时间远小于随机化时间（$\Delta t \ll \tau_R$）时，我们可以用 0 附近的泰勒近似值来表示指数项，公式 (7.3) 简化为：

$$\Delta L^2 \approx 6D\Delta t + V_{mean}^2 \Delta t^2. \tag{7.4}$$

此外，考虑到细菌推进的作用远大于平移扩散的作用，这个等式可以进一步简化为：

$$\Delta L^2 \approx V_{mean}^2 \Delta t^2. \tag{7.5}$$

这意味着，对于 $\Delta t \ll \tau_R$，细菌推进的微珠的任何 ΔL^2 数据与 Δt 的关系曲线都可以拟合为二次函数，其中的系数由 V_{mean}^2 给出。这就是在细菌驱动和其他基于随机游动的短时间随机运动的微型游动机器人中计算或测量 V_{mean} 的方法。在如此短的时间内，微球将进行弹道布朗运动，活跃的细菌推进力将主导它们的平移扩散。

对于长持续时间（$\Delta t \gg \tau_R$），公式（7.3）简化为：

$$\Delta L^2 \approx (6D + V_{mean}^2 \tau_R)\Delta t = 6D_{eff}\Delta t, \tag{7.6}$$

式中，D_{eff} 是细菌推进微珠的有效平移扩散系数。因此，当 $\Delta t \gg \tau_R$ 且有更大扩散常数 D_{eff} 时，由于细菌的主动推进作用，微珠在长时间内将有效地进行扩散布朗运动。在这个模型中，假设主动粒子有一个可忽略不计的主动平均转速 ω。然而，附着在微珠表面的细菌可以诱导不可忽略的 ω。在这种情况下，与平移扩散系数类似，我们希望将 $\tau_R^{-1} + \omega^2 \tau_R$ 组合作为重归一化的旋转扩散系数。

细菌推进微珠的随机运动模型：如图 7.6 所示，在由多个细胞驱动的微型游动机器人中，净力和净力矩是随机和不恒定的，因此微型游动机器人会产生图 7.5a 所示的随机运动。为了模拟这种行为，我们首先模拟单个细菌的行为。单个细菌的运动有两种不同的状态：运行和翻滚。运行状态的特点是细菌将多根鞭毛捆绑在一起并逆时针旋转，以实现向前推进。而在翻滚状态下，一根或多根鞭毛顺时针旋转，鞭毛松开时将不再产生任何推进力，此时只允许瞬间的布朗扩散。这两种运行状态可建模为连续时间马尔可夫链，并且以泊松方式发生状态转换。因此，状态之间的转换概率 k_r 和 k_t 也可以看作下一个状态的到达率，即当细菌翻滚时，运行状态的到达率为 k_r；当细菌游动时，翻滚状态的到达率为 k_t。在介质中没有化学刺激的情况下，运行和翻滚阶段随机发生，并与扩散相结合，导致细菌和由细菌推进的物体进行随机游动。

运行和翻滚事件之间的到达时间在泊松过程中呈指数分布，可以用以下方式描述：

$$f(t,\lambda) = \lambda e^{-\lambda t}, \tag{7.7}$$

式中，t 是事件到达的时间，λ 是事件的到达率。对于描述细菌状态转换的双态马尔可夫过程，每个状态的保持或停留时间取决于细菌的状态，处于翻滚状态时为 $1/\lambda_r = 0.1s$，处于运行状态时为 $1/\lambda_t = 0.9s$。由于到达事件呈指数分布且具有独立性，因此在每个时间步长（dt）内，对于每个附着的细菌，都会通过反变换采样技术从该分布中采样下一个到达时间，并决定给定细菌在下一个时间步长内是否会过渡到运行/翻滚状态。这种采样是在一个更大的时间积分框架内进行的。

附着在微珠表面的细菌被模拟为点推进力，

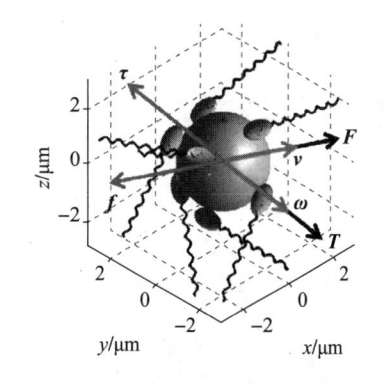

图 7.6 游动的生物混合微型机器人的自由体图，其中 $\vec{F}$ 和 $\vec{T}$ 是瞬时细菌总推进力和扭矩，$\vec{f}$ 和 $\vec{\tau}$ 是微珠上的流体动力平移阻力和旋转阻力，$\vec{v}$ 和 $\vec{\omega}$ 分别是微珠的平移速度矢量和旋转速度矢量

具有任意的初始方向、位置和状态。假定细菌在翻滚状态下不产生任何推进力，而在运行状态下，每个细菌产生 $F_b=0.48\text{pN}$ 的恒定力[252]。由于采用斯托克斯流态，微珠的惯性效应可以忽略不计，因此其主体动力学受以下方程控制（见图 7.6）：

$$\vec{f}=6\pi\mu R\vec{v}=-\vec{F}=-\sum_{b=1}^{n}\vec{F}_b s_b \tag{7.8}$$

$$\vec{\tau}=8\pi\mu R^3\vec{\omega}=-\vec{T}=-\sum_{b=1}^{n}\vec{r}_b\times\vec{F}_b s_b+2(s_b-0.5)\tau_b^m, \tag{7.9}$$

式中，b 是细菌的标识符，从 1 到 n（附着的细菌总数）迭代；$\vec{F}_b$ 和 $\vec{r}_b$ 是每个细菌的推进力和位置矢量；s_b 是每个细菌的二进制变量，运行阶段为 1，翻滚阶段为 0；τ_b^m 是每个细菌在微珠上的反作用电动机扭矩；$\vec{f}$ 是微珠上的流体动力平移阻力；$\vec{\tau}$ 是旋转阻力；$\vec{v}$ 和 $\vec{\omega}$ 分别是微珠的平移速度矢量和旋转速度矢量；μ 是水介质的动态黏度；R 是微珠半径。在每个积分步长 dt 期间，对每个微珠的线速度和角速度进行评估，这些速度是由附着在微珠上的所有细菌的贡献产生的，并对微珠的运动进行时间模拟。随机布朗线性位移和角位移也可包含在数值模型中，方法是允许微珠在每次迭代过程中随机位移和旋转，其特征为 x，y，z 三个方向的均方根线性位移 $\sqrt{2Ddt}$，以及绕随机轴的角位移 $\sqrt{2D_R dt}$，其中 D 和 D_R 在公式（7.3）中分别定义为平移扩散常数和旋转扩散常数。不过，这些过程引起的位移比细菌推进引起的位移要小得多，因此不易察觉。

利用之前计算的随机微珠运动模型，可以对 5μm 直径的微珠在不同数量细菌的推进下进行随机排列和位置模拟，并将图 7.7b 中的模拟结果与粘质沙雷氏菌推进微珠的 2D 实验轨迹进行比较。可以看出，在细菌数量特别少的情况下，微珠的轨迹表现为螺旋型，但当

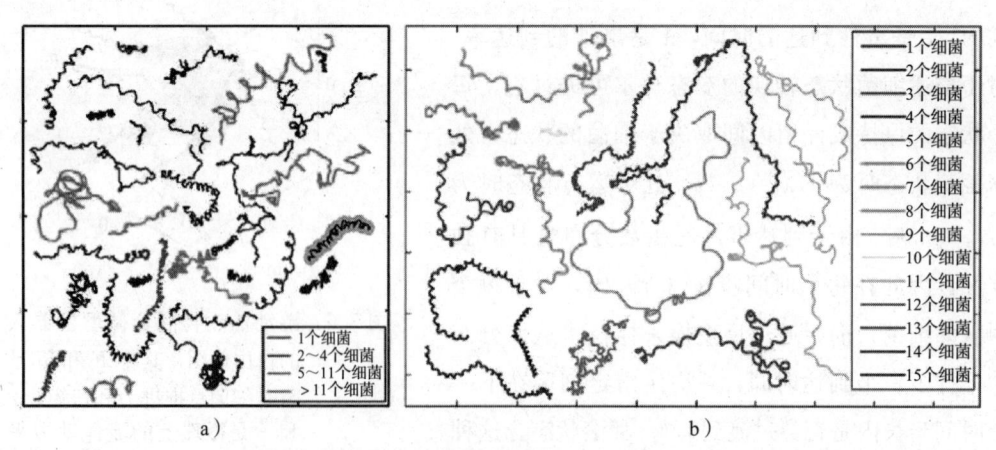

图 7.7 直径为 5μm 的细菌推进微珠的 2D 随机轨迹样本，来自图 a 的实验（经 AIP 出版社许可，转载自 [53]），以及图 b 中对附着单个和多个（最多 15 个）粘质沙雷氏菌的微珠基于公式（7.8）、公式（7.9）的计算的随机微珠运动模型的运动轨迹模拟（见彩插）

细菌数量增加时,微珠的轨迹行为表现千差万别。此外,当微珠靠近表面时,由于低雷诺数下的流体壁效应(见 3.7.3 节),这种游动行为会发生显著变化[53]。

7.3 习题

7.2.4 节介绍了斯托克斯流态(即 $Re=0$)下对细菌驱动的微型游动机器人的设计和建模。我们以半径为 R 的球形微粒作为微型游动机器人身体。假设在微粒上只附着一个细菌,椭圆形的细菌细胞体紧紧地附着在微粒表面的一个随机点上,其长轴细胞膜侧向微粒,对微粒施加力和扭矩。

1. 回答下列问题:一个细菌持续对微珠施加 0.5pN 的恒定推进力和 4.5pN·μm 的恒定体扭矩(见文献 [53] 和图 7.4c)。
   a. 求微粒的推进速度和旋转速度与微粒半径 R 的函数关系。
   b. 对于 $R=2\mu m$,求微粒的推进速度和旋转速度。
   c. 对于 $R=2\mu m$,如果有两个细菌平行地附着在粒子表面、方向相同、位于微粒的两侧,求微粒的推进速度和旋转速度。
   d. 对于 $R=5\mu m$,如果有 20 个细菌垂直(头部朝上)附着在整个微粒表面,且分布均匀一致,并假设相邻的细菌不会影响彼此的流体推进力,求微粒的推进速度和旋转速度。
   e. 对于 $R=5\mu m$,如果有 10 个细菌垂直(头部朝上)附着在(Janus)粒子表面的半边,且分布均匀一致,并假设相邻的细菌不会影响彼此的流体推进力,求微粒的推进速度和旋转速度。

2. 模拟并绘制自由游动细菌的 2D 随机游动轨迹,该细菌具有在方程 (7.7) 中建模的运行和翻滚行为,并假设在翻滚状态下 $1/\lambda_r$ 的值为 0.1s,在运行状态下 $1/\lambda_t$ 的值为 0.9s。假设细菌在运行状态下的平均速度为 30μm/s。

3. 利用公式 (7.8) 和公式 (7.9) 模拟并绘制问题 1 中单个细菌推进 $R=1\mu m$ 球形颗粒的随机 2D 轨迹,以及问题 2 中的随机细菌运行和翻滚参数。
   a. 绘制细菌推进微粒 100s 内的均方位移(MSD)数据。
   b. 求温度为 23℃时,该微粒在水中的旋转扩散随机化时间 τ_R。
   c. 对于可忽略旋转扩散的短持续时间 MSD 数据,拟合 MSD 数据以求得公式 (7.5) 中定义的 V_{mean}。在同一张图上显示 MSD 数据和拟合速度。
   d. 对于长持续时间的 MSD 数据,拟合 MSD 数据以找到公式 (7.6) 中定义的 D_{eff} 和 V_{mean}。在同一张图上显示 MSD 数据和拟合速度。将 D_{eff} 与没有附着细菌的裸颗粒的平移扩散常数进行比较,并讨论其差异及原因。如果微粒携带药物,这种差异对药物输送应用是否重要?

CHAPTER 8

第 **8** 章

远程微型机器人驱动

本章涵盖了常用的远程微型机器人驱动方法。远程产生的物理力和力矩可以用于驱动微型机器人运行在有限的工作空间中，例如在人体内部或微流体设备中。下面将详细讲述基于磁力、静电力、光学力和超声波力或压力的主要远程驱动方法。

8.1 磁驱动

磁驱动广泛应用于远程微型机器人的供电和控制。磁场由于能够穿透大多数材料（包括生物材料），非常适合用于控制距离遥远的、无法进入的空间中的微米尺度物体。利用磁场及其空间梯度，可以将磁力和磁力矩独立地施加到磁性微型机器人上，从而使微型机器人的设计和驱动具有广泛的可能性。正如我们将看到的那样，磁力和磁力矩可以相对较强，能够做其他驱动方案无法完成的工作。此外，还可以将几种磁性材料与现有的微加工方法集成。虽然人们发现磁效应已经几千年了，但磁性材料的发展持续到今天主要是受磁电动机和数字编码工业的推动。在过去的几十年中，新的磁性材料被发现，使得磁驱动器的设计有了更多的自由度，并且可以施加的磁力大小显著增加。

利用磁线圈或永磁体在工作空间外产生的磁场来施加磁力和磁力矩来移动微型机器人。假设工作空间中没有电流流过，磁矩为 $\vec{m}$ 的微型机器人在磁场强度为 $\vec{B}$ 的磁场中受到的磁力 $\vec{F}_m$ 为：

$$\begin{aligned}\vec{F}_m &= (\vec{m} \cdot \boldsymbol{\nabla})\vec{B} \\ &= \left(\frac{\partial \vec{B}}{\partial x} \quad \frac{\partial \vec{B}}{\partial y} \quad \frac{\partial \vec{B}}{\partial z}\right)^T \vec{m},\end{aligned} \qquad (8.1)$$

磁力矩 $\vec{T}_m$ 由下式给出：

$$\vec{T}_m = \vec{m} \times \vec{B}. \tag{8.2}$$

因此，磁力矩由外加磁场的大小和方向产生，并用来使磁矩与外加磁场对准。然而，磁力是由磁场的空间梯度产生的，并且以不太直观的方式对磁矩进行操作。正如我们将要看到的那样，通过同时控制微型机器人工作空间中的磁场及其梯度，可以提供独立的磁力矩和磁力。

磁性材料可以分为两种：一种是硬磁性材料，在没有磁场的情况下可以保持其内部的磁化强度；另一种是软磁性材料，其内部的磁化强度与外加磁场有关。硬磁铁也称为永磁体，然而它们并不是真正地永久磁化，在一般情况下它们会表现出永磁性，但是施加一个大的反向磁场可以使它们退磁。这种矫顽场通常比用于驱动微型机器人的场大得多，因此硬磁铁材料通常可以被视为是永磁性的。撤去饱和磁场后永磁体的强度被称为剩磁，是材料强度的一种标志。表 8.1 给出了一些常用磁性材料的矫顽磁力和剩磁。

表 8.1　典型磁性材料的迟滞特性。第一种材料被称为"硬"磁性材料，最后一种材料被称为"软"磁性材料，具有较低的矫顽磁力和剩磁

材料	矫顽磁力/(kA/m)	剩磁/(kA/m)	饱和磁化强度 M_S/(kA/m)
钐钴（SmCo）	3100[64]	~700[64]	
钕铁硼（NdFeB）	620[57]	~1000[64]	
铁氧体	320[57]	110~400[64]	
铝镍钴 V	40[57]	950~1700[64]	
镍	小	<1[64]	522[254]
钴	小	<1[64]	1120~1340[255]
镍铁合金（Ni-Fe）	小	<1[64]	500~1250[64]
铁	0.6[57]	<1[64]	1732[254]

软磁铁的磁场强度取决于外加磁场 $\vec{H}$ 的大小，表示为

$$M = \chi |\vec{H}|, \tag{8.3}$$

式中，χ 为材料的磁化率。材料的磁化率随材料的不同而有很大的变化，并且只有在材料达到饱和状态时才会保持不变。在大于饱和场的外加磁场下，磁化强度是恒定的。对于软磁性材料，饱和磁化强度可能是比剩磁或矫顽磁力更相关的参数，因此这些值也在表 8.1 中给出。

在用于微型机器人的材料中，通常有两种磁性机制占主导地位，即铁磁性和顺磁性。铁磁性的起源和研究是复杂的，但它是大多数微米尺度磁性机器人材料中最常见的机制。一些常见的铁磁性材料可以是铁、钴、镍、铝、钐钴、钕铁硼及其合金。在微型机器人应用中，这类材料通常被认为是完全软或完全硬的。

顺磁性材料具有软磁特性，并且具有较低的磁化率 χ。然而，一些材料，如铁的氧化物，在细粉状态下表现为超顺磁性，具有较大的磁化率。这类亚微米级颗粒具有较大的磁矩，常用于小型磁性微型机器人。若想了解对铁磁体和顺磁体的起源和性能的详细描述，读者可以参考文献 [64]。

虽然磁力的确在磁性微型机器人的运动中起到了一定的作用，但在某些尺度下，与磁力矩相比，磁力的作用较小。例如，对于一个尺寸为 $250 \times 130 \times 100 \mu m^3$ 和磁化强度为 $M=200 kA/m$（典型的为一种由稀土磁性材料成型的微型机器人）的永磁性微型机器人，一个典型的电磁铁所能施加的磁力约为 $F_m=36nN$，其梯度约为 $\nabla B=55mT/m$。通过比较，采用式（8.2），在垂直于微型机器人磁化方向的磁场为 $B=2.8mT$ 的同一线圈中可以施加 $T_m=1.82 \times 10^{-9} Nm$ 的磁力矩。当把这个力矩当作一对作用在微型机器人末端的相反方向的力时，这个力矩作用为一对相反的力，每一个大约 $7.3\mu N$。因此，磁力矩的效果可以主导这个尺寸范围下的微型机器人行为，并且经常被用于驱动。在某些情况下，可以忽略磁力进行分析。

众所周知，磁学的单位是很难理解的。文献中同时使用了 SI（国际单位制）和 CGS（高斯单位制）两种系统，每种系统具有不同的控制关系。某些磁矢量性质的单位列于表 8.2。磁场强度和磁通量密度在微型机器人文献中经常互换使用，并通过以下关系联系在一起：

$$B = H + 4\pi M \text{（高斯单位制）} \tag{8.4}$$

和

$$B = \mu_0(H+M)\text{（国际单位制），} \tag{8.5}$$

式中，$\mu_0 = 4\pi \cdot 10^{-7} H/m$ 是自由空间的磁导率。在磁性材料外部，$M=0$，所以 B 和 H 成正比。在某些情况下，B 和 H 在磁场中可以互换使用，尽管它们有不同的物理解释。

表 8.2　磁性的单位和换算[63]（若要从高斯单位制得到国际单位制，请乘以转换系数）

	符号	高斯单位制	转换系数	国际单位制
磁通量密度	B	高斯	10^{-4}	T
磁场强度	H	奥斯特	$10^3/(4\pi)$	A/m
磁化强度	M	emu/cm^3	10^3	A/m
磁矩	m	emu	10^{-3}	A·m^2

8.1.1 磁场安全

利用穿透人体的磁场来远程驱动移动磁性微型机器人时，高强度磁场的安全性是一个值得关注的问题。不过，静态磁场强度在 8T 以下时并不危险[256-257]。这种大场阈值在任何微型机器人驱动方法中都不太可能遇到。然而，时变磁场可能会因组织发热而带来潜在风险。美国食品和药物管理局（FDA）的指南建议（作为非约束性决议）使用大磁场随时间变化的 MRI 技术时，所吸收能量的安全范围以特定吸收率（SAR）度量[257]。对于 15min 内的全身吸收平均值，该吸收率为 4W/kg。身体的特定部位，如躯干或四肢，可以有更大的特定吸收率，如报告中所述。产生这些特定吸收率的磁场变化率将取决于组织细节以及磁场强度和变化率。FDA 指南建议磁场变化率应小于 20T/s，这比观察到的刺激外周神经的变化率低三倍[258]。许多机构，如 IEEE 已经发布了指南，一般将频率不超过 100Hz 的磁场变化率限制在 0.1~1T/s[259]。这些变化率可能在微型机器人领域使用的一些磁驱动系统中遇到。不过，由于操作安全的确切条件取决于许多其他因素，如身体位置和暴露时间，因此在批准使用大磁场的设备用于医疗用途时要以本报告为总体指南，逐案进行。因此，使用较大磁场或磁场变化率的设备可以获准使用。大多数监管报告都侧重于 MRI 的暴露，可能并不直接适用于其他医疗设备。因此，如果医疗微型机器人应用需要变化率较高的磁场，可能会遇到监管障碍。

当然，如果患者有起搏器、外科植入物等，那即使是很小的磁场也可能是危险的。此外，在手术室使用非常大的永久性或电磁式线圈也可以有安全方面的考虑。就像 MRI 手术室一样，磁性材料在这样的环境中的使用应该受到限制。

8.1.2 磁场的产生

驱动磁性微型机器人的磁场可以由微型机器人工作空间外的磁线圈或大型永磁体提供。磁线圈的主要优点是可以在没有运动部件的情况下提供变化的磁场，并且可以通过多种方式的设计来产生空间均匀的磁场和梯度。然而，永磁体可以提供大的磁场，而不需要使用大的电流。这种情况下的磁场可以通过平移或旋转一个或多个外磁铁来调制，但一般情况下不能在不移动远离工作空间的外磁铁的情况下关闭。首先讨论利用磁线圈产生磁场和梯度的实用性。

磁线圈往往被设计成包围微型机器人全部或部分工作空间的样子。通常假设产生的磁场与通过线圈的电流成正比，如果附近没有具有非线性磁滞特性的材料，则这个假设成立。线圈电流 I 由微分方程（8.6）控制，并取决于线圈两端的电压 V_c、线圈电阻 R_a 和电感 L_a，表示为

$$\frac{dI}{dt} = \frac{-1}{R_a L_c} I + \frac{1}{L_a} V_c. \tag{8.6}$$

控制输入是线圈上的电压，如果需要精确的反馈控制，可以使用霍尔效应电流传感器来测

量电流。

圆柱形线圈产生的磁场是通过对路径 S 上的每一圈应用毕奥-萨伐尔定律（Biot-Savart law）[260] 求得的：

$$\vec{B}_{ec}(x,y,z) = \frac{\mu_0 N_t I}{4\pi} \int_S \frac{\vec{dl} \times \vec{a}_R}{|\vec{r}|^2}, \tag{8.7}$$

式中，$\vec{B}_{ec}(x,y,z)$ 是电磁铁作用在微型机器人位置 (x,y,z) 处的磁场，N_t 是线圈中的导线匝数，$\vec{dl}$ 是沿积分方向的无穷小线段，$\vec{a}_R$ 是线段到目标空间点的单位矢量，$|\vec{r}|$ 是线段到目标空间点的距离。

对于多个场源（假设工作空间不受软磁材料的影响），叠加原理成立，因此可以将每个线圈的贡献相加来确定总场。式（8.7）的完整解在文献 [261] 中给出，为简洁，此处仅给出该解的轴向分量。对于半径为 a、平行于 $x-y$ 平面，且以 $z=0$ 为中心的 N_t 个圆环，其磁通量密度为：

$$\vec{B}_z = \frac{\mu_0 N_t I}{2\pi} \left[K(k) + \frac{a^2 - \rho^2 - z^2}{(a-\rho)^2 + z^2} E(k) \right]. \tag{8.8}$$

$K(k)$ 和 $E(k)$ 分别是第一类和第二类椭圆积分，由下式给出：

$$K(k) = \int_0^{\pi/2} \frac{d\theta}{\sqrt{1 - k^2 \sin^2\theta}} \tag{8.9}$$

和

$$E(k) = \int_0^{\pi/2} \sqrt{1 - k^2 \sin^2\theta}\, d\theta, \tag{8.10}$$

式中

$$k^2 = \frac{4a\rho}{(a+\rho)^2 + z^2}. \tag{8.11}$$

文献 [40] 中使用一种典型的 2D 磁线圈装置在平面内施加磁场和梯度，以实现 2D 运动。该系统使用正交线圈对来产生这些磁场。

8.1.3 特殊的线圈结构

通过将两个线圈沿单一维度进行配对，可以得到空间场或梯度均匀性的特殊条件。因此，在很小的范围内，可以认为场在空间中是不变的。为了最大限度地扩大场均匀性区域，可以使用亥姆霍兹线圈结构，即两个平行线圈之间的间隙等于线圈半径[262]。通过沿同一方向驱动两个线圈，可在两个线圈之间形成较大的均匀场区域。这通常会得到三个正交线圈对的嵌套结构，由于使用亥姆霍兹线圈结构具有的几何限制，这是必需的[263]。

为了最大限度地扩大场梯度均匀性区域，采用了麦克斯韦结构，即两个平行线圈之间的间隙是线圈半径的$\sqrt{2/3}$倍，并且两个线圈的驱动力相等但彼此相反地被驱动。可以将独立的麦克斯韦线圈对和亥姆霍兹线圈对组合在一个系统中，以实现均匀场和梯度。

8.1.4 非均匀场设置

与亥姆霍兹或麦克斯韦线圈结构相比，其他线圈结构可能具有优势，例如以减少均匀性区域为代价，增加可控微型机器人的自由度[16]。为了计算从一般线圈系统产生的场和梯度，我们可以使用下面的关系式：

$$\vec{B} = \boldsymbol{B}\vec{I}, \tag{8.12}$$

$$\frac{\partial \vec{B}}{\partial x} = \boldsymbol{B}_x \vec{I}; \quad \frac{\partial \vec{B}}{\partial y} = \boldsymbol{B}_y \vec{I}; \quad \frac{\partial \vec{B}}{\partial z} = \boldsymbol{B}_z \vec{I}, \tag{8.13}$$

式中，$\vec{I}$的每个元素都是通过c个线圈的电流，$\boldsymbol{B}$是将这些线圈电流映射到磁场矢量$\vec{B}$的$3 \times c$矩阵，而$\boldsymbol{B}_x$、$\boldsymbol{B}_y$、$\boldsymbol{B}_z$分别是将线圈电流映射到x、y、z方向的磁场空间梯度的$3 \times c$矩阵。对于给定的线圈结构，利用式（8.8）计算这些映射矩阵，或将线圈视为空间中的磁偶极子，并通过工作空间测量进行校准，如文献 [1, 16] 中所述。

因此，利用式（8.12）、式（8.13）和式（8.1）计算单个磁性微型机器人所需的场和力，我们可以得出

$$\begin{bmatrix} \vec{B} \\ \vec{F} \end{bmatrix} = \begin{bmatrix} \boldsymbol{B} \\ \vec{m}^\top \boldsymbol{B}_x \\ \vec{m}^\top \boldsymbol{B}_y \\ \vec{m}^\top \boldsymbol{B}_z \end{bmatrix} \vec{I} = \boldsymbol{A}\vec{I}, \tag{8.14}$$

式中，$\boldsymbol{A}$是将线圈电流$\vec{I}$映射到磁场$\vec{B}$和力$\vec{F}$的$6 \times c$矩阵。当$\boldsymbol{A}$满秩，即线圈数$c \geq 6$时，方程可解。当$c \neq 6$时，可通过伪逆求解，即找到使$\vec{I}$的2范数最小的解：

$$\vec{I} = \boldsymbol{A}^+ \begin{bmatrix} \vec{B} \\ \vec{F} \end{bmatrix}. \tag{8.15}$$

如果 $c<6$，则解由最小二乘逼近得到。使用六个以上的线圈可以获得更好条件的 A 矩阵，这意味着工作空间更各向同性、奇异构型将减少以及线圈电流要求将降低。为产生这种任意3D力和力矩而设计的系统，在工作空间周围以紧凑构型排列了六个或八个线圈，首次在文献[1]中用于在大脑中移动磁性粒子，最近又在文献[16]中用于微型机器人驱动（Octomag 系统）。Octomag 系统的设计是为了便于从一个面进入，因此所有线圈都在工作空间的一侧。文献[264]还展示了一个类似但更小的系统。图 8.1 展示了另一种八线圈完全环绕工作空间的系统。每个线圈到工作空间中心的距离对于所有线圈来说都是一样的，它们沿着立方体的顶点排列，下方的四个线圈围绕 z 轴转动 $45°$，以打破对称性（这将导致 A 矩阵奇异）。在这里，两个摄像头分别从顶部和侧面观察微型机器人。

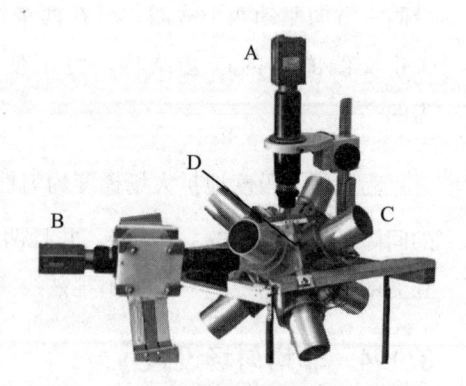

图 8.1　一个八线圈系统示例，该系统能够在几厘米大小的磁场均匀的工作空间内施加五自由度的磁力和磁力矩。该系统能够使用可选的铁芯施加强度为 25mT 的磁场和高达 1T/m 的磁场梯度。A：顶部摄像头。B：侧面摄像头。C：磁线圈。D：工作空间

8.1.5　驱动电子设备

对驱动电磁线圈的电流的控制通常由带有数据采集系统的 PC 执行，控制带宽高达数千赫兹，线圈由线性电子放大器供电，并可选配霍尔效应电流传感器进行反馈。线圈电流一般是几安培，在结合使用空气或液体冷却时电流会更大。

8.1.6　永磁体产生的场

在某些情况下，使用永磁体而不是电磁铁来产生磁场可能更有优势。永磁体不需要电能来产生和维持磁场，因此通常非常适合于产生大的磁场。然而，调节永磁体产生的磁场需要移动或旋转永磁体。此外，在大多数情况下，不可能像电磁铁那样关闭永磁体产生的磁场。

虽然磁场的复杂变化可以通过原地旋转永磁体阵列（如海尔贝克阵列[265]）来实现，但许多用于微型机器人的系统都使用单个外部永磁体，并通过机器人驱动器在空间中进行平移和旋转。在远离外部永磁体的情况下，可以采用偶极子模型对磁场进行近似计算，以简化计算。由磁矩为 $\vec{m}$ 的磁偶极子提供的磁场 $\vec{B}$ 由下式给出：

$$\vec{B}(\vec{m},\vec{r}) = \frac{\mu_0}{4\pi}\frac{1}{|\vec{r}|^5}[3\vec{r}(\vec{m}\cdot\vec{r}) - \vec{m}(\vec{r}\cdot\vec{r})], \tag{8.16}$$

式中，$\vec{r}$ 为偶极子到目标点的矢量。虽然偶极子模型在球形外部永磁体的情况下是准确的，但对于其他几何形状其准确性会下降，并且当离磁体的距离较小时可能包含显著的误差。由于商业供应商可提供大量长方体形和圆柱体形磁体，因此已为这些设计找到了最佳纵横比[266]。对于长方体形，最佳长宽高比为 1:1:1，即立方体；对于沿轴向磁化的圆柱体形，最佳直径-长度比为 $\sqrt{4/3}$。

许多微型机器人的驱动方案都必须依赖于旋转磁场。对于外部永磁体的旋转轴，已经确定了一个闭式解，以便在某一点产生所需的磁场旋转[267]。这项研究表明，一个简单的线性变换就能将所需的微型机器人旋转轴映射到所需的外部永磁体旋转轴上。因此，对外部永磁体的位置可以独立于所需的微型机器人的运动进行控制（具有一定的约束条件）。微型游动机器人已被证明可以使用这种方法移动，由距离微型机器人几十毫米的单个外部永磁体驱动[268]。这些情况下的永磁体由多自由度机械臂操控。这些结果表明，使用单个外部永磁体进行驱动足以满足微型机器人在人体内的许多临床应用。

一个名为 Niobe（脑立体定向术）的相关永磁体系统使用两个非常大的以三自由度移动的永磁体，在足以容纳人体躯干的空间内产生约 80mT 的磁场[269]。虽然该系统是为引导磁导管而设计的，但它表明此类永磁体系统能被放大用于临床程序。

8.1.7 磁共振成像系统的磁驱动

使用临床磁共振成像仪进行磁驱动，可以充分利用现有设备的基础设施，在人体内导航磁性微型机器人。磁共振成像仪除了提供推进功能外，还提供近乎同步的微型机器人定位功能。

临床磁共振成像系统是为了成像而设计的，因此对于磁性微型机器人的推进有一些限制。前面讨论过的磁线圈系统可以独立控制每个线圈中的线圈电流，磁共振成像仪则不同，它可以在系统的整个长度范围内提供一个静态磁场。这种静态磁场由大型超导磁体提供，通常强度可以达到 1.5T 或更高，尤其是用于研究的磁共振成像系统。因此，磁共振成像系统非常适合控制软磁性微型机器人，因为这种大的磁场可以使大多数软磁性材料达到饱和。它也可以用于永磁体材料，不过微型机器人的磁化轴将受限于与静态磁场方向一致。在成像方面，可以在任意方向产生高达约 40mT/m 的磁场梯度。可以通过梯度拉动的方式将这些梯度用于微型机器人的推进，也可以通过定制线圈安装的方式潜在地增加这些梯度[47]。

磁共振成像系统产生的多余热量也是一个主要的实际限制因素。由于该系统仅针对周期性成像而设计，因此无法在产生全梯度场的情况下提供较大的工作周期。为了持续推进微型机器人，系统必须在低于可实现的最大梯度场能力的情况下运行[270]。

研究表明，在心血管系统等困难区域进行导航所需的梯度可以通过临床磁共振成像系统实现，具体取决于微型机器人的大小[270]。文献［271］指出，利用微粒子通过微血管靶向肿瘤需要强度为 100～500mT/m 的定制梯度线圈。

由于上述限制，在复杂环境中，如人体心血管系统中，基于磁共振成像的微型机器人控制需要复杂的控制算法。文献［272］中提出了一种高级路径规划器，用于集成磁梯度转向和多路反馈微型机器人跟踪。这样的规划需要一个详细的环境地图，可以从术前磁共振成像图像中获得。采用快速行进算法规划轨迹，并开发出一种控制器在存在时变血流的情况下引导微型机器人。采用自适应算法的基于模型的控制[273]能够在不稳定和未建模动力学始终存在的环境中提高微型机器人跟踪的质量和鲁棒性。

8.1.8 六自由度磁驱动

由于典型的微型机器人具有均匀的磁化剖面，因此现有的远程驱动的磁性微型机器人最多只能实现五自由度的驱动。在这种机器人设计中，无法实现围绕微型机器人磁化轴的驱动力矩，从而将自由度限制为 5。对全面方位控制的缺乏，限制了现有微型机器人在先进医疗、生物和微制造技术的应用中执行物体操纵和定向等精确任务的有效性。然而，微型机器人体内的非均匀磁化剖面可以实现完整的六自由度的驱动[31]。这种非均匀磁化允许通过力矩臂从磁力中产生额外的刚体力矩，如图 8.2 所示。

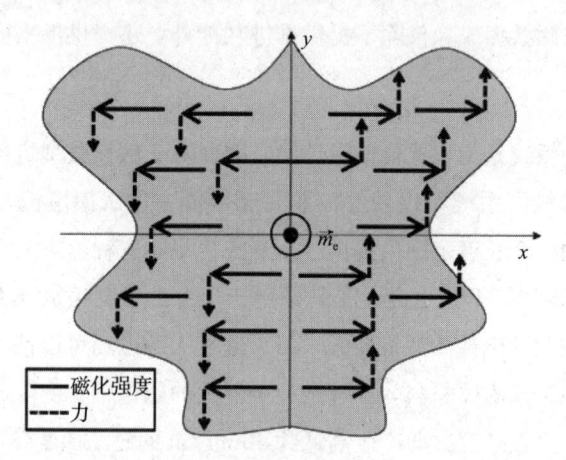

图 8.2 实现六自由度磁驱动的非均匀磁化剖面示例[31]。Copyright © 2015by SAGE Publications, Ltd. 其中，机器人沿其局部 z 轴有一个净磁化强度 $\vec{m}_e$，并且磁化强度矢量（实线矢量表示）总是指向远离原点的方向。当施加空间梯度 $\partial \boldsymbol{B}_y/\partial x$ 时，磁化强度矢量上的诱导力（虚线矢量表示）会在机器人身体的 z 轴周围产生力矩

8.2 静电驱动

除磁场驱动外，另一种常见的驱动方法是使用电场。电场可以在小到几十微米的距离上施加吸引力或排斥力，用于在 2D 表面上或在电泳装置中的较大距离上对微型机器人进行驱动和控制。

表面下的高压电极可产生局部的高强度电场。这些电极可以通过电容耦合为微型机器人提供驱动力，用于直接驱动微型机器人[38]。在文献 [56] 中，微型机器人运动的基底上有一系列独立控制的叉指电极，为可寻址的多机器人控制提供静电锚定。在电极和微型机器人之间使用了 SU-8 作为屏障，因为它价格低廉且具有较高的介电强度（112V/µm），可支持产生锚定微型机器人所需的大电场而不损坏基底。在实验中，制作了一个具有四个独立静电衬垫的表面。

对于在覆盖了一组叉指电极的 SU-8 绝缘层上方的导电微型机器人，在外加电压差为 V_{id} 的情况下，如果导体在两种电压下与电极重叠的面积相等，则导体的电位将介于两者之间，即 $V_{id}/2$。根据这一假设，并考虑到可忽略不计的边缘效应，可估算出叉指电极对微型机器人施加的锚定力 F_{id} 为

$$F_{id} = \frac{1}{8} V_{id}^2 \frac{\varepsilon_0 \varepsilon}{t^2} A_{id}, \tag{8.17}$$

式中，A_{id} 为电极与微型机器人重叠的面积，t 为绝缘层厚度，ε_0 为自由空间的介电常数，ε 为绝缘材料的相对静态介电常数（对于 SU-8，$\varepsilon = 4.1$）。

动电力也可用于在厘米尺度下几伏/厘米的电场中，拉动带电微型机器人。该驱动系统包含一个中央工作空间室，周围有四个大电极室，内含离子溶液（斯坦伯格溶液）[39]。

通过将交流（AC）电场转换为局部直流（DC）电场[274-275]，可以在水面上推进毫米级和微米级的二极管。在外部交变电场的驱动下，漂浮在水面上的各种类型的微型半导体二极管可以充当自驱动粒子。研究表明，这种毫米尺寸的二极管可以校正它们电极之间的感应电压[274]。由此产生的微粒局部电渗流会根据微粒表面电荷的不同，驱动微粒向阴极或阳极方向移动。这些自驱动微型机器人可以发出光或对光做出响应，并且可以通过内部逻辑进行控制。嵌入微流体通道壁中的二极管可以提供由全局外部电场驱动的局部分布的抽吸或混合功能。在这种装置中交流和直流场的联合应用可以实现机器人速度和液体速度的解耦，并可用于芯片上分离。

8.3 光驱动

不同波长的聚焦激光可以通过局部加热聚焦区域来远程驱动微型机器人。这种局部加热可以直接产生机械变形、力和运动,或者利用马兰戈尼效应改变微型机器人周围液体的表面张力,从而推动微型机器人。下面对这两种方法进行说明。

8.3.1 光热机械微驱动

对数十微米尺寸的微型机器人,可以在固体表面上驱动并使用聚焦的激光脉冲进行操纵,激光脉冲会在局部加热微型机器人的双金属机械结构,从而产生机械冲击力和运动。使用这种技术的机器人示例是由三条腿和金属薄膜双晶片组成,其设计目的是让机器人的身体在表面弯曲时靠在三个锋利的尖端上[9]。在聚焦激光束的作用下,其中一条腿会迅速发生热诱导机械弯曲(曲率变化),从而在低摩擦表面上实现逐步 2D 平移。利用激光参数和焦点位置控制机器人的运动速度和方向。此外,由聚(乙二醇)二丙烯酸酯(PEGDA)层与聚(异丙基丙烯酰胺)(NIPAAM)基氧化石墨烯纳米复合层黏合的水凝胶双层片组成的微型机器人身体可以在聚焦的近红外(NIR)光的热量作用下折叠,以封装药物或磁性微粒[276]。

微型机器人可以通过定向激光光斑的动量传递直接驱动。例如,用光聚合技术制成的具有楔形形状的微米尺寸物体表面覆盖有反射面,可以将垂直的激光反射到侧面,其方向由物体的位置和方向决定[19]。反射过程中的动量变化为微型机器人提供了驱动力。

8.3.2 光热毛细微驱动

激光聚焦在水-空气界面上的微型机器人身上或附近,可以局部加热流体界面,并在空间上产生表面张力梯度。如 7.1.6 节所述,如果表面张力沿界面具有空间依赖性,则会在界面处诱发马兰戈尼流。当引起表面张力空间变化的原因是局部温度梯度时,由此产生的现象称为热毛细效应。由于这种刺激的存在而产生的热毛细应力(单位面积力)σ_t 为

$$\sigma_t = \nabla \sigma, \tag{8.18}$$

式中,σ 是表面张力,单位是 N/m。在一维空间中,

$$d\sigma = \gamma_t dT, \tag{8.19}$$

式中,系数 γ_t 表示表面张力对温度变化的敏感程度,单位为 N/(m·K),并受接触流体种类的影响。利用这种由于激光加热而产生的关系,

$$\sigma_t = \gamma_t \frac{dT}{dx}. \tag{8.20}$$

这个 σ_t 关系可以用来计算单位长度的热毛细力，从而可以代替式（7.2）中的 $\sigma = \sigma(x)$ 项来计算光学加热引起的马兰戈尼力。

利用热毛细效应，脉冲激光可以在水下横向驱动 2D 固体基底上直径为 $10\sim100\mu m$ 的光学生成气泡微型机器人，速度可达 $320\mu m/s$[277]。利用单个微型机器人或一对协同工作的微气泡，可将聚苯乙烯小球、单个酵母细胞和载荷细胞的琼脂糖微凝胶组装成不同的 2D 图案。

8.4 电毛细驱动

利用电场可以改变空气或其他气体中液体-固体界面的电荷，从而局部和主动地控制液体的润湿特性，这种效应也被称为电润湿（见 3.2.2.1 节）。在典型的电润湿系统中，电解液的表面能通过嵌入在基底中的电极来改变，从而导致液体界面的运动[278]。这种效应早已被观察到，并在微流体中得到了广泛的应用[279-280]。最近，这种效应已经以一种类似于移动微型机器人的形式得到了证实。在文献［41］中，一个流体微型机器人是由被限制在两个电极层之间的水滴形成的，通过电润湿运动。通过对支撑基底中的嵌入式图案电极施加高电压，可以改变气泡一侧边缘的疏水性，从而对气泡产生水平方向的作用力。因此，这种微型机器人可以根据嵌入电极的构型进行 2D 拉动。虽然该系统已经实现了高达 $250\mu m/s$ 的高速度，但微型机器人的液态特性使其难以用作接触式机械手，并且它仅限于在空气环境中操作。然而，该系统天然适用于多个气泡微型机器人协同并行操作。

8.5 超声波驱动

超声波被广泛用于在人体内部安全地创建医学图像，能够穿透得很深。作为成熟的外科技术，聚焦超声波甚至可用于显微外科手术或肾结石切除术。一种方法是利用超声波在声波节点处将生物或合成的微纳实体悬浮在垂直层或横向特定模式中。例如，在体声波辐射压力的作用下，哺乳动物细胞在纤维蛋白 3D 微环境中形成多层结构[281]。由于细胞的密度比周围流体大，可压缩性比周围流体弱，因此细胞会被驱动到声驻波的节点平面，这里的压力最小。根据公式 $f = c/\lambda$，层间距离与频率成正比，其中 c 为声速，λ 为波长。因此，可以根据层间的数量和间距调整声波频率，层间距离相当于声波波长的一半。此外，利用声波驻波的振动及其在液体载体室底部的流体动力学效应，证实了细胞球体的 3D 微组织[282]。在流体环境中的驻波节点模式下，大量的细胞球体可以在几秒钟内以无支架的方式组成紧密排列的结构。

利用超声波直接驱动微型机器人的研究还不多。最近的一项研究表明，远程超声波可以通过产生和喷射微气泡来推动微型机器人[283]。超声波可以快速蒸发微型机器人体内的生物相容性燃料液滴［即全氟碳化物（PFC）乳液］，从而实现高速的子弹式驱动。气态和液态PFC 颗粒具有生物相容性，可用于静脉注射，随后在超声脉冲的作用下被破坏[20-21]。在超声波破坏或空化这些液滴和气泡之前，它们降低的溶解度和小的扩散系数延长了它们的血液循环时间[22]。因此，PFC 微气泡或乳液可用于多种生物医学应用，例如外部触发的特定部位药物、基因递送胶囊以及相变造影剂。在这里，PFC 可用作驱动微型机器人的集成燃料源。

当施加远程超声脉冲（例如，44μs，1.6MPa）时，含有受困 PFC 的液滴的金属微管通过 PFC 气泡的快速膨胀、汽化和喷射实现轴向驱动。这些机器人（长度为几十微米）可以达到 6.3m/s 的速度，其威力足以深入羔羊肾脏组织。这些超声波微管机器人的速度和功率可以通过超声波的脉冲长度和振幅进行调节。要使这种驱动方法在未来的生物医学应用中发挥作用，还有许多问题有待解决。虽然这种方法提供了很高的功率和速度，但目前它依赖于有限的燃料供应，因此只能运行很短的时间。此外，机器人的尺寸很难缩小到几微米或更小的尺度。

8.6 习题

1. 永磁体微型机器人尺寸为 $200 \times 150 \times 50 \mu m^3$，磁化强度 $M=200$kA/m。
   a. 计算空间磁场梯度为 $\nabla B=100$mT/m 时，电磁铁对机器人施加的磁力。
   b. 从同一线圈，施加垂直于微型机器人磁化方向的 $B=5$mT 的磁场。利用式（8.2）计算该磁场施加在机器人上的磁力矩。如果该力矩是一对作用在微型机器人两端的方向相反的力，则计算该力矩对机器人的作用力。将该力与上述力进行比较，讨论在该长度尺度下，应用磁场还是梯度力更适合驱动微型机器人。
2. 比较并列出使用永磁体和电磁线圈产生磁场和梯度的优缺点。在每种情况下，磁场和梯度是如何随着距离的变化而变化的，这对磁性微型机器人的潜在医学应用有何影响？
3. 对于半径为 R、磁化强度为 $M=200$kA/m 的球形永磁体，可以利用磁场梯度对其在流体中进行 3D 拉动。以 50μm/s 的速度在充满水的毛细管中拉动 $R=5$μm 的磁性粒子需要多大的梯度？传统的磁共振成像系统能否合理、安全地产生这样的梯度？当管道直径略大于磁性粒子直径时，壁效应将如何改变磁性粒子所需的梯度？
4. 在人体内部操作医疗微型机器人时，使用光学远程驱动技术会遇到哪些问题？哪种光源能穿透人体组织最深处以及安全操作的距离有多远？

CHAPTER 9

第 9 章

微型机器人的动力

目前所有移动微型机器人都没有机载的供电能力，因此对它们通常是借助运行环境中的燃料进行远程驱动或自驱动，并且它们没有机载的传感、处理、通信和计算等功能。只有在某些生物混合微型机器人设计的特定情况下，细胞内的化学能量（即 ATP）才能驱动生物马达，从而驱动微型游动机器人的运动。在未来，对于功能更加先进的医疗微型机器人或是其他微型机器人，这些机载功能是必不可少的。因此，本章介绍了实现微型机器人机载供电的一些可能的方法，我们可以集成机载能源/电源，进行无线供电，或从操作环境中收集能量。

无论使用哪种机载供电方法，小尺度机器人或设备的电源容量都是有限的。因此，所有微型机器人的系统设计都应尽量将其功耗降至最低。在典型的小尺度移动机器人系统的功耗组成部分（包括运动驱动、通信、传感和计算）中，功耗最大的部分是机器人的运动驱动，通过适当的运动模式设计、机体和驱动器参数的优化，即可将其最小化。例如，在空气中滚动的微型机器人由于所受阻碍运动的摩擦力最小，因此在机动模式下的功耗最低。在流体中移动时，应通过适当的机身形状设计，将机身阻力最小化。如果微型飞行机器人在空中主动悬浮而非被动悬浮，比如在抗磁悬浮中[35]，则其运动功耗最高。此外，给定运动模式后，运动驱动方式在功耗方面可能会有高低之分，如表 6.4 所列内容以及其他与驱动相关的章节所示。因此，应选择低功耗的微型驱动方式。最后，驱动机构可能存在的损耗（如运动和对环境产生的热损失以及机构内部摩擦、滞后和阻尼）也会增加功耗，也需要将其最小化。

传感器和微型工具的运行功耗可能远低于微型机器人的运动驱动所带来的功耗，因此它们可以从那些已被存储或被捕获的电能中获取电力。现在，我们将概述一些微型机器人的潜在机载电源，在微米尺度上这些电源的运行没有任何约束。

9.1 运动所需的功率

为了了解微型机器人所需的机载运动驱动功率（微型机器人中最耗电的部分）大小，我们可以进行一些基本的计算。将微型机器人移动所需的机械功率取决于尺度和操作环境。对于恒定的运动，机械功率 P 等于运动所需的力 F 乘以速度 v，如下所示：

$$P = Fv \tag{9.1}$$

通过使用文献中估算的力和前向平移速度数值，可以比较文献中几个微型机器人所需的机械功率，如表 9.1 所示。MagMite 共振磁性微型机器人[32] 尺寸约为 300μm，在力约为 10μN 和最大速度为 12.5mm/s 的情况下运行，对应的近似功率需求为 125nW。Mag-μBot 磁性微型机器人[13] 尺寸约为 200μm，在力约为 1μN 和最大速度为 22mm/s 的情况下运行，对应的近似功率需求为 22nW。OctoMag 磁性微型机器人[16] 尺寸约为 2000μm，在力约为 83μN 和最大速度为 1.9mm/s 的情况下运行，对应的近似功率需求为 340nW。此外，另一种表面爬行机器人 SDA[284] 使用通电的微图案表面的静电驱动来移动一个 100μm 的机器人，从而在空气中以高达 1.9mm/s 的速度移动，需要大约 19nW 的功率。可以看到，微米尺度的表面爬行机器人需要数十或数百纳瓦的功率。

表 9.1 文献中所述的几种移动微型机器人的所需最大功率，以及它们的驱动方法、尺寸、最大速度和估算的机器人移动所需最大的驱动力

微型机器人	驱动方法	尺寸/μm	驱动力/μN	最大速度/(mm/s)	功率/nW
MagMite[32]	共振磁性驱动	300	10	12.5	125
Mag-μBot[13]	摇摆磁性驱动	200	1	22	22
OctoMag[16]	磁性拉动驱动	2000	83	1.9	340
SDA[284]	静电驱动	100	10	1.9	19
游动片[25]	磁性波动驱动	5900	1	100	100
仿细菌微型游动机器人[46]	磁性旋转驱动	30	0.2×10^{-6}	0.003	0.6×10^{-9}
微型游动机器人	自电泳驱动	1	0.1×10^{-6}	0.01	1×10^{-9}

对于低雷诺数（$Re \ll 1$）的微型游动机器人，这种功耗与克服黏性阻力所耗费的功率相关。利用方程（2.4）中 $F \approx 6\pi\mu Rv$ 的关系，得知该机器人近似球形的机体所需要的游动功率是：

$$P \approx 6\pi\mu Rv^2 \tag{9.2}$$

举例来说，受细菌启发而制造出的微型游动机器人[46] 具有 3～5μm 的体长以及 27～30μm 长的螺旋尾翼，螺旋尾翼的速度高达 3μm/s，其所需的力可以估算为 0.2pN，则所需

功率为 0.6×10^{-9} nW。此外，一个 1μm 直径的球形微粒可以通过自电泳在 H_2O_2 中达到 10μm/s 的额定速度，这需要约 0.1pN 的力和 1×10^{-9} nW 的功率。一个使用远程磁驱动的游动波动弹性片[25] 长度为 5.9mm，速度可以达到 100mm/s，这需要约 1μN 的力和 100nW 的功率。尽管与宏观尺度的机器人系统相比，这种功率级相当低，但仍然高到无法通过微米尺度的机载电源来供应。

9.2 机载储能

表 9.2 列出了一些可行的储能方法及其典型能量密度。这些方法对于微型机器人来说，几乎都能适用，但仍需要进一步研究。核能和化学燃料可为小尺度系统提供每单位体积最高的储能。

表 9.2 机载储能的一些可能实现的方法以及估计的储能密度额定值（ATP：三磷酸腺苷）

方法	储能密度
核燃料，铀 235	1.5×10^9 kJ/L
燃烧反应物，汽油	35 000kJ/L
电化学电池，Li-aV_2O_5	2100kJ/L
薄膜电池	1500kJ/L
水在 ΔT=20K 时的热容量	840kJ/L
超级电容器，锂离子	54kJ/L
燃料电池，H_2-O_2，1 个大气压	6.5kJ/L
弹性应变能	0.001～1kJ/L
磁场，1.5T	0.9kJ/L
电场，3×10^8V/m	0.4kJ/L
分子能，ATP	30kJ/mol

9.2.1 微型电池

电化学电池在导电电解质中的阳极和阴极材料之间传输离子。虽然已经制造出微米级薄膜电池，但由于电池的体积随着存储容量的扩大而增加，因此这些存储技术在微型化方面并不适用。现研究阶段可用的最小电化学电池储存设备是一种数百纳米厚的薄膜结构，其能量密度约为 50μA·h·cm^{-2}μm^{-1}，电流密度约为 10μA·cm^{-2}，产生的电压约为 1.5V。这些电池的尺寸等级已精确至毫米级。然而，将这些小于 1mm 尺寸的电池集成并用于无线操作尚未实现[285]。

首批亚毫米级微加工电池于 1996 年开发[286]。它们的阴极是 $LiCoO_2$，电解质是 LIPON，阳极是金属锂。它们是通过射频溅射和热蒸发制造的微图案纳米薄膜。它们的阴极需要在

700℃退火，以获得高结晶度和容量。微加工电池可以提供每个电池 3.9V 的电压和每平方厘米 150mW 的特定功率，可充电，且使用寿命可达 7000 个循环。但它们尚未集成到任何移动微型机器人中。

9.2.2 微型燃料电池

燃料电池的原理由 Christian F. Schnbein 于 1838 年发现。燃料电池是一种与普通电池类似的电化学装置，但与后者的不同之处在于，燃料电池的设计旨在持续补充所消耗的反应物，也就是说，与普通电池有限的内部储能能力不同，燃料电池通过外部的 H_2 和 O_2 燃料供应产生电能。普通电池充电或放电时，电池内部的电极会发生反应和变化，而燃料电池的电极具有催化作用，相对稳定。

氢燃料电池的基本工作原理如下（见图 9.1）：

- 氢气扩散到阳极催化剂处，被分解成质子和电子。
- 质子通过膜传导至阴极，因为膜具有电绝缘性质，所以电子被迫在（供应电力的）外部电路中传导。
- 在阴极催化剂上，氧分子与电子（经过外部电路传导）和质子反应，生成水。

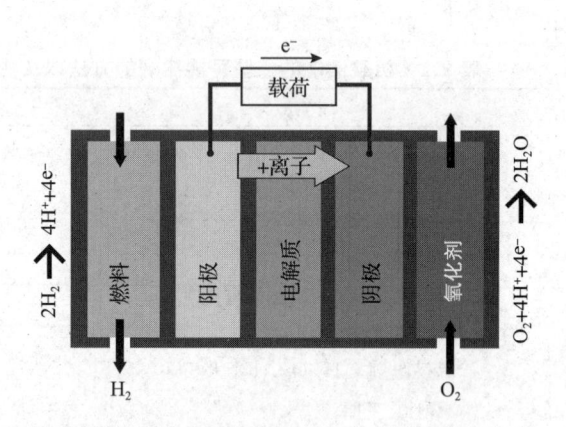

图 9.1 传统燃料电池的基本工作示意图

燃料电池有多种类型，例如碱性燃料电池、聚合物电解质膜燃料电池、直接甲醇燃料电池、生物燃料电池、直接硼氢化物燃料电池、甲酸燃料电池、磷酸燃料电池、固体氧化物燃料电池和锌燃料电池等。聚合物电解质膜燃料电池或质子交换膜燃料电池是最常见的燃料电池类型。它们重量轻和体积小，使用固体聚合物作为电解质以及包含铂催化剂的多孔碳电极；只需要空气和水中的氢气和氧气即可运行，不需要像某些燃料电池那样使用腐蚀性液体；工作温度相对较低（约 80℃），启动速度快（预热时间较短），经久耐用，且铂催化剂的性价比更高。

在生物燃料电池中，电极反应由生物催化剂控制，即生物氧化还原反应在酶催化下进行，而在化学燃料电池催化剂（如铂）中，电极反应决定了电极动力学。微生物系统产生氢气作为传统燃料电池的燃料。在这里，各种细菌和藻类，例如大肠杆菌、丁酸梭菌、丙酮丁醇梭菌和产气荚膜梭菌等，在厌氧条件下被用来产生氢气[287]。

微型燃料电池是通过将设备微型化而实现的[288]，而 H_2 燃料源仍然需要从一个体量较充足的源头提供。微生物产生的 H_2 可能会在未来为微型机器人供电。

燃料电池的优点是效率高（40%~60%），如果从环境或微生物中提供燃料，其规模可缩小到微米级。缺点是，提供 H_2 燃料和用水管理具有挑战性，其电压和效率会随着电流增大而降低，而且很难在低温下运行（必须高于约 20℃）。

9.2.3 超级电容器

超级电容器通过极化电解溶液来静电地储存能量。它们由悬浮在电解液中的两块不反应（碳）纳米多孔板组成。这种板具有很高的表面积-体积比，可以存储大量离子。正负极板分别吸引负离子和正离子。它们不会发生化学反应，具有高度可逆性（可充放电数百或数千次）。超级电容器存储的典型商业电容为 $4F/cm^2$，电压为 50V。这种储能方法对于在短时间内需要高能量的小尺度机器人（如跳跃式微型机器人）来说非常有利。每次放电后，都需要重新充电。虽然在原理上可以缩小，但目前的超级电容器都是厘米级的，需要制造亚毫米级别的版本以用于特定的微型机器人应用。

9.2.4 核（放射性）微功率电源

另一种潜在的机载供电方式可以是利用微结构放射性同位素电源。薄膜放射性同位素的半衰期极长，可长达数百年，可输出恒定或脉冲的功率，其能量密度非常大。有人提出将这种系统用于远程传感器[289]，其典型能量密度为 $1\sim100MJ/cm^3$，但恒定输出功率仅为数百皮瓦。除非可以利用带电存储器的间歇运动，否则低功率可能会限制它们在微机器人驱动方面的应用。事实上，通过弯曲的 MEMS 悬臂所做的直接机械运动已被用作此类系统中间歇信号传输的存储机制[290]，经过探讨可将此用于微驱动。

9.2.5 弹性应变能

为了一次性供电，可将弹性应变能储存在带有弹性组件的微型机器人机构内。当机载或非机载触发时，这种应变能可移动机构，从而移动机器人、驱动机载微型工具或产生电能。这种方法的主要问题是只能一次性使用，需要远程或机载驱动来重复这一机械能存储过程。

9.3 无线（远程）供电

为了打破机载电能储存的局限性，可以通过无线传输远程提供电能。这可通过电感、光学或微波辐射来实现。

9.3.1 通过射频场和微波进行无线供电

利用小型拾波线圈制作电感式功率接收器,该接收器尺寸可小于1mm。这些系统由共振频率与拾波线圈匹配的发射线圈驱动。利用射频(2.4~2.485GHz)功率传输,接收到的功率 P_r 等于

$$P_r = \frac{P_0 \lambda_w^2}{4\pi R_{tr}^2} \tag{9.3}$$

式中,P_0 是传输功率,λ_w 是信号波长,R_{tr} 是发射器和接收器之间的距离。因此,在理想条件下,传输功率与 $1/R_{tr}^2$ 成正比,但实际上衰减速度可能更快。因此,发射器和接收器之间的距离是此类设计的关键因素。例如,给定一个1W的发射器,5m外的节点接收到的功率为50μW。

这种电感电能传输已被用于通过大型电感耦合线圈将高达几十瓦的功率[291]传输数米远的距离。这项工作的重要意义在于它实现了约40%的高传输效率。不过,这些技术才刚开始用在短距离的实际无线供电应用中[292]。事实上,由于发送的功率与接收线圈尺寸的平方成正比,这种技术很难在亚毫米级机器人中推广使用。

Takeuchi 等人[293]使用高Q值接收电路,利用几毫米量级的拾波线圈输出几毫瓦的功率。在这个例子中,输送的电能为一个静电驱动器提供动力。然而,这种设计还没有最小化到亚毫米机器人所需的尺寸。

一种相关的方法是通过微波能量进行功率传输[294]。自20世纪60年代以来,利用整流天线进行无线传输的效率很高,足以为自由飞行的直升机提供动力[295]。最近,人们正在研究用这种技术为地面车辆和便携式电子设备供电。此外,还对其在机器人用的微型驱动器中的应用进行了研究[296]。在一个典型的应用中,一个厘米级的管道内机器人能够使用200mW的微波功率以10mm/s的速度移动[297]。不过,微波整流天线的缩放可能会对该技术未来的微型化造成问题。

9.3.2 光学功率束传输

高功率激光束可以聚焦在远程光伏电池上,收集光辐射并将其转换为电势。这种危险的功率传输方法适用于操作环境中没有人类或其他易受激光伤害的生物体以及设备的情况。例如,一个直径为9.2mm、长度为60mm的圆柱体形管道内检测机器人在其后端串联了63个非晶硅光伏电池,安装在核电厂的金属管道内[294]。波长为532nm、功率为0.08~

1W 的激光照射到机器人上，产生 101V 和 88μA 的电能。光伏装置使用稳压电路驱动机器人上的 MEMS 静电驱动器。

9.4 能量收集

微型机器人可以从运行环境中收集能量。环境中的入射光、温度梯度、pH、化学燃料、机械振动和撞击，以及空气、风和流体流动都可以被收集起来，为微型机器人提供电能。虽然收集的能量很小，但足以为传感器供电并且能够进行简单的数据传输。

9.4.1 利用太阳能电池收集入射光

太阳能电池可用于收集太阳光辐射并将其转换为电势。室外的太阳光的照明功率密度约为 $1.3kW/m^2$，而室内的环境照明功率密度仅约为 $1W/m^2$。市场上销售的太阳能电池大多由硅（Si）制成，但也有砷化镓（GaAs）、非晶硅（a-Si）和碲化镉（CdTe）设计。硅、砷化镓、非晶硅和碲化镉太阳能电池材料的效率分别为 24.5%、27.8%、12.0% 和 15.8%。单个太阳能电池产生的电压电位约为 1V，因此，要产生微型机器人压电式或静电式微型驱动器所需的高电压，就必须有成排的太阳能电池。太阳能电池的优势在于它是一种广为人知的电源，但其有限的功率密度（仍然很高，在室外晴空下为 $15mW/cm^3$ [298]）、低电压输出以及应用领域光照不足可能是其面临的主要挑战。现已制造出的 MEMS 太阳能电池，其阵列可产生数十伏的微安级电流。人们制造了一个 8mm 行走机器人，它使用微型的 32 个太阳能电池为静电腿系统提供动力[299]。这些电池在 $3.6×1.8×200μm^3$ 的封装中提供了约 100μW 的功率，质量为 2.3mg。然而，将太阳能电池和相关电子设备小型化，以用于亚微米级微型机器人可能会很困难。

9.4.2 机器人运行介质中的燃料或 ATP

如果液体介质中含有可用于驱动微型机器人的燃料，那么微型机器人就可以利用这些液体介质作为化学能源。稀释过氧化氢（H_2O_2）、稀释肼（N_2H_4）、稀释 I_2 或 Br_2 溶液、葡萄糖和酶，如脲酶和过氧化氢酶，都可以用作燃料来驱动具有适当表面材料的微型游动机器人。然而，在天然生物液体中只有几种燃料（葡萄糖和酶）存在。除了液体介质中的燃料外，介质中还可能存在 ATP，如生物液体中的 ATP，可用作驱动微型肌肉机器人和其他微型细胞驱动机器人的能量来源。

9.4.3 以酸性介质为动力的微型电池

通过在机器人表面集成土豆（柠檬）微型电池，可以得到微型机器人运行的液体介质中的pH值。例如，土豆电池是将Zn（锌）和Cu（铜）电极以一定距离插入土豆内部的电化学电池。土豆内的酸性介质充当锌和铜离子之间的电池缓冲器。如果锌离子和铜离子在土豆内接触，它们仍会发生反应，但只会产生热量。由于土豆将它们隔开，电子传递必须在电子载荷元件上进行。这样一个简单的概念可用于胃和泌尿道等酸性介质中的微型医疗机器人应用，以及酸性废物中的微型环境机器人应用，通过在微型机器人表面集成的锌和铜的微电极，为机器人提供电能。例如，6cm×3cm大小的尿液激活的纸电池可在尿液中输出约1.5mW的平均功率[300]。将铜膜、掺有氯化铜的滤纸和镁膜叠在一起，并通过120℃的加热辊将其层压在两层透明的层压膜之间，滤纸上有两条缝隙，使尿液与滤纸接触，并排出电池中的空气。

9.4.4 机械振动收集

能量收集可以利用环境中的自然机械振动来发电。这尤其适用于高振动区域，如人类经常接触的机械或物体。许多此类振动源的主要频率在60～200Hz之间，振幅在0.1～10m/s²之间[301]。设备利用自由检测质量来收集这些振动。这种功率可通过压电元件[302-303]、磁致伸缩元件[304]、静电元件[305]或磁性元件[306]收集。共振系统从振幅为A_o的振荡中获得的电能为[307]

$$P_e = \frac{m\zeta_e A_o^2}{4\omega_o(\zeta_e+\zeta_m)^2}, \tag{9.4}$$

式中，ζ_e是电阻尼比，ζ_m是振荡器的机械阻尼比，ω_o是振荡频率。由此可见，功率与振子质量、振幅的平方成正比，与频率成反比。目前厘米级的商用压电振动采集器工作频率为75～175Hz，可提供1～30mW的电功率。它们可以提供约116μW/cm³的功率密度[307]。这种收集器需要缩小到亚毫米尺度，才能为微型机器人提供几微瓦或更小微瓦的功率。

9.4.5 温度梯度收集

热电发电机可从热梯度中获取电能[308]。利用温差产生电势（反之亦然）的现象被称为热电。在人体表面或人体内部、室外、计算机上等处，都可以收集到明显的温度梯度。固态热电发电机可提供约40μW/cm³的功率密度。然而，这些技术可能存在能量转换效率低和难以微型化的问题。

9.4.6 其他收集方式

微型机器人可以收集环境中的气流或液流[309]进行被动运动。例如，类似气溶胶的中性浮力微型机器人可以漂浮在空气中，利用空气流动监测周围环境。此外，在血液中，微型机器人可以借助血流进行导航，并主动触发一种机制，进而移动到各静脉分支区域的特定静脉中。此外，微型机器人还可以通过适当的装置收集气流或液流来产生电能，比如厘米级微型风力涡轮机利用风流收集电能[310]、压电发电机从不稳定的湍流中收集能量[311]。

能量可以从人体运动中收集。例如，在人类行走过程中，鞋跟撞击地面和鞋底弯曲都会耗散能量。通过分别在鞋底的前部和后部区域放置厘米级聚合物 PVDF（聚片二氟乙烯）和陶瓷 PZT（锆钛酸铅系压电陶瓷）柔性单晶片压电束，可收集寄生能量，在一定时间间隔内为 RFID 标签供电。PVDF 光束平均收集 1.1mW 的功率，转换效率为 0.5%。鞋跟撞击压力产生的寄生功率平均为 1.8~5mW，转换效率为 1.5%~5%，这是因为撞击压力较高，而 PZT 材料的物理性质比 PVDF 更适合能量收集。然而，由于弯曲应力大，鞋底前部区域需要使用 PVDF，而 PZT 在这种应力下很容易破裂。

地球磁场、环境无线电波[312] 以及许多其他环境物理效应和化学物质也可以作为微型机器人的能量来源。

9.5 习题

1. 计算下列微型机器人在斯托克斯流态下所需的功率：
   a. 一个微型机器人施加约 10μN 的力，以 1mm/s 的速度在给定环境中移动。
   b. 一个半径为 20μm 的球形微型机器人以 50μm/s 的速度在水中游动。如果游动机器人所需的速度增加一倍，那么驱动它所需的功率是多少？
   c. 边长为 50μm 的立方体微型机器人以 100μm/s 的速度在水中游动。
2. 要尽量减少微型机器人在液体中游动所需的动力，机器人机体的哪种形状和尺寸最好？
3. 请列出下列微型机器人连续运行时所有可能的机载电源：
   a. 受昆虫启发可在户外飞行的毫米级机器人。
   b. 吞入胃中的内窥镜胶囊型毫米级机器人。
   c. 跳跃式或蹦跳式毫米级/微型机器人。
   d. 在酸性介质中游动的微型机器人。
4. 为在距离射频功率发射器（2.4GHz）1m 远的毫米级机器人上接收 10mW 的功率，需要发射多大的功率？这样的功率是否符合 FDA 的规定？
5. 半径为 200μm 的球形硅微型机器人在表面上爬行时，若要从表面机械振动中获取电能，假设可以直接控制表面振动，那么能使获取能量最大化的关键表面机械振动参数是什么？对于频率在 60~200Hz 之间、振幅在 1~10m/s^2 之间的典型环境振动源，这种机器人的典型传输功率值范围是什么？

CHAPTER 10
第 10 章

微型机器人的运动

移动微型机器人与生物细胞和生物体类似，需要利用自身的驱动器和可能的运动机制，在特定的环境中从一个地方运动（运输）到另一个地方。它们可以有多种不同的运动模式[313]，例如：

- 表面运动（爬行、滚动、滑动、行走、跑动、双足跳跃、单足跳跃、钻洞和攀爬）；
- 游动（鞭毛推进、拉动、化学推进、身体/尾巴波动、喷气推射和漂浮/浮力）；
- 在空气-液体界面的运动（行走、跳跃、攀爬、滑动、航行、漂浮和跑动）；
- 飞行（悬浮的近表面运动、浮动、扑翼和旋翼）。

未来的微型机器人还将同时拥有多种运动模式，如跳跃滑翔[314]、游动、爬行、跳跃和滚动等，类似于小尺度下的生物系统，在具有多种复杂地形（表面水层、环境中的障碍物、坚硬的地面、涂有黏液的柔软表面等）的非结构化环境中作业[315]。

了解微米尺度下每种运动模式的物理特性，以便针对特定应用和环境要求对其进行优化，这一点至关重要。微型机器人运动的主要优化目标如下：

1. 最大限度地提高运动精度、速度、自由度和可操纵性。

2. 最大限度降低机器人速度和能量损失（拖曳、摩擦、阻尼等），将能耗（运输成本）降到最低。

3. 最大限度地提高稳定性，从而避免机器人在使用过程中被卡住甚至失去控制地飞行。

4. 最大限度地减少磨损、失效、静摩擦力和燃料消耗，从而最大限度地提高耐用性。

5. 最大限度地降低机器人对参数变化和环境的敏感性，从而最大限度地增强机器人的鲁棒性。

在对这些目标进行优化的同时，也存在着诸多的约束和权衡。约束可以是有限的驱动运动精度、速度、能量效率、寿命、力和转矩的值及范围，以及操作环境中的任何物理和几何约束。作为权衡（折中），机器人更高的速度和更方便的操纵性意味着更低的运动精度、能量效率、续航能力和稳定性。就好比不可能存在同时有着高速度和极低功耗的微型机器人。

现在将在给定的物理条件、可能的驱动方法、功耗和挑战下研究每种运动模式。此外我们还将给出每种运动模式的生物对应物。

10.1 固体表面运动

微型机器人可以在微流体设备基板的表面、生物组织或地面上以多种不同的运动模式移动。为了研究具有周期性运动行为的表面运动系统，我们首先要定义一些重要的运动参数。步幅是一个完整的运动周期，例如，从在表面上放置一个接触点（例如，脚）到在同一接触点的下一次放置。步长（λ_s）是指在一个步幅内所走的距离。步频是单位时间内迈出的步幅数。机械运输成本（T）定义为将一个单位质量的机器人（或生物有机体）移动一个单位距离所需的功：

$$T = \frac{W_s}{m\lambda_s}, \tag{10.1}$$

式中，m 为生物体的质量，W_s 为一个步幅所做的功。

在 2.1 节中讨论的弗劳德数（Fr）是表面运动的一个重要的无关于尺度（无量纲）的参数，其定义为

$$Fr = \frac{v^2}{g\lambda_s}, \tag{10.2}$$

式中，v 为运动速度，g 为重力加速度。

微米尺度上最常见的表面运动模式是在空气或液体中的表面爬行，在表面上爬行有许多不同的方式。

10.1.1 基于拉力或推力的表面运动

作为第一种也是最简单的表面运动，微型机器人可以在空气或液体中被外部驱动力 F_p 横向拉动（或推动），在稳定状态下以恒定速度 v 滑动。启动这种滑动的物理条件为

$$F_p > f_s, \tag{10.3}$$

式中，f_s 为机器人与表面之间的静态滑动摩擦力，其建模为式（3.72）。当运动开始后，如果 F_p 与运动的滑动摩擦力 f_k 相平衡（即 $F_p = f_k$），则机器人在稳态时将达到一个恒定的速度 v。如果 $F_p > f_k$，则机器人将以 $a = (F_p - f_k)/m$ 加速，这是精确、平稳的运动控制所不希望的。在每个步幅中，如果机器人移动，达到恒定速度并停止，总功将包括摩擦功（为克服表面摩擦做的功）、惯性功（提供加速动能所需的功）和黏性阻力功（为克服机器人身体阻力做的功）。如下：

$$W_s = W_{\text{friction}} + W_{\text{inertia}} + W_{\text{drag}} = f_k \lambda_s + 2\frac{1}{2}mv^2 + bv\lambda_s, \tag{10.4}$$

式中，b 是低雷诺数下的黏性阻力系数（例如，对于球形机器人身体，$b = 6\pi\mu R$），其大小取决于流体的性质和物体的尺寸。总运输成本为：

$$T = T_{\text{friction}} + T_{\text{inertial}} + T_{\text{drag}} = \frac{f_k}{m} + \frac{v^2}{\lambda_s} + \frac{bv}{m}. \tag{10.5}$$

若滑动摩擦以载荷项为主，则附着项相对可忽略不计，有 $f_k \approx \mu_k mg$，其中 μ_k 为动摩擦系数，且

$$T \approx \mu_k g + \frac{v^2}{\lambda_s} + \frac{bv}{m}. \tag{10.6}$$

因此，这种运动方式的功耗（运输成本）取决于 μ_k、v、m 和 λ_s。当机器人速度较高时，$T \approx v^2/\lambda_s$。从而，具有较高速度的微型机器人在运动时消耗的功率将呈二次方增加，而较小的步长也会增加功耗。相反，如果机器人速度较慢，$T \approx \mu_k g + bv/m$，其中 μ_k 和 b 将决定功耗。因此，必须通过优化设计机器人身体形状和尺寸，将 b 降到最低。

利用该方法可以通过磁场梯度在表面上拉动磁性微型机器人。正如我们所看到的那样，这种方法在高速运行时的功耗很高，并且在快速运动的启动和停止时会导致难以控制，这使得它们不太精确和稳定。因此它是一种不常见的表面运动方式。

10.1.2　受生物启发的双锚爬行

受生物蠕虫启发的双锚爬行也可以用于在固体表面上的移动。当处在机器人身体的表面接触区域时，可以横向驱动机器人身体，使它以对称波形周期性地伸展和收缩，存在一个定向摩擦表面（如倾斜的刚毛）使机器人在前进方向上比在后退方向上更容易且有效地滑动。这样，机器人在经过一个周期的伸展和收缩后就会向前推进。

双锚爬行的物理条件为

$$\mu_b > \mu_f, \tag{10.7}$$

假设基于附着力的滑动摩擦项可以忽略不计，式中 μ_f 和 μ_b 分别为定向摩擦表面的前进和后退的静摩擦系数。在这种运动模式中，假设没有其他的内部或外部损耗，则主要功是在低速下为克服摩擦做的，有

$$W_s = \mu_f m g \lambda_s. \tag{10.8}$$

忽略低速下的惯性功，那么摩擦的运输成本是

$$T_{\text{friction}} \approx \mu_f g. \tag{10.9}$$

因此，这种双锚爬行系统的功耗主要由 μ_f 决定。

在高速运转时，系统所做的惯性功也很重要。为了简化，我们可以把机器人身体看作由三个相等的部分组成[313]。如果要以速度 v 稳定爬行，中间部分需要以速度 v 向前运动，前后部分需要在前一半时间内保持静止并在后一半时间内以速度 $2v$ 向前运动，则有

$$W_s = \frac{1}{2} \frac{2m}{3} (2v)^2 = \frac{4mv^2}{3}, \tag{10.10}$$

令惯性的运输成本为

$$T_{\text{inertia}} = \frac{4v^2}{3\lambda_s}. \tag{10.11}$$

当 $T_{\text{inertia}} = T_{\text{friction}}$ 时，

$$0.75\mu_f = \frac{v^2}{g\lambda_s} = Fr. \tag{10.12}$$

这就意味着运输的总成本 T 是：

$$T \approx T_{\text{friction}}, \quad \text{若 } Fr \ll 0.75\mu_f, \tag{10.13}$$

$$T \approx T_{\text{inertia}}, \quad \text{若 } Fr \gg 0.75\mu_f. \tag{10.14}$$

爬行的惯性运输成本与 v^2 成正比，这就意味着从功耗的角度来看，爬行速度越快越不利。蛆虫（双翅目幼虫）的爬行与这种模式类似，它们没有刚毛，利用钩状物产生定向摩擦。

10.1.3 基于黏滑运动的表面爬行

在微型机器人的表面上集成定向摩擦表面并非易事。因此，转而通过在前进和后退

方向上分别进行缓慢和快速的收缩/伸展循环,在非定向摩擦表面上产生低或高的惯性力。在缓慢的收缩/伸展过程中,由于惯性力(冲击)不足以克服界面上的静摩擦,机器人会黏附在表面上。然而,在快速的收缩/伸展过程中,惯性力会高于静摩擦力,从而导致诱发机器人的滑动。这种基于黏滑运动的爬行微型机器人很容易实现,这是一种常见的微型机器人表面运动方式。然而,对这类非线性动态系统的建模并不简单,下面我们将研究一种基于旋转运动的黏滑运动方法,对一个示例黏滑运动系统的动力学进行数值计算。

10.1.4 滚动

正如我们前文所看到的那样,由于系统所做的摩擦和惯性功,表面爬行方法消耗了大量的功率。为了尽量减少这种功耗,滚动可以作为另一种表面移动方法。例如,一个球形或圆柱体形的微型机器人可以在给定的扭矩下绕其中心旋转,类似于一个轮子,使其具有恒定的旋转速度。连续旋转的机器人为克服微米级的旋转摩擦和空气/液体中的身体阻力而做功,其中旋转摩擦远低于滑动摩擦。因此,滚动是最节能的表面运动方式,不仅在宏观尺度上,在微米尺度上也是如此。但是根据给定的应用,机器人的身体形状和工具定位要求可能不允许滚动运动。利用基于磁场的扭矩,球形或圆柱体形磁性微型机器人在表面上进行滚动,以实现高效、快速的运动[316-317]。

10.1.5 微型机器人表面运动实例

下面,我们将对已实施的微型机器人表面运动方法及其相应的驱动方法进行定义,并对基于旋转运动的黏滑运动方法进行详细的案例研究。

10.1.5.1 基于磁驱动的表面爬行

对磁驱动微型机器人的研究采用了多种不同的方法,其长度跨度很大。这些方法结合了磁梯度拉力、感应扭矩和内部偏转,以实现在2D表面上的平移。虽然磁力可用于移动微型机器人,但与磁力矩相比,磁力相对较弱[81]。因此,许多驱动方法利用强磁力矩在2D中进行爬行。在这些设计中需要应对的一个主要挑战是克服大的表面摩擦和附着。许多设计使用振动运动来周期性地破坏附着力,从而允许以恒定的速度进行可控运动。这些方法实现了全三自由度位置和姿态控制的快速和精确运动。本书将对其中一些方法进行综述。

Mag-Mite系统[32]利用低强度、高频率的磁场来激发共振微型机器人结构,从而实现平稳的爬行运动。在空气环境中可以达到几十毫米每秒的速度,而在液体中速度较低。$300\times300\times70\mu m^3$的微型机器人由两个磁性质量块组成,它们可以自由地相对振动,并通过一个曲折的微加工弹簧连接起来。由于微型机器人尺寸较小,这种振荡的共振频率为几千赫兹。Mag-Mite 通过施加一个小的直流电场进行转向，该电场使整个微型机器人在平面内定向。通过使用结构化电极表面，增加非对称夹紧力来增加定向运动幅度，从而增加运动可靠性。一种增强生物相容性的版本是使用具有铁磁性的聚合物弹簧，其制造工艺更简单，但性能相似[318]。

薄型微型机器人可以通过某些材料的磁致伸缩反应来驱动。磁致伸缩是磁场诱导应力的内部实现，类似于电场诱导产生的压电效应。使用磁致伸缩材料作为高应变材料，在 580μm 的微型机器人中产生了几微米的稳态偏转。在 6kHz 脉冲磁场驱动下，实现了稳定的步行运动，在 2010 年的 NIST 移动微型机器人竞赛中达到了 75mm/s 的速度[37]。该方法通过利用可控梯度场也实现了有限 2D 路径跟踪。

目前通过基于磁力矩的方法已经实现了一个称为 Mag-μBot 的系统，它允许一个简单的磁性微型机器人利用黏滑驱动进行平移[13,319]（图 10.1）。由于机器人可以从小磁场中产生相对较强的磁力矩，该方法对于环境干扰（例如碎片表面粗糙度或几十至几百微米尺度下的流体流动）具有较强的鲁棒性。由于这种方法已经在空气、液体和真空环境中得到了证明，因此在各种微型机器人应用中具有一定吸引力。其中一个主要的优点是脉冲步进运动所产生的小步长是已知的。通过调节每一步的脉冲频率和扫描角度，可以将步长减小到几微米。除此之外，尽管微型机器人精度控制能力较低，但可以使用大步长结合磁场梯度以几百毫米每秒的速度驱动它。这种方法在文献［33］中也得到了应用，其中长度尺度更小，为几十微米。使用磁力矩的更简单的一种方法是滚动磁性微型机器人[34]。

图 10.1 在 2D 平面装配任务中，500μm 星型 Mag-μBot 将塑料销钉推入缺口的实例的俯视图。活动区域宽度为 4mm

基于旋转运动的黏滑表面爬行运动研究案例：作为一个案例研究，我们现在使用文献［13］中展示的黏滑动力学来研究微型机器人爬行运动的动力学。在有高表面附着力的情况下，这种运动方式会产生一致和可控的运动，这往往会限制微型机器人的运动。可以使用高强度磁拉力来移动微型机器人,但在这种情况下,微型机器人会经历高加速度的不良情况从而导致不可预测的行为。为了实现可靠的运动,可以通过使用时变磁场在微型机器人中诱导摇摆运动,这样就可以仅使用磁力矩在表面上实现可控的黏滑运动,而不需要磁力。在该方法中,微型机器人来回摆动,它的角度通过锯齿波形图来描述。结果是当场角快速减小时发生小的滑移,而当场角缓慢增大时出现黏滞阶段,这一个周期称为一步。要详细研究微型机器人的运动就必须对其动力学进行充分的研究。由于微型机器人在与表面接触和不与表面接触时,这些动力学都是用分段函数来描述的,因此采用计算机数值模拟来求解该运动。

为了模拟文献 [13] 中磁性微型机器人的动力学,只对其在 x-z 平面内的运动进行建模,如图 10.2 所示。该机器人的质心(COM)在 $\vec{X}$ 方向上,从地面顺时针测得的方向角是 θ,从质心到角的距离是 r,由几何形状确定的角度 $\varphi = \tan^{-1}(H/L)$。机器人在运动过程中受到多种力的作用,包括自重 mg、表面法向力 N、表面附着力 F_{adh}、在 x 方向施加的外磁场力 F_x、在 z 方向施加的外磁场力 F_z、x 方向的线性阻尼力 L_x、z 方向的线性阻尼力 L_z、外加磁力矩 T_y、旋转阻尼力矩 D_y 以及库仑滑动摩擦力 F_f。F_f 取决于 N、滑动摩擦系数 μ 和接触点的速度 $\dfrac{\mathrm{d}p_x}{\mathrm{d}t}$,其中 (P_x, P_z) 是微型机器人(名义上与表面接触)上最下方的点。利用这些力,我们得到动力学关系:

$$m\ddot{x} = F_x - F_f - L_x \tag{10.15}$$

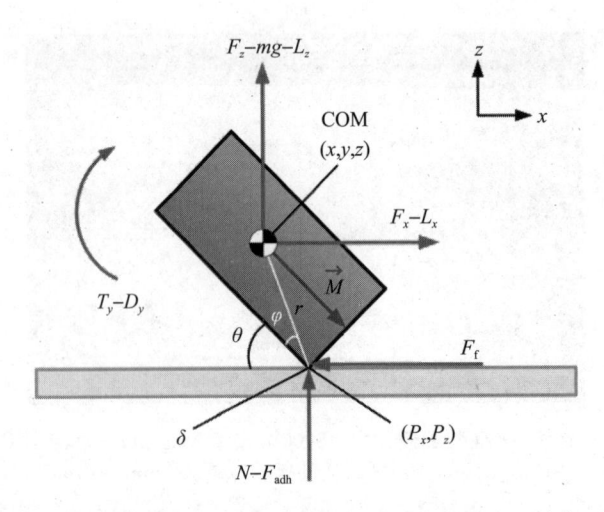

图 10.2 具有施加的外力和扭矩的矩形磁性微型机器人示意图。这里的典型尺寸是边长为几百微米,微型机器人由钕铁硼磁粉和聚氨酯粘合剂混合制成。磁化强度矢量用 $\vec{M}$ 表示。外力包括磁力 F 和扭矩 T、流体阻尼力 L 和扭矩 D、摩擦力 F_f、附着力 F_{adh}、重量 mg 和法向力 N

$$m\ddot{z} = F_z - mg + N - F_{adh} - L_z \qquad (10.16)$$

$$J\ddot{\theta} = T_y + F_f \cdot r \cdot \sin(\theta+\phi) -$$
$$(N - F_{adh})r \cdot \cos(\theta+\phi) - D_y, \qquad (10.17)$$

式中，J 是机器人的极转动惯量，计算为 $J = m(H^2 + L^2)/12$。

在模拟中，首先假设机器人被固定在 (P_x, P_y) 处的表面上，其中 $0 < \theta < \dfrac{\pi}{2}$。给出下面的附加方程：

$$x = P_x - r \cdot \cos(\theta+\phi)$$
$$\ddot{x} = \ddot{P}_x + r\ddot{\theta}\sin(\theta+\phi) - r\dot{\theta}^2\cos(\theta+\phi) \qquad (10.18)$$
$$z = P_z + r \cdot \sin(\theta+\phi)$$
$$\ddot{z} = \ddot{P}_z + r\ddot{\theta}\cos(\theta+\phi) - r\dot{\theta}^2\sin(\theta+\phi). \qquad (10.19)$$

求解式（10.15）～式（10.19），我们了解到有 7 个未知量（N、$\ddot{\theta}$、$\ddot{x}$、$\ddot{z}$、$\ddot{P}_x$、$\ddot{P}_z$、F_f）和 5 个方程，这表明这是一个未充分定义的系统。由于该系统中的黏滑运动与 Painlevé 悖论所概述的情况类似，我们将摩擦力 F_f 作为未知值（而不是假设 $F_f = \mu N$）来解决该悖论[320]。利用固定假设，我们可以设定 $\ddot{P}_x = \ddot{P}_z = 0$，那么式（10.15）～式（10.19）可以解析求解。在每个时间步长内，有三种可能的解类型：

情况 1：解得 $N < 0$（一个不可能的情况）。这说明固定假设是错误的，微型机器人与表面发生了断裂接触。对式（10.15）～式（10.19）采用 $N = 0$ 和 $F_f = 0$ 进行求解，$\ddot{P}_x$ 和 $\ddot{P}_z$ 为未知量。

情况 2：解得 $F_f > F_{fmax}$，其中 $F_{fmax} = \mu N$。这也说明固定假设是错误的，接触点是滑动的。因此，机器人除了摇晃之外，还在进行平移。利用 $F_f = F_{fmax}$、$\ddot{P}_z = 0$ 和 $\ddot{P}_x$ 为未知量可以求解式（10.15）～式（10.19）。

情况 3：所有被求解的变量都在物理上合理的范围内。机器人在被固定的位置与表面接触，并在原地摆动。

在每个时间步中，当所有 7 个变量都得到满意的解时，这些加速度解就会被用于求解器中，以确定速度和位置，而这些速度和位置又会被用作下一个时间步的初始条件。

数值求解器：模拟微型机器人的运动，采用五阶龙格-库塔求解器对时变系统进行求解。磁脉冲信号作为电压波形给出，并对磁场进行求解。在给定的初始条件下，磁力和磁力矩方程用来确定磁场力，式（10.15）~式（10.19）用于求解微型机器人的三个位置状态：x、z 和 θ。图 10.3 给出了模拟实例与实验结果的对比。在这里可以看到，模拟结果和实验结果在某些情况下可以匹配，但在其他情况下差异很大，其中唯一变化的是单个材料变化。这凸显了微型机器人运动对难以精确测量的微米尺度摩擦和附着参数的敏感性。还请注意图中相对较大的误差棒，这表明了运动的随机性。

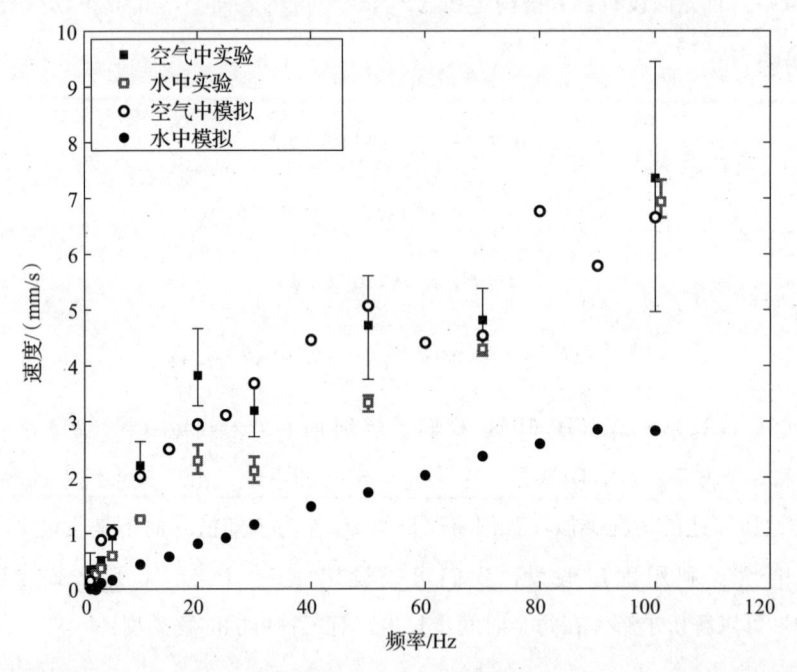

图 10.3 实验和模拟中，在平坦的硅表面上使用黏滑运动的微型机器人速度值的比较实例[13]。Copyright © 2009 by SAGE Publications, Ltd. 经 SAGE 出版社许可再版。给出了微型机器人在空气和水两种不同操作环境下的平均运行速度。误差棒表示实验结果的标准差

从这个案例研究中，我们看到许多不同的力可以在微型机器人运动中发挥重要作用，包括摩擦力、附着力、流体阻力和身体惯性力。在本案例研究中遇到的相对力大小总结在表 10.1 中。与其中一些力相关的强非线性凸显了将解析解、数值解甚至有限元解作为研究和设计微型机器人运动不可或缺的设计工具的必要性。为了研究这种特殊运动方法的缩放，我们通过对图 10.4 中微型机器人尺寸的等距缩放，直接比较了这些物理力。在此处，我们在保持驱动线圈和线圈-工作空间距离不变的情况下，对微型机器人的尺寸进行了缩放，因为这些在实际的微型机器人应用中很可能是固定的。我们看到，磁力和流体阻力扭矩主导了微型机器人的运动，其尺寸可达几十微米。尺寸小于 1mm 的磁力相对较小，这也是利用磁力矩作为微型机器人驱动方法的原因。

表 10.1 磁性微型机器人黏滑行走案例研究中遇到的近似力大小。力矩被视为微型机器人两端的一对等效力。为了进行这些比较，我们假设一个微型机器人在磁化强度为 50kA/m 的一侧的大约 200μm 处，正以几十个体长每秒的速度在水环境中的玻璃上运行，外加的磁场强度为几毫特斯拉。力矩被当作一对等效的力作用在微型机器人的两端

力	近似量级
磁力矩	几微牛
流体阻尼力矩	几微牛
摩擦力	几百纳牛
法向力	几百纳牛
附着力	几百纳牛
重量	几百纳牛
磁力	几十纳牛
流体阻尼力	几纳牛

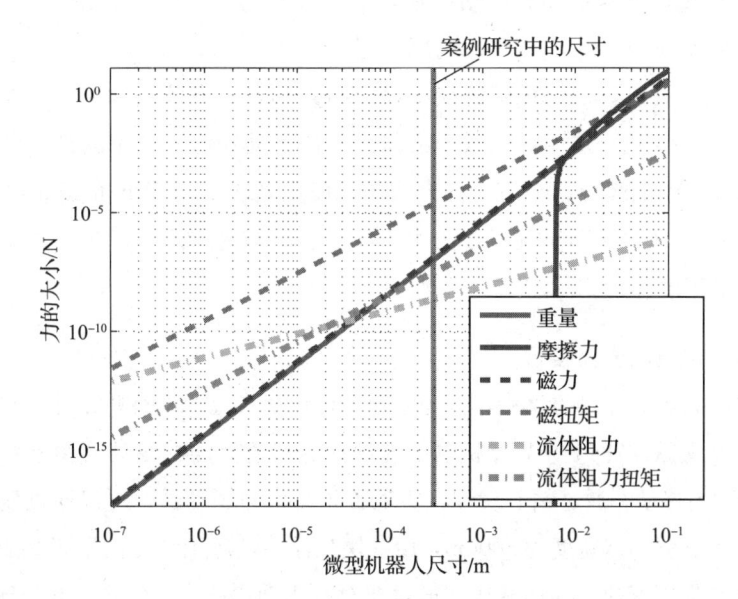

图 10.4 案例研究中的 Mag-μBot 力的缩放。等效力由力矩除以微型机器人的尺寸计算得出。假设流体环境为水，黏度 $\mu = 8.9 \times 10^{-4}$ Pa·s，微型机器人密度为 5500kg/m³。微型机器人的速度为 1mm/s，其旋转速度为以 50Hz 或约 70rad/s 的速度摆动 40°。磁场为 6mT，磁场梯度为 112mT/m，微型机器人的磁化率为 50kA/m。为了计算表面摩擦力，将界面剪切强度取为剪切强度的 1/3，即 $\tau = 20$MPa，依据 3.5 节，接触面积随载荷变化。用于附着力计算的间隙尺寸取为 0.2nm。摩擦系数 μ_f 取为 0.41。计算聚氨酯和硅表面在水中的附着功 W_{132}，结果发现为负值，表明存在排斥。选择这种材料配对就是为了得到这个负值。微型机器人的尺寸约为 7mm，当微型机器人的重量克服这种排斥力时，摩擦力会急剧下降。在非光滑表面的模型中，摩擦力在更小的尺度上将为正值

令人感兴趣的是当尺度在几十微米以下时，热波动的影响越来越大，从而导致了布朗运动。作为对这种力的强度的粗略表示，我们可以用斯托克斯流体阻力方程 [式（3.86）] 来近似等效热力学系数。我们利用平均热能关系式 $\frac{1}{2}m\bar{v}^2 = \frac{3}{2}k_BT$ 求解出速度，其中 m 是质

量，$\bar{v}$ 是平均速度，$k_B = 1.38 \times 10^{-23}$ J/K 是玻尔兹曼常数，T 是开尔文温度。根据这一关系我们可以知道作用在微型球上的诱导热波动力。当在 293K 下计算密度为 4500kg/m³ 的 1μm 直径的球体时，我们得到的等效近似力为 1.6×10^{-11} N。然而，在 10μm 处稍大的类似物体承受的等效热力仅为 5.2×10^{-12} N。因此，可以看出这种热波动可能主导几微米或更小的微型机器人的运动。

10.1.5.2 基于轻型驱动器的表面爬行

聚焦光能可通过加热或动量传递远程驱动微型机器人，这些方法通常需要微型机器人在视线范围内。但它们也有一些优点，例如可以利用多个光源同时控制多个机器人。

在文献 [9] 中，用通过聚焦激光产生的热膨胀驱动一个停靠在薄金属双晶腿上的微型机器人。通过施加非对称激励，动态加热和冷却行为产生了数百纳米大小的前进步。这种激励可持续数毫秒，从而产生定向爬行运动，速度可达 150μm/s。由于这种运动依赖于整个结构的热梯度，因此设备的最小尺寸约为 5μm。在此尺寸以下，加热将覆盖整个而不是仅限于一条腿，从而导致微型机器人无法运动。这种基于激光的激励方法仅限于在光滑的 2D 表面上爬行。在另一种方法中，使用光压推动 5μm 的楔形"帆船"穿过平坦的表面[19]。约为 0.6Pa 的驱动压力由于反射光的动量传递而产生，并驱动微型机器人以 10μm/s 的速度爬行。

10.1.5.3 基于电场的表面爬行

在几种微型机器人驱动方案中，电场驱动是排在第二位的，有些设计则将静电力作为直接驱动力。在文献 [284] 中，微机电系统设计的划痕驱动的驱动器用于在空气环境中在 2D 电极表面上移动。通过精心设计，实现了无约束的驱动器，可以通过使用集成的转动臂进行转向[8]。驱动器宽度为 200μm，由一块悬浮于基底稍上方的平板组成。当施加高强度电场时，板向下弯曲，朝向基底。通过非对称驱动模式，可实现步长小于 10nm 的黏滑爬行运动。通过快速施加这些步长，可实现高达 1.5mm/s 的速度。当在基底上施加高电压，使转动臂与表面接触时，这些划痕驱动的微型机器人在空间中具有机动性。在这种可逆状态下，微型机器人绕转动臂的接触点旋转。

静电驱动的一个主要限制因素是必须在工作区内安装电极。通常需要较高的场强这也限制了其在生物或远程环境中的适用性。

10.1.5.4 基于压电驱动的表面爬行

由于小尺度机器人的表面附着力和摩擦力很大，因此消除这种黏滞是一个主要问题。一种解决方案是利用压电材料的高加速度。这些材料在存在电场的情况下会产生应变，通常由几百伏的高压电位驱动。在文献 [40] 中，锆钛酸铅（PZT）压电元件与磁性层集成在一起,形成混合微型机器人。为了驱动微型机器人,在其上下两个电极层之间施加高压脉冲,PZT 中产生的应变导致微型机器人轻微跳动,打破表面附着力,瞬间减少平移摩擦。由磁线圈对提供的高强度磁场梯度,然后用于在期望的方向牵引微型机器人。利用这种方法,可以实现高达近 700mm/s 的高速平移速度,但在如此高速的情况下精确控制微型机器人具有挑战性。由于这种驱动方式的动态速度很快,因此很难对这种驱动方式的行为进行精确建模,并且由于加速度和速度较大,这种方法可能也不太适合精细操作或装配任务。

在机械装置中更复杂地使用压电元件,如在毫米尺度上使用压电元件[54,321],需要机载高压电源,导致将这种技术微型化到微米尺度上是具有挑战性的。

10.2 3D 流体中的游动运动

要在 3D 流体中移动,可以采用多种游动运动方式:鞭毛推进、拉动、化学推动、身体/尾巴起伏、喷射推进和漂浮/浮力。在任何情况下,机器人和生物体要向前游动,就必须向后驱动水流。在低雷诺数环境中游动需要采用不同于大尺度游动的方法。自 1951 年首次发表对这种游动的流体力学的深入研究以来[322],为了解这些推进方式进行了许多流体动力学研究,详见文献 [323]。在微米尺度上展示的游动方式主要受到生物方法的启发,例如:受细菌和鞭毛启发的螺旋推进或受精子启发的身体起伏。这些方法的概念如图 10.5 所示。

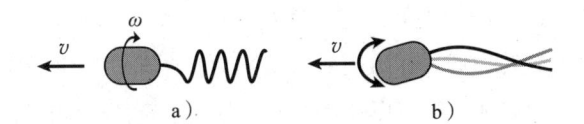

图 10.5 微米尺度游动方法。a)受大肠杆菌游动鞭毛启发的刚性螺旋的旋转。
b)受精子启发通过弹性尾或体的行波

在游动过程中,机器人需要在液体中以 3D 方式前进。给定游动装置产生的推进力 F_p 与机器人身体上的黏性(斯托克斯)阻力相平衡,即

$$T = T_{\text{drag}} = \frac{bv}{m} \tag{10.20}$$

适用于微米尺度的任何游动运动系统。此外,游动推进的功耗为

$$P = bv^2. \tag{10.21}$$

要使 T 和 P 最小,就必须在给定的雷诺数条件下,通过优化设计机器人身体的形状和

尺寸使 b 最小,并且 v 不能过大。此外,为了最大限度地降低功耗,可将机器人身体设计为具有中性浮力,或者利用抗磁性的力使机器人被动悬浮,这样就不需要使用主动推进来使微型游动机器人在垂直方向移动。

10.2.1 基于拉力的游动

在 3D 中运动,磁场梯度可用于直接对微型机器人施加足以使其悬浮的力。由于微米尺度组件可能具有高加速度,因此通常需要高阻尼来保持对这种方法的控制。毫米尺度的大型机器人系统已经利用高速反馈控制实现了空气中的可控悬浮[324],但微米尺度的系统一直局限于在液体环境中运行。在 3D 悬浮中操纵刚体磁性微型机器人需要高水平的控制。这是通过在工作区周围布置一组电磁线圈来实现的,这可以同时控制磁场和磁场梯度方向。在 Meeker 等人[1]研究成果的基础上,一个能够操纵微型机器人的系统使用了 8 个独立控制的电磁线圈,被称为 OctoMag 系统[16]。这种系统可以实现在液体中悬浮的简单磁性微型机器人的五自由度控制。第 6 个自由度(即围绕磁化矢量的旋转)是无法控制的,除非能够创造性地考虑利用复杂软磁形状中的磁各向异性[325]。在 OctoMag 系统中,可在高黏度硅油中几厘米的工作区内对软磁或永磁微型机器人进行精确的 3D 位置和二自由度方向控制。

10.2.2 基于鞭毛或起伏的生物启发的游动

在基于螺旋形鞭毛的游动中,旋转运动激活了刚性螺旋体,推进其穿过黏性液体。螺旋形游动装置的流体力学已被深入研究,读者可参阅文献 [326-327] 的全文。简而言之,利用磁头或磁尾和均匀旋转磁场,在螺旋形微型机器人中产生扭矩。这种微型游动机器人的尾部通常制造得很坚硬,既可以使用应力工程卷曲薄膜[11]和缠绕金属丝[328],也可以通过倾斜沉积[12]或微型立体光刻[163]来成形。

在已知旋转速率 ω、外加驱动扭矩 τ、外加驱动力 f 和前进速度 v 的情况下,刚体上的游动力和力矩确定为[150,329]

$$\begin{bmatrix} f \\ \tau \end{bmatrix} = \begin{bmatrix} a & b \\ b & c \end{bmatrix} \begin{bmatrix} v \\ \omega \end{bmatrix}, \tag{10.22}$$

式中,矩阵参数 a、b 和 c 可根据形状几何确定。对于螺旋角为 θ 的螺旋线,这些参数为

$$a = 2\pi nD \left(\frac{\xi_{/\!/} \cos^2\theta + \xi_\perp \sin^2\theta}{\sin\theta} \right), \tag{10.23}$$

$$b = 2\pi nD^2 (\xi_{/\!/} - \xi_\perp) \cos\theta, \tag{10.24}$$

$$c = 2\pi n D^3 \left(\frac{\xi_\perp \cos^2\theta + \xi_\parallel \sin^2\theta}{\sin\theta} \right), \tag{10.25}$$

式中，n 是螺旋圈数，D 是螺旋外圈直径，r 是丝半径。$\xi_\parallel$ 和 $\xi_\perp$ 分别是通过阻力理论计算出的平行和垂直于丝的黏性阻力系数，分别为[330]

$$\xi_\perp = \frac{4\pi\eta}{\ln\left(\frac{0.18\pi D}{r\sin\theta}\right) + 0.5} \tag{10.26}$$

$$\xi_\parallel = \frac{2\pi\eta}{\ln\left(\frac{0.18\pi D}{r\sin\theta}\right)}. \tag{10.27}$$

在磁性旋转游动中，典型的微型游动机器人有独立的刚性螺旋鞭毛。另外一种选择是使用直、有弹性的柔性多鞭毛，通过磁体旋转来推动微型游动机器人[331]。这种柔性直鞭毛会在身体旋转过程中弯成曲线状。其弯曲度可由身体旋转速度控制。多鞭毛可增加总推进力和速度，因此它们需要更大的磁力矩来驱动。

另一种游动方法是行波推进法，该方法利用由一端固定的摆动头带动的弹性尾部或身体，如图 10.5b 所示。这种摆动以行波的形式沿丝状体向下传播，波幅一般向末端增大。分析这种运动需要解决弹力与流体动力的耦合相互作用，因此相当复杂。对于具有脉冲或摆动输入的小变形，已经找到了近似解[332]，并使用了数值模拟[333]，但还没有完整的解析解法。

这种驱动类型已在小尺度上通过磁场驱动得到了证实[334]。在文献 [5] 中，一个附着在红细胞上的 24μm 柔性细丝诱导出了粗略的行波。由于在这种情况下细丝是对称的，因此红血球的存在打破了对称性，使细丝得以运动。研究还表明，打破这种游丝对称性的其他方法也很有效，例如形成局部丝状缺陷[335]。

在基于可变形微型机器人的身体起伏的推进方面，一个毫米尺度的游动机器人利用连续旋转的外部磁场在机器人的弹性和磁性片体上产生行波，从而在液体中或流体与水的界面上有效地推进机器人[25]。

文献 [336] 对磁动力游动机器人进行了详细比较，发现在给定驱动扭矩的情况下，螺旋微型系统和行波微型系统在游动速度方面表现出相似的性能，而且随着微型机器人尺寸的减小，这两种游动方法都要优于磁梯度拉动。

10.2.3 基于化学推进的游动

如第 7 章所述，化学反应可用于微型机器人在液体中的自推进。在文献 [14] 中，微型管被用作在液体中进行 3D 运动的"射流"。推进力来自管内通过与液体介质的催化反应形成的氧气泡流。这些 100μm 长的管由分层的钛-铁-金-铂制成,由于残余应力,管会被动卷起。铂内层可与 H_2O_2 溶液发生反应,在管内形成氧气。由于直径为 5.5μm 的管一端天然地较大,气泡从这一端排出,新的溶液则从窄的一端吸入,为反应提供能量。随着频繁的气泡喷射,可以观察到高达 2mm/s 的速度。通过将磁性铁/钴层集成到组件中,可以利用低强度磁场控制管的方向,从而实现 3D 转向。

化学推进的性质可能导致其难以在任意流体环境中工作。此外,也很难利用这种化学反应进行复杂的反馈运动控制。

10.2.4 基于电化学和电渗推进的游动

流体中的电场可用于为游动的微型机器人提供电渗透推进力。这种方法可与生物体相容,并可与其他驱动方法结合使用。电渗透利用了天然的电扩散层,该层环绕着液体中的任何物体。该层通常有几十纳米厚,包含称为 Zeta 电位的非零电势。在电场中,该层中的离子被拉向电场方向。这种运动会拖动周围的液体,从而对人体产生流体动力压力,其速度取决于 Zeta 电位。使用这种方法移动的微型机器人利用较大的表面积-体积比来增加推进力,并且可以制成任何形状。一个例子使用螺旋形状使表面积最大,如文献 [43] 中的图 1.4b 所示。该游动器由 n 型砷化镓制成,在水中带负电荷。使用 74μm 的螺旋和 240V/mm 的电场幅值,可以达到 1.8mm/s 的最大速度。

对高强度电场的要求可能会限制电化学或电渗驱动技术在生物应用中的使用。

10.3 水面运动

微型机器人和许多小昆虫一样,可以在水面和其他可能的液体表面漂浮、滑动和攀爬。下文将对可能的水面运动方法的静力学和动力学进行说明。

10.3.1 静力学:停留在液体-空气界面上

浮动体静止在液体-空气界面上的静力学原理已广为人知。在宏观尺度上,浮力是将浮动体提升到液体表面的主导力。然而,在微米尺度上,这种比例关系为 L^3 的体积力几乎可以忽略不计,而比例关系为 L^1 的排斥性表面张力可用于产生将微型机器人提升到液体表面的升力。键数(Bo)决定了是浮力还是表面张力(曲率力或毛细力)主导升力产生机制[337],其中

$$Bo = \frac{浮力}{表面张力} = \frac{\varrho g h^2}{\sigma/w}, \qquad (10.28)$$

式中，h 是未扰动表面高度以下的平均深度，w 是与液体接触的机器人身体宽度，σ 是表面张力压力，ρ 是液体密度，g 是重力加速度。在微米尺度上，键数 Bo 远小于 1，因此浮力可以忽略不计。

考虑一个密度大于液体密度（即 $\rho_b > \rho$）且质量为 m 的机器人身体漂浮在界面上（图 10.6）。它将使液体表面变形，形成接触角为 θ_c 的液体弯月面。变形液体的横向尺寸由毛细管长度 $l_c = \sqrt{\sigma/\rho g}$ 决定，对于水来说约为 2.6mm。机器人身体重量必须由浮力 F_b 和表面张力 F_{cap} 的某种组合支撑，使得

$$mg = F_b + 2F_{cap}\sin\theta_c. \qquad (10.29)$$

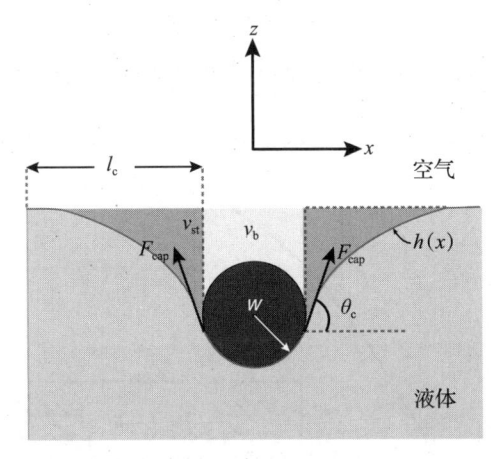

图 10.6 液体接触角为 θ_c 的圆柱形微型机器人身体的侧视图，它停留在处于平衡状态的液体-空气界面上。V_b 是浮力作用下的水下体积，V_{st} 是表面张力 F_{cap} 作用下的水下体积

浮力是通过对与液体接触的机器人身体表面 S 上的静水压力 $p = \rho g z$ 进行积分推导出来的，因此等于位于机器人身体上方和接触线内的液体的重量 V_b，如图 10.6 所示。通过对相同面积上的曲率力进行积分，可以推导出表面张力。表面张力恰好等于液体流出接触线外的重量。因此，浮力和曲率力分别等于在接触线内和接触线外被弯月面挤压的液体的重量。它们的相对大小是特征体尺寸 w 与毛细管长度 l_c 的比值。对于相对小于毛细管长度（即键数 $Bo \ll 1$）的薄的微型机器人身体，其重量如大多数水上行走的昆虫一样几乎完全由表面张力支撑。对于大尺度的大型机器人身体，其垂直力主要由浮力产生。

假定微型机器人身体为圆柱形，由于表面张力，需要求解杨-拉普拉斯方程（$\Delta p = \gamma/r_k$），以计算液体的精确曲率 $h(x)$[54,338]：

$$\rho g h(x) = \frac{\gamma \ddot{h}(x)}{(1+\dot{h}(x)^2)^{3/2}}, \qquad (10.30)$$

式中,γ 是液体表面张力（水为 0.072N/m）,ρ 是液体密度,$\dot{h}(x)=\mathrm{d}h(x)/\mathrm{d}x$ 和 $\ddot{h}(x)=\mathrm{d}^2h(x)/\mathrm{d}x^2$。对于给定的边界条件 $h(x)$ 可以求解的情况,可用其计算出液面下的体积 V_{st} 和由于表面张力产生的升力。

机器人身体突破液体-空气界面下沉前的最大升力主要取决于机器人身体材料的机器人身体接触角 θ_c 和微米尺度上的表面结构。图 10.7 显示了通过在不同 θ_c 数值下求解公式 (10.31),估算出的长度为 20mm、半径为 165μm 的圆柱形机器人身体的升力。从这一非线性行为,我们可以看出身体最好是疏水的（即 $\theta_c > 90°$）,以获得最大升力。具有超疏水性（即 $\theta_c > 150°$）只能略微提高最大升力。由此可知,在机身上涂上超疏水涂层并不重要。水黾昆虫有带蜡涂层的毛茸茸的腿,具有超疏水性。虽然这种毛茸茸的腿并不能显著提高基于表面张力的升力,但它们能捕获空气,从而减少阻力,由于抗冲击能力较强,因此水面破坏问题较少,有助于在水面上以冲击力为基础的跳跃运动。

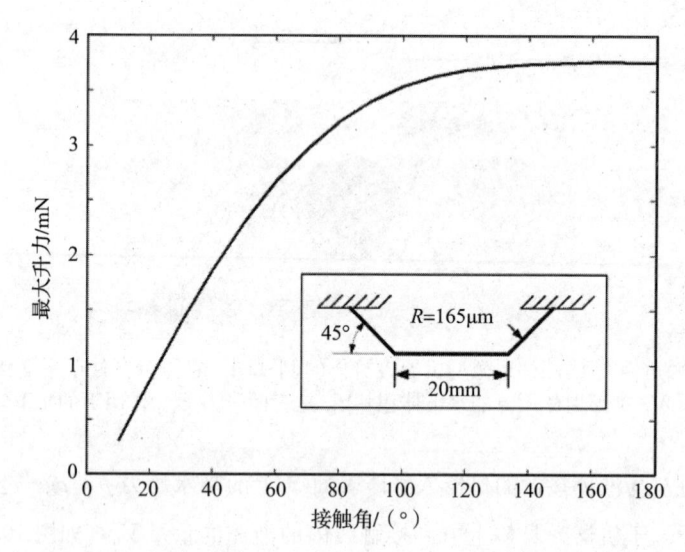

图 10.7 图中显示的是圆柱形机器人身体在不同液体接触角（θ_c）下的最大升力数值估计值,表明机器人身体应具有疏水性,以获得较高的基于表面张力的升力[54]。Copyright © 2007 by IEEE. 经 IEEE 授权转载

10.3.2 液体-空气界面上的动态运动

液体-空气界面上可能存在的动态推进力包括黏性阻力、形状阻力、附加质量力、表面张力和马兰戈尼力[337,339]。在高雷诺数条件下,形变阻力产生于物体两侧的压力差。如果物体不对称地撞击表面,则可能会利用静水压力。附加质量力产生于液体在加速体周围

加速的要求，因此本体的表观质量会相应增加。表面张力可作为一种推进力，机器人身体弯月面的前后不对称（即机器人身体的总表面张力具有有限的横向分量）时可产生推进力。最后，通过释放表面活性剂或热毛细效应产生的马兰戈尼力（即表面张力梯度效应）可以快速有效地推动液体-空气界面上的微型机器人。在低雷诺数条件下，主导推进力是黏性阻力、表面张力和马兰戈尼力。在高速情况下，形状阻力也很重要。

在空气-水界面稳定运动的物体，如果速度超过最小波速 22cm/s，就会产生表面波。波场的典型特征是毛细波在上游传播，重力波在物体下游传播。这些波将能量从机器人身体上辐射出去，因此代表了一种阻力的来源。波阻力（通过波损失的功率与稳定的平移速度之比）是船只和大尺度机器人在空气-水界面上移动时的主导阻力来源。

作为主要基于表面张力的水面运动的一个例子，一些昆虫利用表面张力在水面弯月面上攀爬。湿润型昆虫（如弹尾目）会卷曲身体，从而表面张力将它们拉上水面弯月面处[337]。此外，非湿润型昆虫（如水蝽属）会使用它们特化的足和可伸缩的亲水性爪子在水面弯曲处爬行[337]，这使得它们能够抓住水的自由表面。

昆虫水黾以椭圆形轨迹移动其两侧腿在水面上划行。它们与水面接触时不会破坏水面（正常腿部力小于水面破坏力，约 3.2mN），横向移动，从水面拉出，并重复这样的运动以主要利用形状阻力和表面张力推进。利用这种运动原理，人们提出了许多毫米级的水黾机器人。一个 0.65g 重的有约束的机器人有六条涂有聚四氟乙烯（Teflon）的不锈钢支撑腿和两条由三个不同共振模式的单片压电致动器驱动的驱动腿。两条驱动钢丝腿可驱动机器人前进（速度为 3cm/s）和转向[54]（图 10.8a）。另一个重量为 22g 的无约束机器人使用两个微型直流电动机、带有疏水性同心圆脚的支撑腿，以及机载电池和电子设备，可以利用其两条驱动腿实现椭圆形轨迹。两条驱动腿以约 7cm/s 的速度推进机器人[111]（图 10.8b）。

图 10.8 受昆虫水黾启发而设计的毫米级水上行走移动机器人示例。a) 0.65g 重的有约束的水上行走机器人，配有四只斥水支撑腿和两只驱动腿，驱动腿由三个共振的单晶压电元件驱动。b) 22g 重的水上行走机器人，配有十二只斥水圆形同心腿和由两台微型直流电动机驱动的两只驱动腿

由于机器人与液体接触的表面积和周长大大减少,因此所需的液体-空气界面运动力比完全浸没在液体中游动或表面爬行的微型机器人要小得多。机器人接触最多的是空气,而空气的动态黏度(约为水的 50 倍)和密度都比液体小得多。因此,液体-空气界面运动系统所需的驱动力和功耗最低,许多驱动力较低的微型机器人通常在液体-空气界面上运动。

10.4 飞行

主动飞行是功耗最高的运动模式,因为机器人在向前飞行时,除了在空气中推进自身外,还需要提升身体重量[340]。苍蝇、蜜蜂、飞蛾和蜂鸟在 30~1000Hz 的扑翼频率下拍动和旋转翅膀的空气动力学是不稳定的,建模也很复杂。拍打翼在下拍和上拍过程中产生升力时,前缘涡流会附着在拍打翼上,在翼尖处离开拍打翼,形成涡流环。平移、旋转和附加空气质量升力的近似准静态空气动力学模型通常用于设计此类运动系统[165],但此类模型不包括尾流捕获或机翼拍击和甩动类型的可能的不稳定效应。放大的机器蝇装置与苍蝇具有相同的雷诺数和施特鲁哈尔数,使得能够深入了解许多详细的见解和特征参数,如受苍蝇启发的拍动翅膀的升力和阻力系数[341]。

为了估算拍打翼悬停所需的空气动力,主要的物理条件是

$$mg = 2\rho l^2 \phi v_{\text{ind}}^2 \tag{10.31}$$

式中,m 是身体质量,l 是翅膀长度,ϕ 是以弧度为单位的翅膀扑翼幅度,ρ 是空气密度,v_{ind} 是翅膀拍动和旋转产生的身体周围的诱导空气速度。这种情况意味着,小昆虫或机器人需要向空气提供足够的动力,以平衡其体重。那么诱导功率(向空气提供动能的速度)为

$$P_{\text{ind}} = 2\rho l^2 \phi v_{\text{ind}}^3, \tag{10.32}$$

它可用于计算机翼驱动系统所需的空气动力功率。例如,一只几毫米大小的果蝇(雷诺数:100~250)悬停所需的空气动力功率密度估计约为 15W/kg,能量效率约为 11%。机器苍蝇悬停所需的功率密度与此类似。为了最大限度地减少惯性功耗,许多飞行昆虫使用弹性弹簧驱动翅膀接近拍翼系统的共振频率。在共振频率下,翅膀系统将主要针对空气动力做功。

受苍蝇、蜜蜂和蜂鸟的启发,有人提出了基于主动拍打翅膀的飞行毫米级机器人,这些机器人使用压电单晶[209-211,342-346]、微型直流电动机[347-348]、电磁[349] 和压电薄膜[350] 驱动

器。这些机器人以 10~200Hz 的频率拍打翅膀，并主要通过翼基关节上的扭转弹簧被动旋转翅膀。由于重量和尺寸的限制，目前还无法实现具有机载电源、电子设备和处理功能的无约束昆虫尺度飞行机器人。迄今为止，只有蜂鸟或更大尺度的无约束飞行机器人才有可能实现。

旋转翼飞行的灵感来自于枫树的种子和直升机，是另一种空中运动模式。一个、两个或四个旋转翼可以高速旋转，以提升和驱动身体。四个 60g 重的旋转翼中型直升机[351]和 75g 重的微型四旋翼机器人[352]以及一个 200g 重的旋转翼机器人[353]使用微型直流电动机升空。不过，这种旋翼系统不利于缩小到几毫米或更小的尺寸，拍翼系统则更为合适。

主动或被动悬浮可用于将微型机器人悬浮在离表面一定高度的空中。主动磁悬浮可用于将几毫米级的机器人悬浮在空中[324]，这需要大量的动力和控制工作。相比之下，抗磁悬浮可用于被动悬浮微型机器人[35]。被动悬浮的微型机器人沿表面横向移动的优势在于，它们没有表面摩擦和黏滞问题，因此速度快、能效高、精度高。

10.5 习题

1. 正如我们所讨论的那样，水黾利用排斥性表面张力静态地提升身体重量，并利用侧腿划水运动在水面上推进。

   a. 水黾机器人腿部和脚垫的重要设计参数是什么？

   b. 对于长度为 3cm、直径为 0.2mm、表面涂层与水接触角为 θ_c 的圆柱形金属丝脚设计，使用图 10.7 中的模拟图计算 θ_c 值为 30°和 100°时的提升力值。

   c. 如图 10.8 所示，构建水黾机器人在水面上行走，为什么在重得多的原型机中使用基于同心圆的脚垫设计？要在水面上静态举起一个 80kg 的成年人，需要多少个同心圆脚垫（每个脚垫之间的间距为 1cm）？将这样的提升原理用于人体尺度是否有意义？

   d. 在水面上推进时，水黾的腿是否会打破水面（即溅起水花）？哪一个无量纲数值可以决定是否会发生这种水花飞溅？

2. 另一种小尺度的水面运动系统是用两条腿在水面上奔跑，例如水上蜥蜴（见文献 [339, 354-356]）。

   a. 解释水上蜥蜴在水面上奔跑的物理机制。

   b. 蜥蜴腿、脚的重要设计参数和物理限制因素是什么？

c. 这些蜥蜴会冲破水面吗？计算在给定的蜥蜴重量和大小范围内，决定这种飞溅的适当无量纲数值范围。
d. 蜥蜴在水面上奔跑时如何稳定身体运动[357]？讨论使动物能够在水面上稳定奔跑的重要物理和控制参数。
e. 计算一个体重 50kg 的运动员在合理的鞋码和鞋形条件下在水面上跑步所需的腿部旋转速度和力量。
f. 如果你想设计一个无约束的 100g 重的机器蜥蜴，请讨论你可能选择的腿部运动机制、脚的材料和形状、身体设计、驱动器、传感器和动力源，并给出适当的理由。

CHAPTER 11

第 11 章

微型机器人的定位与控制

11.1 微型机器人的定位

根据操作环境的不同，确定无约束微型机器人在空间中的位置是一个重大挑战。目前几乎所有的微型机器人控制技术都依赖于基于视觉的定位，使用传统的机器视觉自动追踪算法。上述方法需要视线进入微型机器人工作空间，并且可能需要多个视点来实现 3D 定位。然而，对于密闭空间，例如人体内部，须使用替代定位技术。如下所述，尽管一些概念已经被证明可以追踪小到几十微米的物体，但将微型机器人定位到数百微米大小的技术具有重大挑战。微型机器人定位能力的限制推动着微型机器人群的使用，这使得我们可以更容易地以聚集的形式进行追踪。

11.1.1 光学追踪

光学追踪适用于可通过视线进入工作空间的环境。通过对安装在显微镜光学仪器上的一个或多个镜头的观察，可以知晓微型机器人的位置。标准的机器视觉技术（如阈值、背景差分、边缘检测、粒子滤波器和颜色空间技术[358]）可用于实时处理图像，向用户或反馈控制器提供位置和潜在方向的信息。更多细节见 11.2 节。

11.1.2 磁追踪

电磁追踪：使用成对的磁场生成器和传感器可以进行电磁追踪。由于位置决定产生的场的大小和方向，因此可以使用场读数来确定传感器相对于场发射器的位置。这类装置在商业上以有约束的形式提供（Aurora 来自 ND，Flock 来自 Ascension），其工作空间可达数十厘米。由于它们依赖于工作空间上已知的磁场，所以此类设备对存在于附近的磁性材料很敏感[359]。因为传感器可以比场发射器小得多，为了提高灵敏度，这些系统将场传感器放置在工作空间中。在传感器在工作空间之外和场生成器被追踪的情况下，反向设置是可能的[360]，但是对于一个小的场生成器来说，追踪范围很小。由于低信号强度和磁畸变的这些挑战，还没有在无约束微型机器人的尺度上进行这种无线磁追踪的例子。要实现这样的解决方案，可能需要在搭载微型机器人的微米尺度远程场传感器方面取得重大进展，或者增加对微型机器人场的信噪比检测。

磁共振成像追踪：临床磁共振成像设备适合追踪微型机器人的 3D 位置[361]。如果集成了运动功能，磁共振成像设备可以执行时间复用的定位和运动程序，进行近乎同步的（反馈）控制[47,270,272,342]。所创建的磁共振成像的图像还具有可视化整个工作空间结构的优点。对于涉及软组织（如人体内部）的应用，这可能是用于导航和诊断的关键信息。由于磁共振成像设备使用磁场进行成像，强铁磁性微型机器人会扭曲局部图像，导致伪影，阻碍定位[362]。

人们对含有磁性和非磁性成分的微米尺度成分的磁共振成像特征进行了研究。使用一个约 150μm 的立方体微容器，结果表明，容器的几何形状和磁特性可以极大地改变所得图像[361]。然而，通过精密屏蔽，可以获得比物体大小小数倍的定位精度。事实上，已经证明，通过分析磁化率伪影，可以追踪直径小至 15μm 的钢微球，定位远小于磁共振成像机器成像分辨率的磁性微型机器人元件[363]。

因此，磁共振成像机器是研究微型机器人驱动和追踪的有用工具，也是未来微型机器人医疗保健应用的潜在基础设施。然而，磁共振成像机器的高昂成本会让很多人望而却步。

11.1.3 X 射线追踪

X 射线成像已用于医学成像多年，尤其擅长于对与周围环境相比密度相差大的物体进行成像。X 射线成像的工作原理是通过工作空间传输高频电磁波。衰减后的信号经过工作空间后感知生成图像。这种方法非常适合对在人体内部软组织区域运动的微型机器人进行成像。

使用计算机断层扫描（CT），可以根据从不同平面拍摄的一系列 X 射线生成 3D 图像。这种 3D 的 X 射线图像通常具有 1～2mm 的分辨率，而静态 X 射线具有小于 1mm 的改进分辨率[364]。现代技术可以将分辨率提高到几百微米[365]。荧光成像通过 X 射线源，使用先进的探测器实现分辨率高达几百微米的连续成像[366]。因此，使用 X 射线定位微型机器人在某些应用中是可行且有用的。

使用 X 射线成像的一个主要隐患是患者在成像过程中受到的电离辐射量。这会限制其在医疗保健或其他生物应用中的使用。

11.1.4 超声追踪

超声成像是医学应用中 X 射线的低风险替代品。它擅长在软组织中定位，可以为定制的设备提供超过 100 帧/s 甚至更高的帧速率[367]。超声成像的工作原理是传输几兆赫兹的声波并检测回声以形成图像。超声系统是常用的、低成本的，并且可以轻松地提供优于 1mm 的精度[368]。通常，更高频率的操作产生更高的空间分辨率，但组织穿透能力较小。使用超声时的一个主要挑战是，它在存在骨骼或气体的情况下不能很好地工作，并且需要熟练的操作员来操作和解释说明超声图像。

被动超声追踪尚未用于微型机器人的定位，但一个毫米级的设备被远程激发来发射超声，在概念验证中已显示这将得到高分辨率的定位[369]。该超声发射器使用约 4kHz 的高频磁场远程激发，模拟表明如果频率增加到 30kHz，将传感器放置在距离发射器 10cm 的地方可以实现 0.5mm 的成像分辨率。

11.2 控制、视觉、规划和学习

由于磁场驱动的固有的不稳定性[370]，磁性微型机器人系统的反馈控制对于维持微型机器人理想的位置或轨迹是必要的。典型的控制系统如图 11.1 所示。在这里，期望的系统输入 $\vec{p}_{des}$ 往往是位置和方向信息的矢量，其大小取决于系统自由度。控制系统计算一个信号，作为 $\vec{i}$ 发送到线圈或电极系统。线圈或电极动力学会在微型机器人所在位置产生电场或磁场 $\vec{E}$ 或 $\vec{B}$。然后使用带有机器视觉或其他定位方案的显微镜，观察微型机器人的位置和可能的方向，并反馈给系统控制器。

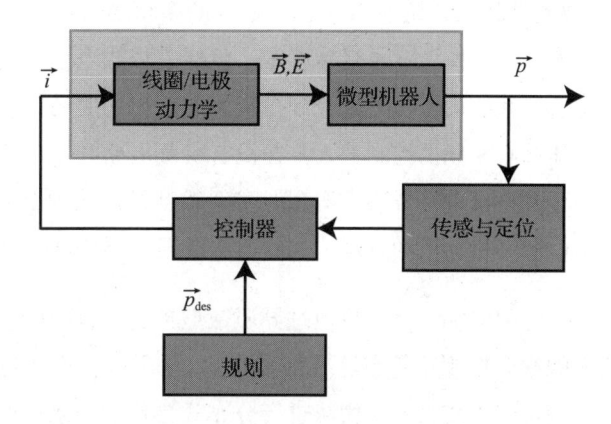

图 11.1 一般微型机器人系统反馈控制的组成部分

机器视觉常用于追踪微型机器人的位置。其任务是在光学噪声和复杂环境的情况下，使用一个或多个实时相机拍摄图像，在 2D 或 3D 空间中定位微型机器人。在一些背景杂波可以控制的情况下，相对简单的阈值处理算法和质心定位算法足以可靠地定位微型机器人。然而，在其他情况下，需要添加背景减除、边缘查找、扩张、粒子滤波算法[58]、色彩空间评估[358]，其他方法也常被使用[371]。关于微型机器人的尺寸、形状和颜色的知识可以极大地帮助这些过程，如基于特征的追踪方法（特征追踪）。在特征追踪中，确定对象中的特征，以便在任何环境中都可以识别它。然后使用尺度不变特征变换（SIFT）在不同的图像放大倍数和旋转角度下对目标进行追踪[372-373]。基于区域的追踪方法也常用于较高帧速率的追踪，即假设被追踪的微型机器人在上一帧定位到的位置的附近。为了进一步帮助微型机器人定位，实验可以在具有高对比度、背景和光照的低杂波环境中进行。

在 3D 空间中操作微型机器人时面临的一个挑战是单个相机只能提供二自由度的位置信息。这个问题可以通过使用两个正交排列的相机来解决[16]，或者通过使用单个相机图像中包含的精细信息来解决。这类线索可以依赖于微型机器人在平面外运动时尺寸和形状的变化，也可以依赖于离焦图像的可预测外观，这取决于平面外的距离[374-375]。这种单个相机 3D 追踪是在通过补偿视角的透镜的光学畸变存在的情况下进行的[376]。

在实践中，图像处理和控制反馈通常在台式计算机系统上以几十赫兹的频率进行。如此低的反馈速率通常受到相机帧速率和图像处理速度的限制。

11.3 多机器人控制

在微型机器人技术中，对多个无约束智能体的控制是一个重要的挑战，概念上如图 11.2 所示。一些微型机器人系统非常适合可编址的多机器人控制，包括那些由聚焦光驱动的系统[9,18,277]。然而，一些常用的驱动方案，包括磁场或电场控制，使用单个全局控制信号远程操作。对这些系统的多机器人控制是困难的，因为驱动信号在工作空间中通常是一致的，所有智能体接收相同的控制输入。在没有机载电路和驱动器来解码选择性控制信号的情况下，必须开发机械选择方法来实现对多个微型机器人的全面控制。在这里，我们回顾了一些用于定位微型机器人的方法，这些方法使用单个全局控制输入进行操作。

研究人员通过使用专门的编址表面或通过异质微型机器人设计的不同动态响应，展示了对多个微型机器人的耦合控制，所有这些都是在 2D 平坦操作面上进行的。虽然其中一些方法显示了许多微型机器人作为一个团队进行分布式操作的前景，但由于微型机器人的进一步发展，特别是在医疗应用中，将需要微型机器人在液体空间中进行 3D 运动，因此在 2D 表面上操作的限制是非常明显的。

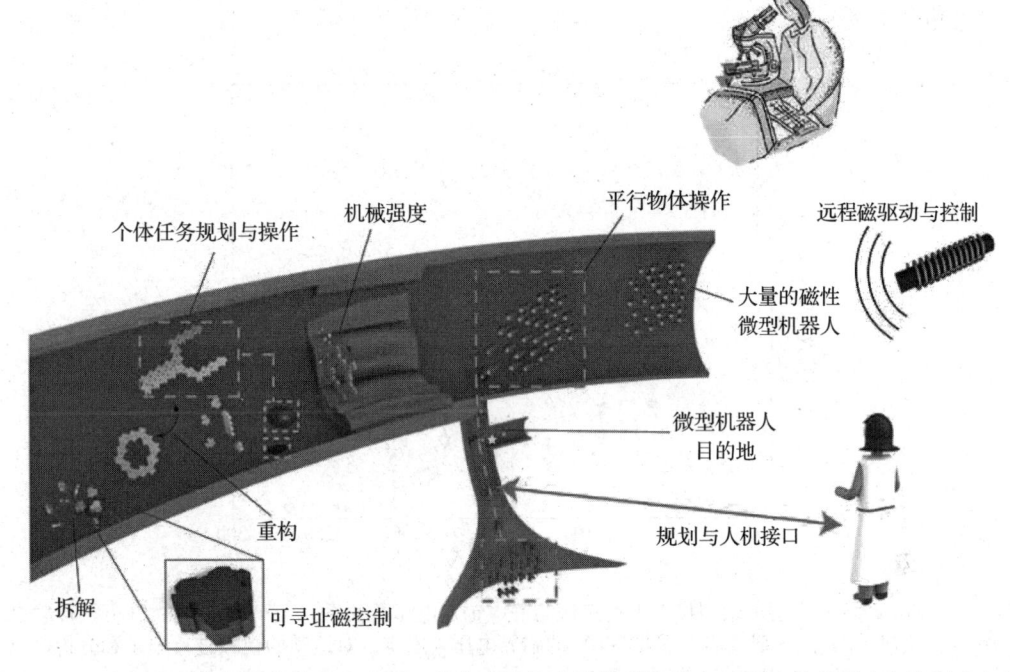

图 11.2 多机器人控制系统的概念草图,其中大量的磁性微型机器人可以远程磁驱动和控制或自推进,以在人体内部或其他操作环境中完成各种任务[55]。Copyright © 2015 by IEEE. 经 IEEE 许可转载。在这里,这样一个微型机器人群可以单独,也可以作为群体或一个整体被编址和控制

2D 平面表面上的多机器人操作已经通过三种方式实现:局部选择性捕获、通过使用异质微型机器人设计和通过选择性磁禁用方法。通过异质微型机器人设计,3D 机器人的运行也得到了验证演示。在这里,我们介绍了这些编址方法,并讨论了它们在使用独立控制的微型机器人团队的潜在分布式微型机器人任务中的效用。

11.3.1 通过局部捕获定位

在局部捕获中,施加空间变化的驱动仅用于延缓单个智能体的运动。这采取了局部静电[56]或磁性[59]捕获的形式,并且能够完全独立(非耦合)地控制多个智能体,其代价是所需的嵌入电极或嵌入磁铁的距离与编址的空间分辨率相当。

通过将表面划分为细胞网格,实现了多个磁性微型机器人的运动,其中表面上的每个细胞包含一个可寻址的静电捕获,能够通过电容耦合将单个微型机器人锚定到表面上。这可以防止它们被外部磁场驱动,如图 11.3 所示。这种方法与分布式操作领域[377]中发现的方法有关,后者使用可编程力场对零件进行并行操作,但在前者中,分布式单元只提供一个延迟力,驱动磁力全局地应用于所有模块。对于多机器人控制,机器人运动的基底上有

一组独立控制的交错电极，以提供选择性静电锚定。为了进行实验，制作了一个具有四个独立静电垫的表面。

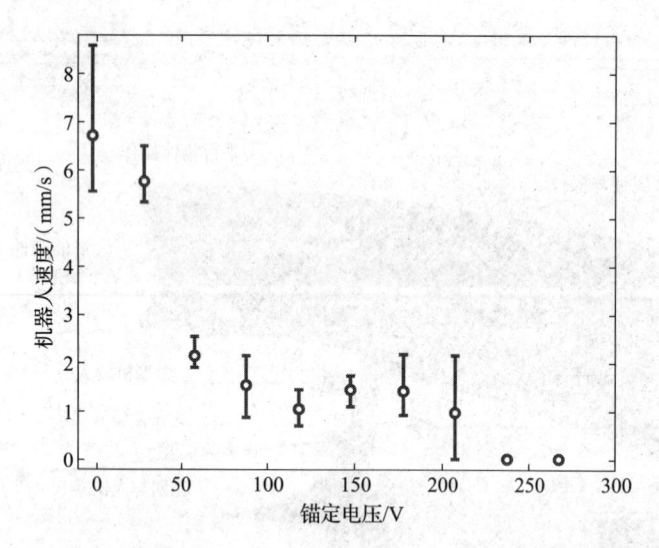

图 11.3 6μm 厚 SU-8 层上微型机器人的速度与静电锚定电压的关系。经 AIP 出版社许可，转载自文献 [56]。微型机器人需要 700V 的临界电压来固定。对运动的视频进行记录和分析，以确定速度。采用 20Hz 的脉冲频率进行平移

这些电极提供的静电夹持力如式（8.17）所示。简而言之，力与施加电压的平方成正比，与电极-微型机器人间隙的平方成反比。在文献 [56] 中，这种捕获力与图案化电极一起用于选择性地捕获磁性微型机器人，这些微型机器人使用 10.1.5 节中的黏滑爬行的方法移动。由于这种爬行运动的动力学涉及复杂的表面相互作用，因此很难预测在静电捕获力存在的情况下降低的爬行速度。图 11.3 为微型机器人速度与静电锚定电压的实验图，从中可以看出，停止机器人运动所需的电压约为 700V。机器人速度不是随着电压的增加而单调降低，而是在 550V 附近达到局部最大值。然而，对于多机器人控制而言，有效锚定使用的临界电压至关重要。

这种选择性静电捕获表面可以作为一种潜在的可扩展的 2D 多机器人控制方法。一些限制包括对高强度电场的要求（这可能与生物样品的操作不相容），以及所有未被捕获的微型机器人平行于外加磁场方向运动。

11.3.2 通过异质机器人设计定位

在异质机器人编址设计中，智能体会对相同的输入信号做出不同的响应。为了实现独立的响应，即为使机器人的运动不是线性相关的，需要某种类型的动态响应。在文献 [38] 中，不同的临界转向电压用来独立转向四个静电驱动的微型机器人，这在 10.1.5 节

中已经介绍过。类似的方法使用具有独特转换率的微型机器人,以进行区分[378]。尽管对所采取的路径的控制有限,但使用恰当的控制算法,可以通过这种方法实现独立定位。旋转臂的使用取决于手臂的刚度和几何形状以及其高于电极基底的高度,旋转臂是使用应力工程微机电系统技术制造的,可以在不同的临界电压下快速接触。通过改变这些参数,特别是手臂的高度和大小,可以产生独一无二的电压。微型机器人的驱动是通过低压步进循环来完成的,而手臂状态的驱动通过施加 140~190V 的周期性变化的短电压 V_{arm} 来完成。断开到接触还表现出迟滞特性,允许通过嵌套快速下降和快速上升电压对每个设计的两个以上的臂进行独立控制。然后,驱动步进电压必须介于快速下降和快速上升电压之间,以便在不改变微型机器人转动状态的情况下进行运动。

在文献[379-380]中,采用动态黏滑运动来实现独立但耦合的速度响应,如图 11.4 所示。这将导致多达 3 个微型机器人在 2D 中任意定位到目标位置,并在几个身体长度的跨度内追踪期望的路径。Vartholomeos 等人[381]使用了类似的方法,该方法依赖于不同尺寸的毫米级胶囊的非线性拖曳。由于依赖惯性拖曳力,这种方法无法缩小到微米尺度,而惯性拖曳力在较小尺度上可以忽略不计。

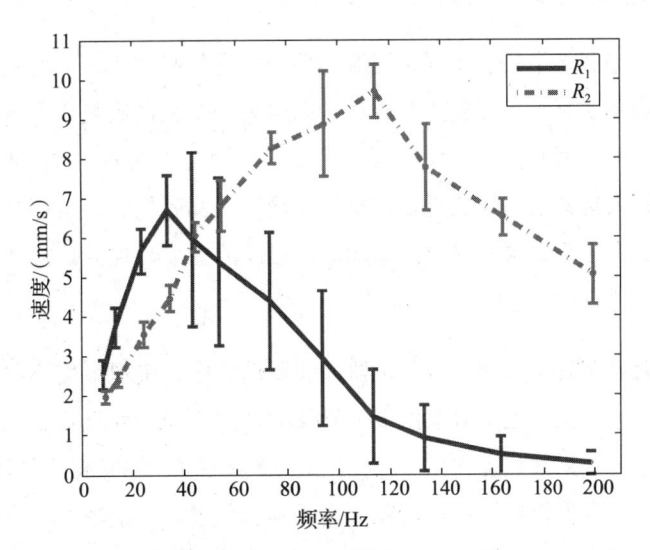

图 11.4 两种纵横比不同但有效磁化强度值相近的 Mag-μBot 的速度响应实验[45,67]。最大场强保持在 1.1mT 处。数据点为平均值,误差棒代表 10 次试验的标准偏差

在文献[32]中,设计了多个具有不同共振频率的多共振磁爬行微型机器人,可以在专门的静电表面上进行独立运动。这些共振微型机器人的频率响应具有相对明显的峰值。通过使用一个相关的静电表面来辅助微型机器人运动,两个 Mag-Mite 微型机器人的这种独立寻址已经被证明。

当在 3D 中移动时，由于不存在 2D 爬行方法中使用的固体表面来推动，可用的驱动技术减少到只有游动和直接拉动。为了独立控制多个微型机器人，不能使用选择性捕获方法，因为它依赖于附近的功能化表面来提供捕获力。因此，利用异质微型机器人设计的独立响应是实现 3D 独立控制的唯一可行方法。这种方法已经在使用磁场梯度拉动的微型磁性机器人中得以实现[382]。在这里，将每个微型机器人设计得可以做出独特的响应，并用不同的磁性和流体曳力特性来旋转磁场，从而完成选择。这允许在每个微型机器人上施加独特的磁力，使其能够使用视觉反馈控制在 3D 中实现独立的路径追踪。这仍然是唯一通过实验证明的用于 3D 运动的多机器人控制技术。

然而，作为另一种潜在可行的 3D 微型机器人控制方法，Zhang 等人[46] 已经展示了具有不同拖曳力矩或磁性能的独特人工鞭毛的不同速度响应。可能是由于控制此类游动微型机器人固有的困难，所以未能实现多个微型机器人的独立定位。Tottori 等人[383] 使用振荡磁场独立驱动两个具有不同软磁头设计的人工鞭毛游动微型机器人，这也没有用于实现多个微型机器人的独立定位。

11.3.3 通过选择性磁禁用进行定位

有一种方法是串联多个具有不同磁迟滞特性的磁性材料实现可寻址控制。所谓的"永久"磁铁材料的磁化实际上可以通过对磁化方向施加一个大的磁场来倒转，并且执行这种倒转所需的磁场（即磁矫顽力，H_c）对于每种磁性材料是不同的。对于永磁材料，矫顽力场比驱动微型机器人运动的磁场大得多，使得运动驱动和磁性倒转可以独立进行。通过使用具有不同矫顽力的多种材料，可以在施加适当强度的磁场后独立地实现每种材料的磁性倒转。

这种独立的磁性倒转可以用于微型机器人的驱动器中，实现微型机器人元件的可定位控制。我们的第一个可定位驱动方案由多个异质的（由不同磁性材料制成的）微磁体模块组成，它们通过磁力在局部相互作用。选择性地倒转一个模块的磁化可以将系统从吸引状态改变为排斥状态。我们提出了一个这种形式的实验，包含一组漂浮在液体表面的异质磁模块，这可以通过使用不同大小的场来远程重新配置。以这样的方式，通过使用不同强度的单一外场，装配体的形态可以任意地改变。这种实现方式可以用于形状有变化的微型机器人，使其适应近在手边的任务。

为了实现对多个微型机器人驱动器的多态磁控制，我们需要多种具有不同磁迟滞特性的磁性材料[57,384-385]。表 11.1 将几种常用材料的磁矫顽力和剩磁（施加磁场 H 降为零时保留的磁化值）与用 AGFM 测量的矫顽力值进行了比较。此外，实验测量的钕铁硼、铁氧体、铝镍钴合金和铁的磁滞回线如图 11.5 所示。这些材料涵盖了很宽的磁滞值范围，从钕铁硼和五钴化钐（除了最大外加磁场之外，它们都是永久性的）到几乎没有磁迟滞的铁。相比之下，由于驱动磁性微型驱动器而施加的磁场小于12kA/m，其强度仅可以使铁再磁化。因此，钐钴磁铁、钕铁硼、铁氧体和铝镍钴合金在驱动一个驱动器时可以保持磁态。即使它们共享相同的工作空间，这也可以用来独立控制每种材料的磁化强度。对于一组中三个独立的微磁元件，通过在期望方向上施加大于特定材料矫顽力场（H_c）的一系列脉冲，可以实现每种磁铁材料的独立磁化状态，如图11.6a所示。这里展示了一组由铁、钕铁硼和铝镍钴合金制成的三种磁性驱动器，通过施加小磁场或大磁场，可以选择性地倒转每个驱动器的磁化方向。

表 11.1 磁性材料迟滞特性[64]

材料	矫顽力（kA/m）	剩磁（kA/m）
五钴化钐	3100	~700
钕铁硼	620[①]	~1000
铁氧体	320[①]	110~400
铝镍钴合金 V	40[①]	950~1700
铁	0.6[①]	<1

① 研磨后在 AGFM 中测量。

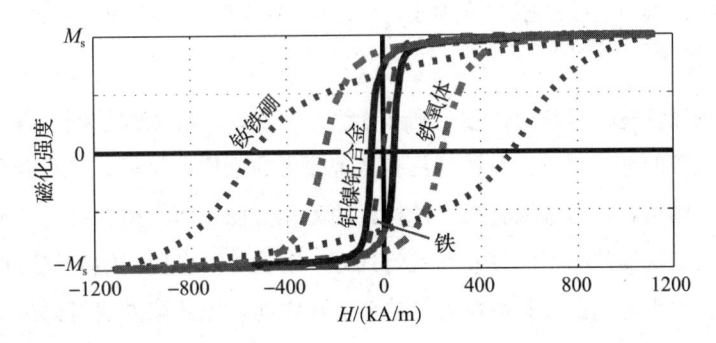

图 11.5 在外加磁场高达 1110kA/m 的交变梯度磁强计（AGFM）中，微型机器人磁性材料的硬度-磁化强度（H-m）磁滞回线显示出不同的材料矫顽力值。通过每个样品的饱和磁化强度 M_s 对磁化强度进行归一化

作为另一种驱动方案，一对磁性材料可以在一个驱动器中一起工作，形成磁矩和（magnetic moment sum）与外部施加感应场或局部感应场相互作用的磁性复合材料。实验中，我们引入了一种微米尺度永磁性复合材料，通过施加沿磁轴方向的脉冲磁场，使其中一种材料的磁化强度发生倒转，从而可以远程可逆地关闭和打开。对于完全的远程操作来说，该脉冲场由设备工作空间外的电磁线圈提供。这种方案类似于永磁体，其中电磁线圈直接缠绕在一些可倒转永磁体阵列上。当通过线圈的强电流脉冲时，部分永磁体的磁化强度被翻转，从而允许设置的净磁化强度关闭。电永磁磁铁最初被用作厘米级或更大尺寸的

磁性工件夹持器，作为机械夹钳的替代品[386]。虽然毫米级的电永久磁体已经被制造出来[387]，但它们含有集成的开关线圈，无法将它们的尺寸缩小到微米级进行无线操作。

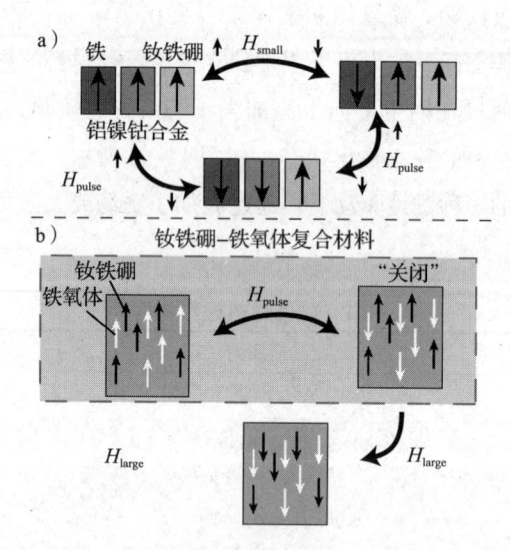

图 11.6 图示多种磁性状态，可以通过使用各种磁性材料来实现[57]。Copyright © 2012 by IEEE. 经 IEEE 许可转载。a) 三个独立的磁驱动器，每个由不同的磁性材料制成，其磁化可以通过施加不同强度的磁场脉冲来定位。其中，H_{pulse} 为大场脉冲，H_{small} 为小静电场。b) 单个磁性复合驱动器可以通过施加不同强度的脉冲在"向上""关闭"和"向下"状态之间切换，其中 H_{large} 是一个大场脉冲

这里介绍的磁性复合材料可以缩小到微米级，并实现远程无线控制。各向异性复合材料由两种磁矩相等的材料制成：一种是具有高矫顽力的永磁体材料，另一种是通过外加磁性倒转磁化方向的材料。通过倒转第二种材料的磁化方向，两个磁体要么一起工作，要么相互抵消，从而实现器件的不同打开和关闭行为。该设备可以使用短持续时间的场脉冲远程打开或关闭。由于开关磁场脉冲覆盖了整个工作空间，因此该方法可以根据微器件的方位选择性地禁用和同时启用许多微器件。方位控制是通过使用场梯度的多步过程来实现的，通过控制每个设备的方位来选择禁用的设备。

为了证明微型机器人组的用处，图 11.7 显示了一个简单的团队合作任务，其中两个不同大小的微型机器人试图到达目标位置。在这里，两个微型机器人开始被困在一个封闭的区域。竞技场墙由聚氨酯模塑而成，采用与制作模塑微型机器人相似的复制品模塑工艺。通往目标的入口被塑料堵塞物盖住了。由于较大的微型机器人太大，无法穿过门，而较小的微型机器人太小，无法移动堵塞物，因此两者必须作为一个团队共同努力才能到达目标位置。

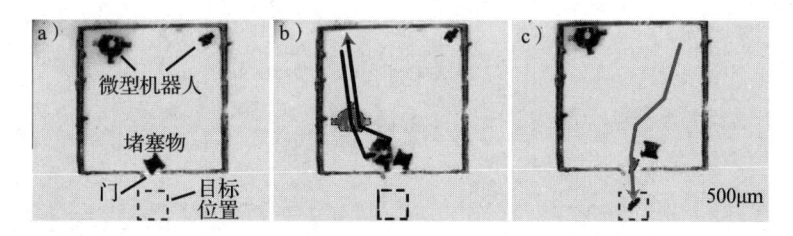

图 11.7 可定位微型机器人的团队协作任务，要求两个不同尺寸的微型移动机器人协作达到一个目标位置[57]。Copyright © 2012 by IEEE. 经 IEEE 许可转载。图示为两个叠加的框架，追踪微型机器人路径并勾画中点。a) 两个微型机器人位于一个封闭区域内。通往目标位置的入口被一个塑料堵塞住了。只有较大的微型机器人才能移动堵塞物，只有较小的微型机器人才可以穿过入口。b) 较大的微型机器人被启用以清除堵塞物，较小的微型机器人则保持在原位。较大的微型机器人返回到其凝视点，并被禁用。c) 较小的微型机器人被启用，可以自由地穿过入口到达目标位置

11.4 习题

1. 对于心脏病患者应用的磁共振成像系统中磁驱动的柔性主动导管装置，检索文献并列举可能用于追踪导管位置和运动的定位技术，以及其优缺点。
2. 讨论 11.3 节所述的多机器人定位技术中哪种是最可扩展的（在最大可定位微型机器人数量的意义下），以及哪些磁性微型机器人可用于 3D 运动。
3. 搜索关于微型机器人或主动推进的微粒群的文献，并简述它们是如何控制这类群体的。讨论在给定的潜在应用中，是否需要对这些群体中的每个微型机器人进行定位。

CHAPTER 12

第 **12** 章

微型机器人的应用

随着技术的进步，微型机器人技术已经开始在实际中得到应用。在这里，我们概述了未来移动微型机器人的潜在应用。对于其中许多应用领域，已经在初步研究中取得了一些进展，但在技术在每个应用领域得到真正证明之前，还需要做很多工作。

12.1 微小零件操纵

在微米尺度上，操纵可以用于组装零件或将货物传送到目标位置。在微米尺度上进行这样的操纵需要精确的驱动和对附着力的控制，以释放被操纵的零件[388-390]。传统上，使用由大型机械臂控制的微型夹持器进行微米尺度操纵一直是具有挑战性的。微型机器人可以通过在封闭空间内提供远程操纵，并通过基于液体的操纵解决附着问题，从而比这些系统更具优势。

操纵微米尺度物体的方法可以分为两类：接触式和非接触式操纵。两者之间的区别基于在操纵微小零件时是否存在物理接触。一般来说，接触式操纵是研究不会被任何接触力破坏的微小物体的首选方法。接触式操纵还可以提供更大的推力和增加的速度。当操纵力必须相对较低，需要精细精度，或者微小零件太脆弱而无法通过物理接触抓取时，就采用非接触式操纵的方法。

12.1.1 基于接触式的机械推动操纵

通过直接机械接触进行的操纵可以使用"传统"的操纵技术来完成，该技术使用由MEMS技术制造的夹持器。这样的夹持器通常是有约束的，但有一个例子[324] 使用聚焦激光驱动的无约束MEMS热夹持器。该设计已集成到一个悬浮的毫米级机器人中，在空气环境中具有三个平移自由度，可在小工作空间内工作。该机械臂能够抓取和移动大小在100μm到1mm之间的物体，完成简单的装配任务。然而，与所有在空气环境中操作的微型夹持器一样，零件的释放是一个关键问题。

远程驱动的机械臂必须提供与传统机械臂相当的精度和强度才能有效。虽然已经取得了一些进展，但这是该应用领域的主要挑战。

在文献［35］中，通过集成在操作表面下方的电气线圈轨迹移动的磁悬浮毫米级机器人被用于装配从零件的"储物箱"中取出来的简单厘米级结构。使用被动臂拾取固体零件，使用简单的长柄斗臂放置液体（如胶水）。这个系统展现了大规模分布式操纵的高速和出色的潜力，在返回到图案化的轨迹位置时具有亚微米级的精度。

在亚毫米尺度上，物体操纵变得更加困难，因为受控运动很难实现，而附着力开始大于驱动力。因此，所有亚毫米级的无约束微型机器人操纵都在液体环境中进行，以提供流体阻尼并大大减小附着力。

简单的磁性微型机器人被用于直接推动大小为几微米的微珠[115]和细胞[33]。通过相对简单的磁性驱动，可实现低至几微米每秒的可控运动，从而实现精确的操纵。这种操纵不需要专门的夹持器。

螺旋微型游动机器人的使用在液体环境中提供了3D运动能力。在文献［45］中，通过3D直接激光写入和气相沉积制造微螺旋，它由螺旋尾部和类似笼状的头部组成，可用于捕捉微粒。将螺旋推向停留在基底表面上的一个直径为6μm的胶体粒子，使粒子被困在笼子中，从而使螺旋能够以3D方式携带粒子到达目标位置。通过将螺旋朝相反方向驱动来释放粒子。

已经完成了使用生物混合微型机器人进行操纵的初步展示[72]，还需要进一步的工作来引导这样的物质进行运输和交付。

12.1.2 基于毛细力的接触式操纵

除了接触式机械操纵方法（如推动）之外，毛细力可以通过控制空气中液体微液滴或流体内微气泡的接触角来在空气中或液体内拾取和放置微小零件。例如，在流体内，困在磁性微型机器人（请参阅图4.1b中的机器人SEM图片）表面上的微气泡可以利用吸引性毛细力拾取各种微小零件，包括生物组织[162,391]。通过磁性梯度拉动运动在3D中传送零件后，用外部压力来减小微气泡在机器人表面上的接触角，以便轻松释放零件。

12.1.3 非接触式流体操纵

在低雷诺数的流体环境中，还可以使用非接触式流体操纵来操纵物体。在文献［115］

中，一台尺寸为几百微米的微型机器人使用基于流体的力以精确的方式操纵微小零件。微型机器人在水环境中操作，并在微小零件旁移动以施加力。零件在诱导流中的运动是流体阻力和摩擦力、附着力之间的平衡，后者作用于粒子以保持粒子静止。对流动的微型机器人周围的流体边界层进行了详细研究，并定义了最大流速的 1% 的影响区域。使用 250μm 的磁性微型机器人，可以在不接触的情况下操纵 50μm 和 230μm 的聚苯乙烯球体。我们将更详细地对这个非接触式操纵分析进行案例研究，以研究微型机器人平移的情况。

案例研究：使用磁性微型机器人进行非接触式操纵。在微型物体附近使用平移的磁性微型机器人[58]可以实现对微小零件的非接触式操纵，如图 12.1 和图 12.2 所示。在这个分析中，我们忽略任何接触式操纵力，专注于流体阻力和表面附着力。微型物体与表面之间的表面力取自 3.4 节。由于材料的选择（水环境中玻璃上的聚苯乙烯球体），表面附着力是负值，意味着其效应可以忽略不计。黏性流体阻力已经在 3.7.1 节中进行了分析。由于这些物体在低雷诺数态操作，因此可以忽略微球的惯性效应。

图 12.1　a) 一个远程操作的星形微型机器人和一个 210μm 的微球，用于演示在液体中玻璃表面下的侧面推动[58]。Copyright © 2012 by IEEE. 由 IEEE 许可转载。b) 移动的微型机器人从微球侧面经过，导致球体位移了一小部分 D_s，主要是由于流体相互作用。微型机器人上的箭头表示其运动方向

通过使用 COMSOL 多物理场（COMSOL 公司）进行有限元建模（FEM），实现了由平移微型机器人引起的流体运动。采用低雷诺数（斯托克斯流）物理学模型，在工作空间内找到流体速度。在这里，微型机器人被建模为以相对于表面 π/8 弧度（在其黏滑运动过程中微型机器人的近似平均角度）的角度处于静止状态，并且一个边界框定义了有限元模拟体积。前后边界面分别被视为流入口和流出口，流速为 0.4mm/s。

由平移微型机器人引起的流体速度如图 12.3 所示，其中还使用龙格-库塔求解器（MATLAB 中的 ODE23s，MathWorks 公司）找到了所模拟微粒的运动。

这个案例研究展示了决定微粒在机器人引起的流体流中运动的关键物理参数。移动微型机器人产生的流体流可以用于在慢速情况下操纵微型机器人体长之内的微粒。这可用于精确定位物体。正如我们所见，分析这个问题需要微型机器人运动的完整模型、有限元求解的流体流动模型，以及微型物体的附着和摩擦模型。

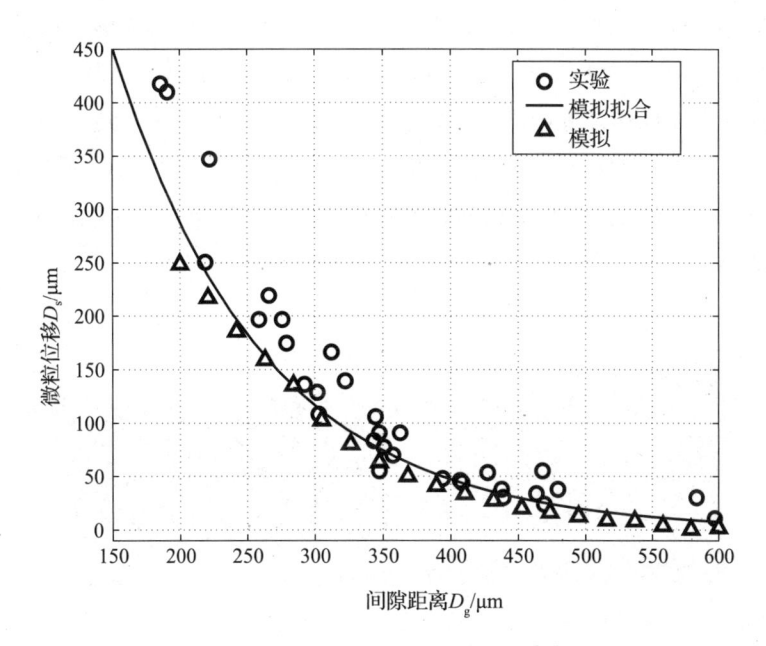

图 12.2 星形微型机器人从侧面操纵 210μm 微球的模拟和实验[58]。Copyright © 2012 by IEEE. 由 IEEE 许可转载。垂直分割指示了从模拟中确定的微球是否与微型机器人的边缘接触。"模拟拟合"来自动态模拟,对这个拟合的线性近似可以用来控制对这些结果的使用

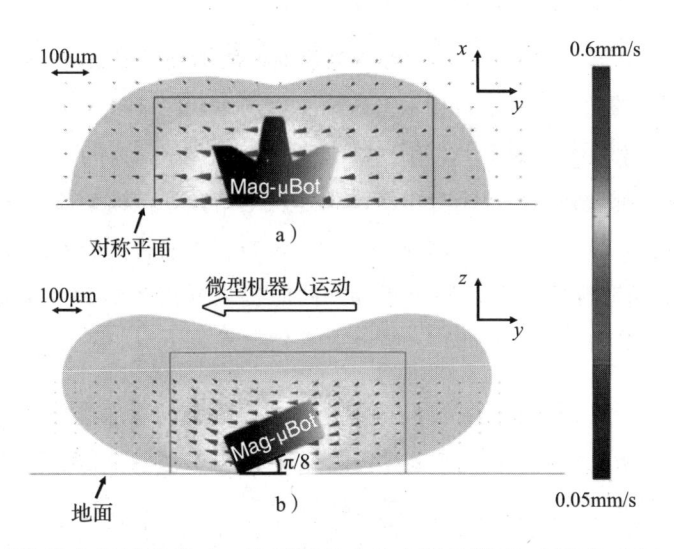

图 12.3 星形微型机器人穿过环境时,其周围流动的有限元模型(FEM)解决方案的侧视切片图[58]。Copyright © 2012 by IEEE. 由 IEEE 许可转载。在这些图像中,微型机器人向左移动,流速对应于 y 方向的流动,用箭头表示。在这个分析中,仅建模微型机器人的半侧

旋转非接触式操纵:在相关方法中[59,316],使用一个不断旋转的微型操纵器引起旋转流体流,从而在区域内移动微型物体。使用 380μm 的微型机器人,200μm 的粒子能够以高达 3.5mm/s 的速度进行旋转运动。此外,通过在 2D 中使用以可重构的网格模式排列的这些

微型机器人集群,可以创建复杂的"虚拟通道",使得微型机器人能够在长距离快速传输过程中传递物体,如图 12.4 所示。通过从垂直方向上略微倾斜微型机器人的旋转轴,可以实现滚动,这允许在操作过程中进行精确的微型机器人定位。观察到,在某些旋转速度下,某个大小的粒子会被困在微型机器人附近,因此微型机器人可以使用这种方法在长距离上携带粒子。通过结合这些长距离和较慢的精确旋转流操纵方法,演示了一种粗-精物体放置的方法。

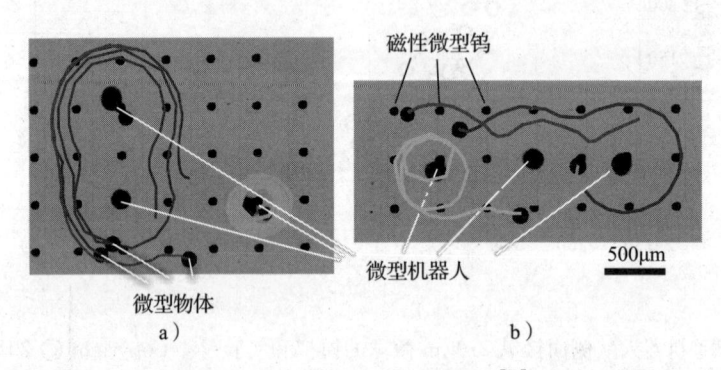

图 12.4 三个微型机器人同时旋转实现的集群式非接触操纵[59]。Copyright © 2012 by IEEE. 由 IEEE 许可转载。通过嵌入表面的磁性微型坞,微型机器人被困在离散的地点。受操纵的微球路径由彩色线追踪(见彩插)

旋转流可以在旋转和滚动的球形磁性微型机器人周围创建捕获器。被捕获的微型物体也可以通过机器人的滚动运动进行传输。作为示例演示,像细菌[60]这样的活体或有运动能力的细胞被捕获和传输,如图 12.5 所示。通过旋转微型机器人局部诱导的旋转流,可以选择性地在表面上捕获和传输单个自由游动的多鞭毛细菌,传输距离可达 30μm(携带者身体长度的 7.5 倍)。只需要一个弱均匀磁场(<3mT)来旋转机器人。微型机器人可以以最高 100μm/s 的速度旋转以在基底上运动,同时提供几皮牛顿到几十皮牛顿的流体捕获力。

在较小的尺度上,这也使用了旋转的纳米线或自组装的微珠集合来执行[392-393]。使用弱旋转磁场,这种方法被用来使用 13μm 长的镍纳米线移动微球和细胞。因此,这些非接触式操纵方法已经在多个尺度上展现了其有效性。

人工细菌鞭毛也可以用于非接触式物体操纵。这些微型机器人的旋转运动自然产生了旋转的流体流,可以用来移动物体[394]。许多微型物体的协同操作已经以这种方式展示出来,例如可用于清除一个区域的粒子,尽管目前尚不清楚这是否可以用于将粒子精确操纵到目标位置,因为流体流必然与微螺旋的平移相耦合。

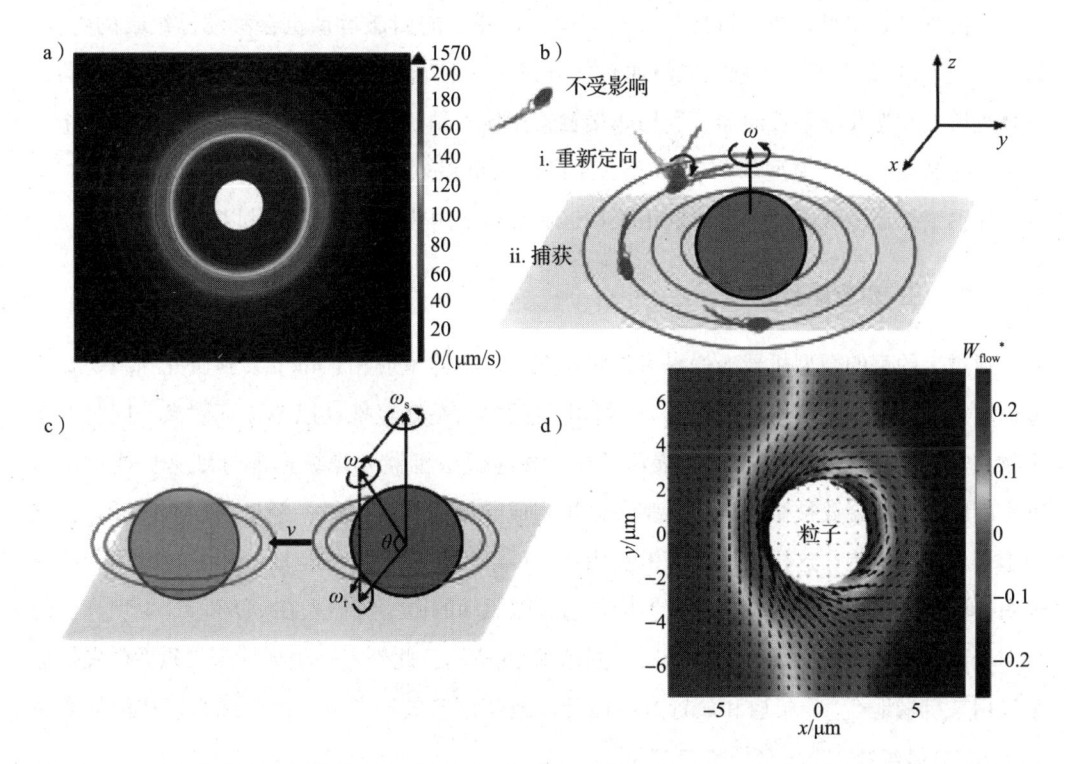

图 12.5 通过旋转和滚动的磁性球形微型机器人[60] 来捕获和传输活细胞或其他微型物体。在英国皇家化学学会的许可下重现。a) 在水中，5μm 直径的磁性球形微型机器人以 100Hz 的频率在平坦表面上旋转的仿真结果。这幅图是从微型机器人的赤道平面处俯视的图。红色同心圆代表流线。颜色图显示的是流速分布。b) 由表面附近机器人的旋转 ω 引起的旋转流捕获附近细菌的示意图。远处的任何细菌受到的影响都很小。足够靠近旋转粒子的细菌首先被旋转流重新定向，其身体长轴与局部流线对齐（i），然后被捕获（ii）并绕着粒子运动。c) 激活所诱导旋转流场的流动性的机理示意图。与图 b 所示的垂直于表面不同，粒子的旋转轴依 z 轴倾斜。d) 直径为 5μm 的磁性球形微型机器人在水中的平面上以 100Hz 和 75°的倾斜角旋转，在 $-y$ 方向上以 $0.06\omega_r a$ 的速度平移的有限元模拟结果。这幅图是从机器人的赤道平面处俯视的剖面图。箭头指示选择位置处的平面流速，颜色图显示在相同位置处的垂直于平面流速的分布，其值由相同位置处平面流速的大小进行归一化（见彩插）

12.1.4 自主操纵

目前几乎所有微型机器人操纵系统都由人类用户进行远程操作，这限制了操纵任务的精度、可重复性和速度。由于速度缓慢，大多数涉及多个微型物体的微组装任务需要花费数分钟或数小时。因此，使用视觉和其他传感反馈的自主操纵控制方法对于未来微型机器人的实际操纵和其他应用至关重要。

截至目前，使用移动微型机器人进行自主操纵研究的唯一例子是，一个表面爬行的微型机器人使用了接触式和非接触式微操纵方法，自主地在 2D 空间精确组装了两个微球[58]。机器人的路径规划是通过使用视觉反馈的波前算法实现的。使用接触式方法进行精确操纵的一个困难是，在组装两个目标物体后，微型机器人的回撤运动也会移动已组装的物体。借鉴文献[115]中的非接触式操纵原理，开发了一种自主微粒操纵控制器，该控制器使用物理模型和迭代学习控制器，利用非接触式流体力精确操纵粒子。即使存在未知的干扰力，该控制器的基于模型的前馈输入也允许微型机器人进行精确的操纵和回撤运动。此外，这项工作还呈现了两个粒子的组装，这通常是使用非接触式操纵难以完成的任务。

12.1.5 生物物体操纵

通过无约束的微型机器人操纵生物对象在芯片实验室应用、单个细胞研究和组织支架方面有很大的前景。对于这种操纵，一个主要的要求是轻轻推动以不损坏对象，同时具备生物相容性。在文献[277]中，展示了一个气泡微型机器人操纵用酵母细胞功能化的多种水凝胶。这些凝胶被微型机器人整齐地排列成异质的二维网格，经过一段时间后，在支架上培养酵母细胞。这样的演示有潜在用途，可以用于复杂的细胞培养实验，或用于体外组织甚至器官的生长。在文献[27]中，通过磁驱动的微型机器人在2D和3D生理流体的平面表面上组装嵌入活细胞的微凝胶，如图12.6所示。此外，一个无约束的磁性微夹持器可以用来机械地[26,395]拾取和放置这些微凝胶或使用微气泡[162]上的毛细力以在液体介质中实现3D微组装。

12.1.6 团队操纵

通过微型机器人团队对微型物体进行操纵可能在速度和能力方面具有重要优势。在文献[396]中，使用静电吸附表面独立移动多个磁性微型机器人。由于每个未被吸附的微型机器人都是并行移动的，这种方法需要仔细规划，以使操纵速度比单个机器人的情况下高。

使用在基底上被吸附在"对接"位置的微型机器人团队，旋转的磁性微型机器人团队已用于在液体环境中对物体进行非接触式操纵[59]。由于旋转微型机器人的位置是可变的，在这种情况下，微型机器人形成了虚拟通道，以多功能的方式移动物体，适用于微流体通道的使用。

作为一种天然允许的多机器人控制的方法，光控气泡微型机器人已被用于执行对物体的团队操纵[277]。在这项工作中，使用两个微型机器人夹持微粒，以进行精确而快速的操纵。

这些团队展示为分布式和并行操纵带来了希望，但它们必须证明自己相较于更简单的单个机器人操纵情况是有优势的，以便被采用。

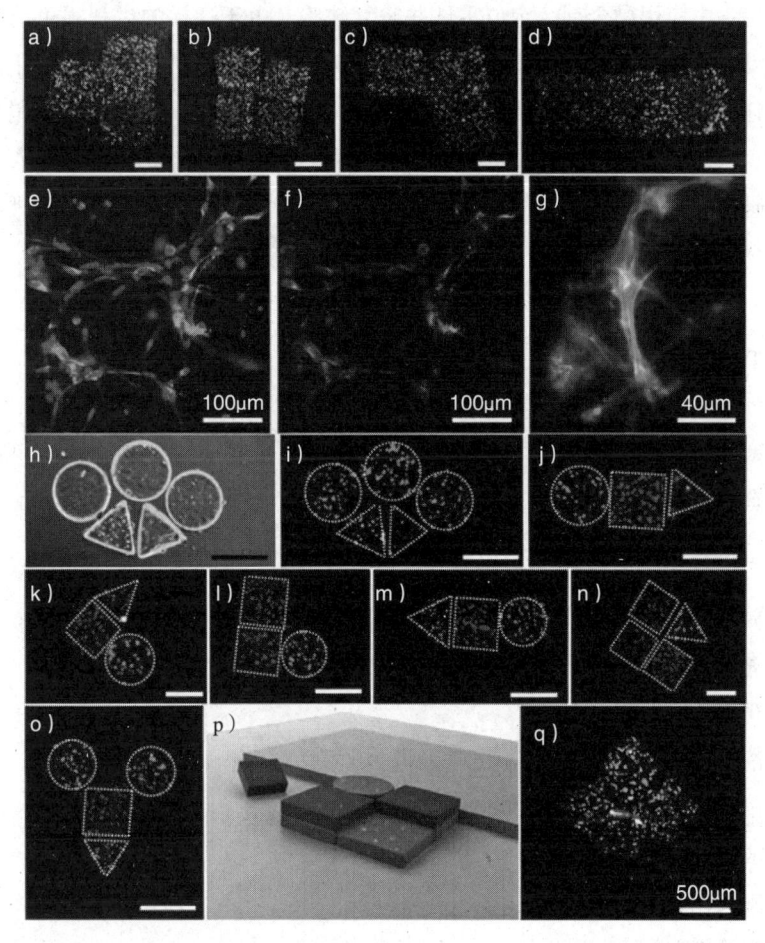

图 12.6 通过磁驱动的微型机器人在生理流体的平面表面上组装嵌入活细胞的微凝胶块[27]。Copyright © 2014 by Nature Publishing Group. 经 Nature Publishing Group 许可重新印刷。T 形（图 a）、正方形（图 b）、L 形（图 c）和棒形（图 d）结构组装后的 NIH 3T3 细胞封装水凝胶的荧光图像。绿色代表活细胞，红色代表死细胞。e)～g) 第 4 天使用 Ki67（红色）、DAPI（蓝色）和 Phalloidin（绿色）染色的增殖细胞的免疫细胞化学图谱。e) 使用 DAPI 和 Phalloidin 染色的细胞在放大 20 倍后的图像。f) 使用 Ki67 和 Phalloidin 染色的细胞在放大 20 倍后的图像。g) 使用 Ki67、DAPI 和 Phalloidin 染色的细胞在放大 40 倍后的图像。h)～q) HUVEC、3T3 和心肌细胞封装水凝胶的 2D 和 3D 异质组装。分别使用 Alexa 488（绿色）、DAPI（蓝色）和 Propidium iodide（红色）来染色 HUVEC、3T3 和心肌细胞。由圆形和三角形凝胶组成的装配体的明场（图 h）和荧光图像（图 i）。j)～o) HUVEC、3T3 和心肌细胞封装水凝胶的几个 2D 异质装配体的荧光图像。p) 3D 异质装配体的示意图。q) 由 HUVEC、3T3 和心肌细胞封装水凝胶的 3D 异质装配体的荧光图像。除非另有说明，否则比例尺为 500μm（见彩插）

12.1.7 微型工厂

在 2D 或 3D 中工作的微型机器人可以用于组装，这在使用传统制造技术时可能很难或不可能实现。特别令人感兴趣的是 3D 零件的装配，这需要方向和位置控制。微型机器人可以在桌面设备中应用黏合剂、定位零件并修复缺陷。由于这样的过程很可能是一个串行装配过程，因此它可以从并行微型机器人装配团队中获益匪浅。尽管迄今为止微小零件操纵还没有达到实现这种微型工厂所需的复杂程度，但潜力巨大，这个概念在稍大尺寸上已经得到验证。Pelrine等人[35]利用在一块抗磁表面上漂浮的磁性毫米级机器人展示了这样的过程。该研究中的每个机器人都配备有工具，如夹持器、黏合剂涂覆器或秤盘，用于分布式操作。

12.2 医疗保健

远程微型机器人在医疗应用方面具有巨大的潜力[55,67,251]。文献［397］和文献［55］详细概述了有关人体内医用微型机器人的一些潜在应用领域，包括它们潜在的机遇和挑战。这些应用领域包括：

- 靶向局部区域控制数量的物质（药物、基因、RNA、干细胞等）的传输。
- 近距离放射治疗。
- 标记靶向治疗区域。
- 化学浓度、压力、pH值、温度等的原位监测。
- 电极植入。
- 创造或打开阻塞。
- 组织支架创建。
- 活组织检查取样[398]。
- 热或机械消融。
- 烧灼。
- 热疗。

身体的一些目标区域可能包括循环系统、中枢神经系统、胃肠道[399-401]、尿路、眼睛和耳道。最近的一篇综述涵盖了将基于细菌的微型游泳机器人或细菌直接用于靶向药物或其他物质传递应用的潜在和最近的应用[402]。

作为朝着这些应用领域迈出的第一步，研究展示了在人工和离体眼睛内操作的磁控针[16]。作为医疗保健的应用领域，眼睛内部是自然的第一步，因为眼睛的体积通过光学显微镜可见。这项初步疗法旨在穿刺眼底血管。然而，由于眼睛的复杂光学和眼内的非牛顿流体，眼内导航变得复杂。提出了一种用于补偿光学畸变的算法[376]，该算法假设微型机器人的几何形状是已知的，它可以获取眼内微型机器人的3D位置。使用涂覆在微型机器人表面的药物进行眼内药物传递的研究[403]，其中药物在靠近目标区域处扩散，用于潜在治疗视网膜静脉阻塞。

随着在非牛顿生物流体中优化 3D 微型机器人运动策略，以及开发具有集成微工具或感知、物质运输、加热和其他功能性能力的功能性微型机器人，微型机器人将在其他潜在的医疗应用领域取得进展。

12.3 环境修复

自驱动的微型机器人可用于未来的环境修复技术[404]。微型机器人实现的主要污染物降解和去除以及基于微型机器人的水质监测是微型机器人在环境中的应用示例。未来的自主微型机器人集群可以监测和应对有害化学物质，并使用趋化性和 pH 值决定的搜索策略追踪化学物质的来源。例如，可用于废水处理和水再利用的 Fe/Pt 多功能主动微型清洁器被提出，这是环境可持续性的重要组成部分[405]。这些微型清洁器能够利用产生的过氧化氢自由基通过类 Fenton 反应降解有机污染物（绿色染料和 4-硝基酚）。这种微型清洁器可以连续游动超过 24h，并且在多个清洁周期中可以存储超过 5 周。它们还可以重复使用，从而降低了过程的成本。

12.4 可重构微型机器人

可重构机器人领域提出了一种多功能机器人，可以根据手头的任务重新配置成各种不同的形态[406]。这类机器人系统由许多独立且通常相同的模块组成，每个模块都能够运动并与其他模块组合形成装配体。然后，这些模块可以被拆卸并重新组装成其他的配置。例如，SuperBot 由 20 个模块组成，这些模块可以组合成一个移动结构，该结构能在地面上滚动 1km 然后重新配置成一个可以攀爬障碍物的结构[407]。

可重构机器人领域的另一个概念是可编程物质（programmable matter），这是一种能够组装和重新配置成预定 3D 形状从而产生合成现实的主动物质[408]。这类似于虚拟现实或增强现实，其中计算机可以生成和修改任意对象。然而，在合成现实中，对象具有物理实现。可编程物质的主要目标是缩小每个单独模块的尺寸，以增加最终组装产品的空间分辨率。目前，在可重构机器人系统中，最小确定的、可激活的模块拟合在一个 2cm 的立方体内[409]，这是一个使用形状记忆合金驱动的自包含模块。进一步缩小到亚毫米尺度会带来新的问题，包括模块制造、控制和通信。

为了利用微型机器人进行微米尺度组装，Donald 等人[38]演示了对四个微加工硅微型机器人的组装，每个机器人的所有尺寸均小于300μm，由电场驱动。然而，一旦组装完成，它们将无法分离和重构，因为静电驱动场不允许拆卸。Lipson 等人使用 500μm 平面硅元素[410] 和厘米级的 3D 硅元素[411] 展示了可重构组装的例子。通过控制这些系统中的局部流体流动，这些元素可以被确定性地组装和拆卸成目标形状。该系统依赖于主动基底提供流体流动和控制，因此组装的微米尺度模块具有有限的移动性。

在文献［61］中，亚毫米级的无约束永磁微型机器人（Mag-μBot）被外部磁场激励，作为磁性微模块（Mag-μMod）的组成部分，用于创建确定性可重构的 2D 微组装体，这意味着 Mag-μMod 将能够进行组装和拆卸。强大的永磁模块将以巨大的磁力相互吸引，因此为了便于拆卸，有必要减小模块之间的磁力。为了模块的设计，这可以通过为 Mag-μBot 添加一个外壳来实现。外壳能够防止两个磁性模块紧密接触，从而磁力不会变得过高。然而，它们仍然近到可以产生在机械上稳定的组装体。

可重构微型机器人的关键设计和控制组件是每个模块的可逆连接和分离方法。在磁性模块相互贴合后，磁力变得强大，分离它们需要额外的表面钳位和扭矩驱动。在微米尺度上，作为其他可逆黏结方法的替代，可以使用仿壁虎足毛的可逆弹性超细纤维黏合剂[137,412-436]、热激活热塑性黏合材料[437]、热激活液态金属黏合材料[438] 以及其他光和热刺激可切换的黏合方法。在超细纤维黏合剂中，需要轻轻将模块按压在一起以使它们附着/黏合，它们需要扭转旋转以实现机械剥离。这种超细纤维黏合剂的主要优点是不需要任何外部刺激（比如热或光）来激活或去激活黏结（它是纯机械接触加载和剥离，分别实现附着和分离），具有高度可重复性和可逆性，通过使用纳米尺度纤维黏合剂可以将其扩展使用到数十个微米级模块上。这种弹性体纤维主要利用表面力（如范德华力）来在紧密接触后黏附表面[412]。在文献［437］中，九个磁性微型机器人模块通过模块周围的热塑性层黏结在一起。然而，模块的分离是具有挑战性的，因为热塑性材料会留下残留物并且不可重复。另外，使用液态镓的相变黏结方法将微型机器人与其他微型物体[438] 黏结，这种方法是可重复的而且不会在另一表面上留下残留物，这种液态金属材料只需要室温从 7℃升高到 10℃即可将镓层的相变从固体转变为液体。因此，这是一种对具有远程或机载加热能力的可重构微模块进行可逆黏结的有前途的方法。

通过使用一个被分成单元格网格的表面（表面上的每个单元格都包含一个可寻址的静电捕获器），能够通过电容耦合将单个 Mag-μMod 锚定到表面，从而防止它们受到外部磁场的驱动。这种方法与分布式操纵领域中发现的方法相关[377]，在该领域中使用可编程力场并行操纵零件，但在这里分布式单元格仅提供阻力，而驱动磁力全局应用于所有模块。未锚定的 Mag-μMod 因为施加的磁场可以在表面上移动，它们还可以并行移动。这种技术与控制多个 Mag-μBot 相同，详细解释见文献［56］。组装两个 Mag-μMod 很简单——将非锚定的 Mag-μMod 移向一个已锚定的 Mag-μMod，磁力最终会占主导，并引起这两个 Mag-μMod 的自组装。

为了使两个 Mag-μMod 分离，必须克服它们之间的磁吸引力。为此，使用静电网格表面来锚定组装模块的零件，并检查外加磁力矩对于从组装体中拆卸未锚定模块的有效性。

图 12.7 展示了多个 Mag-μMod 组装、拆卸和重新配置成不同结构的概念。由于 Mag-μMod 具有磁性，它们只能组装成在磁性上稳定的结构，这意味着它们可以形成单一的闭合磁通。

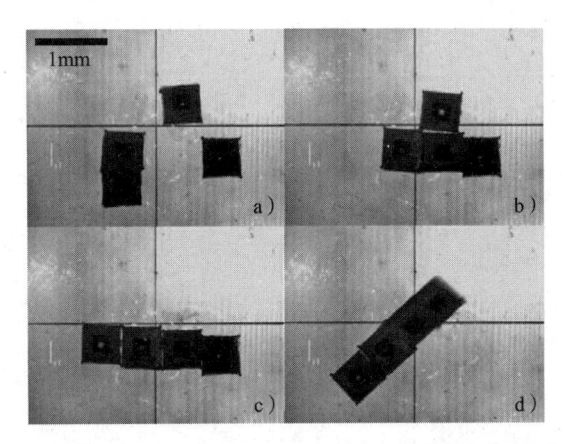

图 12.7　四个远程操作的 Mag-μMod 自组装成可重构结构的视频截图[61]。Copyright © 2011 by SAGE Publications，Ltd. 经 SAGE Publications，Ltd. 允许出版。a) 四个 Mag-μMod 准备组装。b) 四个模块组装成 T 形。c) 一个模块通过旋转被释放，并以新的形态重新附着。d) 新的组装是可移动的，并移动到了新位置

12.5　科研工具

无约束微型机器人能够对其他方法难以到达的物体施加力。这种操作可用于探测生物体或微型结构，作为对材料性质和力学响应的诊断研究。虽然复杂的研究已经开始使用有约束微型机器人装置[439-440]，但使用无约束微型机器人有可能在自然环境中进行这些研究。细胞的直接操纵对于微流体通道的研究也很重要。研究已经表明磁性微型机器人可以在不损伤细胞的情况下推动活细胞[33] 进行局部观察和探测。

[441] 中通过对单个细胞进行物理探测以研究生物力学响应。在这项工作中，一个磁性微工具（MMT）与一个基于光束偏转的视觉检测的机载力传感器集成在一起。MMT 具有尖端，在初步工作中用于机械性刺激一个 100μm 的硅藻细胞，同时观察其响应。

这些初步研究表明，微型机器人可以形成用于微米尺度现象研究的工具。通过适当设计的具有移动物体、施加精确力、测量化学浓度和其他能力的微型机器人，可以预期在材料研究、生物技术、微流体和其他领域开发类似应用成为可能。

使用移动微型机器人进行遥感可以作为一种高分辨率工具以调查和绘制封闭空间中的化学浓度、温度等。光学检测的氧气传感器已经与能够进行 3D 运动的移动微型机器人集成，用于人眼内的检查[181]。其他模式，如通过反射光[442] 或磁场[443] 读取的共振传感器，可以增加这些远程测量的多功能性。

第 13 章

总结与展望

13.1 现状总结

事实证明，微型机器人技术领域是解决密闭微米尺度空间内问题的一个令人兴奋的潜在方案。迄今为止，研究的重点是将自上而下精确控制的机器人原理扩展到亚毫米尺度，以实现运动与环境的互动。许多新颖的解决方案都是为了在微米尺度物理条件下，特别是在高表面附着力和黏性流体的作用下有效运行而设计的。目前，微型机器人的移动方法主要集中在 2D 或 3D 中的移动上。2D 移动方案包括在空气或液体环境中使用各种驱动方法在表面上爬行。这些方法具备的多样性为它们带来了很好的前景，因为每种方法都有特定的优缺点，可以与潜在的应用领域相匹配。所展示的方法能够通过使用路径规划和避障等传统机器人技术精确移动微型机器人，并已在微流体通道等无法进入的空间内进行了展示。在 3D 空间中，运动是通过游动或者化学反应或磁力的拉动来实现的。其中一些方法受生物启发，利用微生物的新型游动机制在黏性低雷诺数（Re）流体环境中移动。这些方法可以在 3D 环境中跟踪反馈控制路径，并已被证明可在困难的环境中（如存在流体流动的环境中）发挥作用。

到目前为止，微型机器人的位置反馈主要采用显微镜视觉形式。可以在 2D 中使用单个相机以及在 3D 中使用多个相机或先进的视觉算法提供精确的定位，这些技术适合机器视觉反馈控制。虽然已经有人研究了超声、X 射线和磁共振成像的替代定位技术，但这些技术仍处于概念验证阶段。

微型机器人在物体操纵、医疗保健和科学研究工具方面的应用取得了一些进展。到目前为止，这些应用只是处于概念验证阶段，但随着微型机器人能力的增加，这类研究最近也在增加。

13.2 未来展望

尽管取得了这样的进展，但在微型机器人领域仍然存在许多公开的挑战。其中一些已经在本书中提及，但由于该领域快速的变化，难免有些挑战尚未提及。微型机器人性能的提升主要是由潜在的应用驱动的。下面列出了需要取得具体进展的一些领域：

- **运动**。微型机器人在 2D 和 3D 运动方面必须取得重大进展。特别是要提高精度、速度和输出力，以使微型机器人成为微米尺度应用的有用工具。目前的方法很有前途，但必须走出概念阶段，发展成可以应用于解决其他问题的"技术"。
- **多机器人控制**。目前已有一些多机器人控制方法得到了验证，但这些方法在大规模微型机器人控制中的可扩展性较差。为了充分发挥并行分布式操作的潜力，大量微型机器人必须在 2D 或 3D 中协同操作。无论是采用更多独立控制的微型机器人的形式，还是在智能体之间产生紧急团队行为的群体式交互，这个具有挑战性的研究领域都可能对微型机器人的实用性产生重大影响。
- **定位**。基于光学显微镜的定位对于一些微型机器人应用是足够的，例如在微型工厂或微流体中，但与许多其他应用不兼容，最明显的是在人体内的应用。因此，必须开发出高精度、高反馈率并且与医疗程序兼容的替代方法。
- **零件操作**。操作程序必须改进，以允许精确的零件运输和装配。为了给微装配应用开辟设计空间，必须设计出在 3D 空间内长距离移动物体的方法。微型机器人的微操作应用必须针对现有光刻或其他方法的微装配存在不足的领域。这些领域可能包括创建复杂的 3D 装配，或者提供一个通用和灵活的装配范例。
- **工具**。必须设计集成工具，以充分利用移动微型机器人的潜力。与微型机器人一起无线驱动的加热、抓取、切割或其他工具可以将微型机器人从有趣的新奇事物转变为能与环境互动的真正有用的设备。
- **传感**。将传感功能集成到移动微型机器人中，对于在医学、检查和环境监测中实现高效的移动传感器网络是必不可少的。这种移动微型传感器可以探测微流体通道或人体内部的特定位置，这是任何其他方法都无法做到的。在难以到达的可见或不可见的位置，传感方法都必须远程工作。
- **通信**。微型机器人之间的无线通信是一个尚未解决的挑战，如果给定应用需要自身具备计算、供电和通信能力的分布式智能体，则这一挑战需要被解决。在亚毫米尺度，目前的射频通信技术难以实现，而光通信可能可以实现。此外，还需要开发微型机器人之间使用化学物质（类似于细菌群体感应）、电信号或磁场信号、振动、颜色变化等方式进行通信的新方法。

- **生物相容性和生物可降解性**。对于任何生物技术或医疗应用，微型机器人必须具有生物相容性。高强度电场、有毒磁性材料或高温都是降低生物相容性的潜在问题。这一问题将通过明智地选择驱动方法以及针对有毒材料的生物相容性涂层和包覆方法来解决。此外，许多医疗微型机器人在手术结束后不能被从人体中取出，如果它们留在体内，可能会对健康造成危害。因此，理想的解决方案是用可生物降解的材料制造这些机器人，使它们在给定的环境条件下在一定的时间内能够自我降解。
- **自动化和学习**。随着微型机器人系统复杂性的增加，必须进一步开发更复杂的控制算法，例如自主控制。迄今为止，大多数微型机器人的工作任务都是通过远程操作或简单的路径跟踪算法来控制的。此外，为了适应不断变化的实验条件和制造误差，微型机器人需要自适应学习控制算法来实现鲁棒运行[58]。
- **自组织、集群和成群移动**。由于当微型机器人数量庞大时，对单个微型机器人进行控制是不可能或不现实的，因此设计和控制微型机器人之间的局部交互，使微型机器人自组织是控制大量微型机器人的有效方法之一。这种局部相互作用可以是磁性的、流体的、静电的、基于表面张力的，也可以是基于其他微米尺度上远程或短程力的，它们可以被远程控制或调整，以在给定的时间内实现不同的自组织模式。
- **应用**。微型机器人在医学、环境、微型工厂、生物技术等方面的独特和高影响力的应用仍有待证明。目前的演示只是概念验证和初步的临床或工业应用。例如，医疗微型机器人在目前方法无法到达的人体区域内无创地实现疾病诊断、治疗或手术，需要临床前在体内动物模型实验中进行对特定疾病的论证，而目前没有其他医疗技术解决方案。

对其中一些行动领域的合理做法已经确定，而确定其他领域的最佳做法仍然是一个悬而未决的问题。

REFERENCE
参考文献

[1] D. C. Meeker, E. H. Maslen, R. C. Ritter, and F. M. Creighton, "Optimal realization of arbitrary forces in a magnetic stereotaxis system," *IEEE Transactions on Magnetics*, vol. 32, pp. 320–328, Nov. 1996.

[2] K. Ishiyama, M. Sendoh, A. Yamazaki, and K. Arai, "Swimming micro-machine driven by magnetic torque," *Sensors and Actuators A: Physical*, vol. 91, pp. 141–144, June 2001.

[3] N. Darnton, L. Turner, K. Breuer, and H. C. Berg, "Moving fluid with bacterial carpets," *Biophysical Journal*, vol. 86, pp. 1863–1870, Mar. 2004.

[4] W. F. Paxton, K. C. Kistler, C. C. Olmeda, A. Sen, S. K. St. Angelo, Y. Cao, T. E. Mallouk, P. E. Lammert, and V. H. Crespi, "Catalytic nanomotors: autonomous movement of striped nanorods," *Journal of the American Chemical Society*, vol. 126, no. 41, pp. 13424–13431, 2004.

[5] R. Dreyfus, J. Baudry, M. L. Roper, M. Fermigier, H. A. Stone, and J. Bibette, "Microscopic artificial swimmers," *Nature*, vol. 437, pp. 862–865, Oct. 2005.

[6] N. Mano and A. Heller, "Bioelectrochemical propulsion," *Journal of the American Chemical Society*, vol. 127, no. 33, pp. 11574–11575, 2005.

[7] S. Martel, J. B. J.-B. Mathieu, O. Felfoul, A. Chanu, E. Aboussouan, S. Tamaz, P. Pouponneau, G. Beaudoin, G. Soulez, M. Mankiewicz, and L. Yahia, "Automatic navigation of an untethered device in the artery of a living animal using a conventional clinical magnetic resonance imaging system," *Applied Physics Letters*, vol. 90, no. 11, p. 114105, 2007.

[8] B. R. Donald and C. G. Levey, "An untethered, electrostatic, globally controllable MEMS micro-robot," *Journal of Microelectromechanical Systems*, vol. 15, no. 1, pp. 1–15, 2006.

[9] O. Sul, M. Falvo, R. Taylor, S. Washburn, and R. Superfine, "Thermally actuated untethered impact-driven locomotive microdevices," *Applied Physics Letters*, vol. 89, p. 203512, 2006.

[10] S. Martel, J. B. Mathieu, O. Felfoul, A. Chanu, E. Aboussouan, S. Tamaz, P. Pouponneau, G. Beaudoin, G. Soulez, and M. Mankiewicz, "Automatic navigation of an untethered device in the artery of a living animal using a conventional clinical magnetic resonance imaging system," *Applied Physics Letters*, vol. 90, p. 114105, 2007.

[11] L. Zhang, J. Abbott, L. Dong, B. Kratochvil, D. Bell, and B. Nelson, "Artificial bacterial flagella: fabrication and magnetic control," *Applied Physics Letters*, vol. 94, p. 064107, 2009.

[12] A. Ghosh and P. Fischer, "Controlled propulsion of artificial magnetic nanostructured propellers," *Nano Letters*, vol. 9, pp. 2243–2245, June 2009.

[13] C. Pawashe, S. Floyd, and M. Sitti, "Modeling and experimental characterization of an untethered magnetic micro-robot," *International Journal of Robotics Research*, vol. 28, no. 8, pp. 1077–1094, 2009.

[14] A. A. Solovev, Y. Mei, E. Bermúdez Ureña, G. Huang, and O. G. Schmidt, "Catalytic microtubular jet engines self-propelled by accumulated gas bubbles," *Small*, vol. 5, pp. 1688–1692, July 2009.

[15] S. Martel and M. Mohammadi, "Using a swarm of self-propelled natural microrobots in the form of flagellated bacteria to perform complex micro-assembly tasks," in *International Conference on Robotics and Automation*, pp. 500–505, 2010.

[16] M. P. Kummer, J. J. Abbott, B. E. Kratochvil, R. Borer, A. Sengul, and B. J. Nelson, "OctoMag: An electromagnetic system for 5-DOF wireless micromanipulation," *IEEE Transactions on Robotics*, vol. 26, no. 6, pp. 1006–1017, 2010.

[17] H.-R. Jiang, N. Yoshinaga, and M. Sano, "Active motion of a janus particle by self-thermophoresis in a defocused laser beam," *Physical Review Letters*, vol. 105, no. 26, p. 268302, 2010.

[18] W. Hu, K. S. Ishii, and A. T. Ohta, "Micro-assembly using optically controlled bubble microrobots," *Applied Physics Letters*, vol. 99, no. 9, p. 094103, 2011.

[19] A. Buzas, L. Kelemen, A. Mathesz, L. Oroszi, G. Vizsnyiczai, T. Vicsek, and P. Ormos, "Light sailboats: Laser driven autonomous microrobots," *Applied Physics Letters*, vol. 101, no. 4, p. 041111, 2012.

[20] W. Wang, L. A. Castro, M. Hoyos, and T. E. Mallouk, "Autonomous motion of metallic microrods propelled by ultrasound," *ACS Nano*, vol. 6, no. 7, pp. 6122–6132, 2012.

[21] V. Magdanz, S. Sanchez, and O. Schmidt, "Development of a sperm-flagella driven micro-bio-robot," *Advanced Materials*, vol. 25, no. 45, pp. 6581–6588, 2013.

[22] J. Zhuang, R. W. Carlsen, and M. Sitti, "pH-taxis of bio-hybrid microsystems," *Scientific Reports*, vol. 5, p. 11403, 2015.

[23] R. W. Carlsen, M. R. Edwards, J. Zhuang, C. Pacoret, and M. Sitti, "Magnetic steering control of multi-cellular bio-hybrid microswimmers," *Lab on a Chip*, vol. 14, no. 19, pp. 3850–3859, 2014.

[24] D. Kim, A. Liu, E. Diller, and M. Sitti, "Chemotactic steering of bacteria propelled microbeads," *Biomedical Microdevices*, vol. 14, pp. 1009–1017, Sept. 2012.

[25] E. Diller, J. Zhuang, G. Z. Lum, M. R. Edwards, and M. Sitti, "Continuously distributed magnetization profile for millimeter-scale elastomeric undulatory swimming," *Applied Physics Letters*, vol. 104, no. 17, p. 174101, 2014.

[26] E. Diller and M. Sitti, "Three-dimensional programmable assembly by untethered magnetic robotic micro-grippers," *Advanced Functional Materials*, vol. 24, no. 28, pp. 4397–4404, 2014.

[27] S. Tasoglu, E. Diller, S. Guven, M. Sitti, and U. Demirci, "Untethered micro-robotic coding of three-dimensional material composition," *Nature Communications*, vol. 5, article no: 3124, 2014.

[28] K. K. Dey, X. Zhao, B. M. Tansi, W. J. Méndez-Ortiz, U. M. Córdova-Figueroa, R. Golestanian, and A. Sen, "Micromotors powered by enzyme catalysis," *Nano Letters*, vol. 15, no. 12, pp. 8311–8315, 2015.

[29] A. Servant, F. Qiu, M. Mazza, K. Kostarelos, and B. J. Nelson, "Controlled in vivo swimming of a swarm of bacteria-like microrobotic flagella," *Advanced Materials*, vol. 27, no. 19, pp. 2981–2988, 2015.

[30] W. Gao, R. Dong, S. Thamphiwatana, J. Li, W. Gao, L. Zhang, and J. Wang, "Artificial micromotors in the mouses stomach: A step toward in vivo use of synthetic motors," *ACS Nano*, vol. 9, no. 1, pp. 117–123, 2015.

[31] E. Diller, J. Giltinan, G. Z. Lum, Z. Ye, and M. Sitti, "Six-degree-of-freedom magnetic actuation for wireless microrobotics," *International Journal of Robotics Research*, vol. 35, no. 1-3, pp. 114–128, 2016.

[32] D. R. Frutiger, K. Vollmers, B. E. Kratochvil, and B. J. Nelson, "Small, fast, and under control: Wireless resonant magnetic micro-agents," *International Journal of Robotics Research*, vol. 29, pp. 613–636, Nov. 2009.

[33] M. S. Sakar and E. B. Steager, "Wireless manipulation of single cells using magnetic microtransporters," in *International Conference on Robotics and Automation*, pp. 2668–2673, 2011.

[34] G.-L. Jiang, Y.-H. Guu, C.-N. Lu, P.-K. Li, H.-M. Shen, L.-S. Lee, J. A. Yeh, and M. T.-K. Hou, "Development of rolling magnetic microrobots," *Journal of Micromechanics and Microengineering*, vol. 20, p. 085042, Aug. 2010.

[35] R. Pelrine, A. Wong-Foy, B. McCoy, D. Holeman, R. Mahoney, G. Myers, J. Herson, and T. Low, "Diamagnetically levitated robots: An approach to massively parallel robotic systems with unusual motion properties," in *IEEE International Conference on Robotics and Automation*, pp. 739–744, 2012.

[36] A. Snezhko and I. S. Aranson, "Magnetic manipulation of self-assembled colloidal asters," *Nature Materials*, vol. 10, pp. 1–6, 2011.

[37] W. Jing, X. Chen, S. Lyttle, and Z. Fu, "A magnetic thin film microrobot with two operating modes," in *International conference on Robotics and Automation*, pp. 96–101, 2011.

[38] B. R. Donald, C. G. Levey, and I. Paprotny, "Planar microassembly by parallel actuation of MEMS microrobots," *Journal of Microelectromechanical Systems*, vol. 17, no. 4, pp. 789–808, 2008.

[39] M. S. Sakar, E. B. Steager, D. H. Kim, a. a. Julius, M. Kim, V. Kumar, and G. J. Pappas, "Modeling, control and experimental characterization of microbiorobots," *International Journal of Robotics Research*, vol. 30, pp. 647–658, Jan. 2011.

[40] N. Chaillet and S. Régnier, "First experiments on MagPieR: A planar wireless magnetic and piezoelectric microrobot," in *IEEE International Conference on Robotics and Automation*, pp. 102–108, 2011.

[41] E. Schaler, M. Tellers, A. Gerratt, I. Penskiy, and S. Bergbreiter, "Toward fluidic microrobots using electrowetting," pp. 3461–3466, 2012.

[42] W. Duan, W. Wang, S. Das, V. Yadav, T. E. Mallouk, and A. Sen, "Synthetic nano-and micromachines in analytical chemistry: Sensing, migration, capture, delivery, and separation," *Annual Review of Analytical Chemistry*, vol. 8, pp. 311–333, 2015.

[43] G. Hwang, R. Braive, L. Couraud, A. Cavanna, O. Abdelkarim, I. Robert-Philip, A. Beveratos, I. Sagnes, S. Haliyo, and S. Regnier, "Electro-osmotic propulsion of helical nanobelt swimmers," *International Journal of Robotics Research*, vol. 30, pp. 806–819, June 2011.

[44] A. Yamazaki, M. Sendoh, K. Ishiyama, K. Ichi Arai, R. Kato, M. Nakano, and H. Fukunaga, "Wireless micro swimming machine with magnetic thin film," *Journal of Magnetism and Magnetic Materials*, vol. 272, pp. E1741–E1742, 2004.

[45] S. Tottori, L. Zhang, F. Qiu, K. K. Krawczyk, A. Franco-Obregón, and B. J. Nelson, "Magnetic helical micromachines: Fabrication, controlled swimming, and cargo transport," *Advanced Materials*, vol. 24, pp. 811–816, Feb. 2012.

[46] L. Zhang, J. J. Abbott, L. Dong, K. E. Peyer, B. E. Kratochvil, H. Zhang, C. Bergeles, and B. J. Nelson, "Characterizing the swimming properties of artificial bacterial flagella," *Nano Letters*, vol. 9, pp. 3663–3667, Oct. 2009.

[47] S. Martel, O. Felfoul, J.-B. Mathieu, A. Chanu, S. Tamaz, M. Mohammadi, M. Mankiewicz, and N. Tabatabaei, "MRI-based medical nanorobotic platform for the control of magnetic nanoparticles and flagellated bacteria for target interventions in human capillaries," *International Journal of Robotics Research*, vol. 28, pp. 1169–1182, Sept. 2009.

[48] D. Hyung Kim, P. Seung Soo Kim, A. Agung Julius, and M. Jun Kim, "Three-dimensional control of Tetrahymena pyriformis using artificial magnetotaxis," *Applied Physics Letters*, vol. 100, no. 5, p. 053702, 2012.

[49] B. J. Williams, S. V. Anand, J. Rajagopalan, and T. A. Saif, "A self-propelled biohybrid swimmer at low Reynolds number," *Nature Communications*, vol. 5, 2014.

[50] V. Arabagi, B. Behkam, E. Cheung, and M. Sitti, "Modeling of stochastic motion of bacteria propelled spherical microbeads," *Journal of Applied Physics*, vol. 109, no. 11, p. 114702, 2011.

[51] T. G. Leong, C. L. Randall, B. R. Benson, N. Bassik, G. M. Stern, and D. H. Gracias, "Tetherless thermobiochemically actuated microgrippers," *Proceedings of the National Academy of Sciences USA*, vol. 106, no. 3, pp. 703–708, 2009.

[52] R. W. Carlsen and M. Sitti, "Bio-hybrid cell-based actuators for microsystems," *Small*, vol. 10, no. 19, pp. 3831–3851, 2014.

[53] M. R. Edwards, R. W. Carlsen, and M. Sitti, "Near and far-wall effects on the three-dimensional motion of bacteria-driven microbeads," *Applied Physics Letters*, vol. 102, p. 143701, 2013.

[54] Y. S. Song and M. Sitti, "Surface-tension-driven biologically inspired water strider robots: Theory and experiments," *IEEE Transactions on Robotics*, vol. 23, no. 3, pp. 578–589, 2007.

[55] M. Sitti, H. Ceylan, W. Hu, J. Giltinan, M. Turan, S. Yim, and E. Diller, "Biomedical applications of untethered mobile milli/microrobots," *Proceedings of the IEEE*, vol. 103, no. 2, pp. 205–224, 2015.

[56] C. Pawashe, S. Floyd, and M. Sitti, "Multiple magnetic microrobot control using electrostatic anchoring," *Applied Physics Letters*, vol. 94, no. 16, p. 164108, 2009.

[57] E. Diller, S. Miyashita, and M. Sitti, "Magnetic hysteresis for multi-state addressable magnetic microrobotic control," in *International Conference on Intelligent Robots and Systems*, pp. 2325–2331, 2012.

[58] C. Pawashe, S. Floyd, E. Diller, and M. Sitti, "Two-dimensional autonomous microparticle manipulation strategies for magnetic microrobots in fluidic environments," *IEEE Transactions on Robotics*, vol. 28, no. 2, pp. 467–477, 2012.

[59] E. Diller, Z. Ye, and M. Sitti, "Rotating magnetic micro-robots for versatile non-contact fluidic manipulation of micro-objects," in *IEEE International Conference on Robots and Systems*, pp. 1291–1296, 2011.

[60] Z. Ye and M. Sitti, "Dynamic trapping and two-dimensional transport of swimming microorganisms using a rotating magnetic microrobot," *Lab on a Chip*, vol. 14, no. 13, pp. 2177–2182, 2014.

[61] E. Diller, C. Pawashe, S. Floyd, and M. Sitti, "Assembly and disassembly of magnetic mobile micro-robots towards deterministic 2-D reconfigurable micro-systems," *International Journal of Robotics Research*, vol. 30, pp. 1667–1680, Sept. 2011.

[62] J. Israelachivili, *Intermolecular and Surface Forces*. Academic Press, 1992.

[63] R. B. Goldfarb and F. R. Fickett, *Units for Magnetic Properties*. US Department of Commerce, National Bureau of Standards, 1985.

[64] B. Cullity and C. Graham, *Introduction to Magnetic Materials*. Wiley-IEEE Press, 2008.

[65] E. Diller and M. Sitti, "Micro-scale mobile robotics," *Foundations and Trends in Robotics*, vol. 2, no. 3, pp. 143–259, 2013.

[66] M. Sitti, "Microscale and nanoscale robotics systems: Characteristics, state of the art, and grand challenges," *IEEE Robotics and Automation Magazine*, vol. 14, no. 1, pp. 53–60, 2007.

[67] M. Sitti, "Voyage of the microrobots," *Nature*, vol. 458, pp. 1121–1122, 2009.

[68] A. Vikram Singh and M. Sitti, "Targeted drug delivery and imaging using mobile milli/microrobots: A promising future towards theranostic pharmaceutical design," *Current Pharmaceutical Design*, vol. 22, no. 11, pp. 1418–1428, 2016.

[69] J. Edd, S. Payen, B. Rubinsky, M. Stoller, and M. Sitti, "Biomimetic propulsion for a swimming surgical micro-robot," in *International Conference on Intelligent Robots and Systems*, pp. 2583–2588, 2003.

[70] B. Behkam and M. Sitti, "Bacterial flagella-based propulsion and on/off motion control of microscale objects," *Applied Physics Letters*, vol. 90, p. 023902, 2007.

[71] K. B. Yesin, K. Vollmers, and B. J. Nelson, "Modeling and control of untethered biomicrorobots in a fluidic environment using electromagnetic fields," *International Journal of Robotics Research*, vol. 25, no. 5-6, pp. 527–536, 2006.

[72] S. Martel, C. Tremblay, S. Ngakeng, and G. Langlois, "Controlled manipulation and actuation of micro-objects with magnetotactic bacteria," *Applied Physics Letters*, vol. 89, p. 233904, 2006.

[73] J. J. Gorman, C. D. McGray, and R. A. Allen, "Mobile microrobot characterization through performance-based competitions," in *Workshop on Performance Metrics for Intelligent Systems*, pp. 122–126, 2009.

[74] B. Behkam and M. Sitti, "Design methodology for biomimetic propulsion of miniature swimming robots," *Journal of Dynamic Systems, Measurement, and Control*, vol. 128, no. 1, p. 36, 2006.

[75] D. L. Hu, B. Chan, and J. W. M. Bush, "The hydrodynamics of water strider locomotion," *Nature*, vol. 424, pp. 663–666, Aug. 2003.

[76] G. P. Sutton and M. Burrows, "Biomechanics of jumping in the flea," *The Journal of Experimental Biology*, vol. 214, pp. 836–847, Mar. 2011.

[77] K. Schmidt-Nielsen, *Scaling: Why Is Animal Size So Important?* Cambridge University Press, 1984.

[78] M. H. Dickinson, F. O. Lehmann, and S. P. Sane, "Wing rotation and the aerodynamic basis of insect flight," *Science*, vol. 284, no. 5422, pp. 1954–1960, 1999.

[79] S. Floyd and M. Sitti, "Design and development of the lifting and propulsion mechanism for a biologically inspired water runner robot," *IEEE Transactions on Robotics*, vol. 24, pp. 698–709, 2008.

[80] M. J. Madou, *Fundamentals of Microfabrication: The Science of Miniaturization*. CRC Press, 2002.

[81] O. Cugat, J. Delamare, and G. Reyne, "Magnetic micro-actuators and systems (MAGMAS)," *IEEE Transactions on Magnetics*, vol. 39, pp. 3607–3612, Nov. 2003.

[82] J. Abbott, Z. Nagy, F. Beyeler, and B. Nelson, "Robotics in the small, part I: Microbotics," *Robotics & Automation Magazine*, vol. 14, pp. 92–103, June 2007.

[83] M. Wautelet, "Scaling laws in the macro-, micro-and nanoworlds," *European Journal of Physics*, vol. 22, pp. 601–611, 2001.

[84] TWI Ltd, http://www.twi-global.com/technical-knowledge/faqs/material-faqs/faq-what-are-the-typical-values-of-surface-energy-for-materials-and-adhesives/, "Table of surface energy values of solid materials."

[85] A. Bahramian and A. Danesh, "Prediction of solid-water-hydrocarbon contact angle," *Journal of Colloid and Interface Science*, vol. 311, pp. 579–586, 2007.

[86] Diversified Enterprises, https://www.accudynetest.com/visc_table.html, "Viscosity, Surface Tension, Specific Density and Molecular Weight of Selected Liquids."

[87] Diversified Enterprises, https://www.accudynetest.com/surface_tension_table.html, "Surface Tension Components and Molecular Weight of Selected Liquids."

[88] Power Chemical Corporation, http://www.powerchemical.net/library/Silicone_Oil.pdf, "Silicone Oil."

[89] M. D. Dickey, R. C. Chiechi, R. J. Larsen, E. A. Weiss, D. A. Weitz, and G. M. Whitesides, "Eutectic gallium-indium (EGaIn): A liquid metal alloy for the formation of stable structures in microchannels at room temperature," *Advanced Functional Materials*, vol. 18, pp. 1097–1104, 2008.

[90] L. Vitos, A. Ruban, H. L. Skriver, and J. Kollar, "The surface energy of metals," *Surface Science*, vol. 411, no. 1, pp. 186–202, 1998.

[91] Z. Yuan, J. Xiao, C. Wang, J. Zeng, S. Xing, and J. Liu, "Preparation of a superamphiphobic surface on a common cast iron substrate," *Journal of Coatings Technology Research*, vol. 8, pp. 773–777, 2011.

[92] P. M. Kulal, D. P. Dubal, C. D. Lokhande, and V. J. Fulari, "Chemical synthesis of Fe2O3 thin films for supercapacitor application," *Journal of Alloys and Compounds*, vol. 509, pp. 2567–2571, 2011.

[93] M. Novotný and K. D. Bartle, "Surface chemistry of glass open tubular (capillary) columns used in gas-liquid chromatography," *Chromatographia*, vol. 7, pp. 122–127, 1974.

[94] A. Zdziennicka, K. Szymczyk, and B. Jaczuk, "Correlation between surface free energy of quartz and its wettability by aqueous solutions of nonionic, anionic and cationic surfactants," *Journal of Colloid and Interface Science*, vol. 340, pp. 243–248, 2009.

[95] F. R. De, Boer, R. Boom, W. C. M. Mattens, A. R. Miedema, and A. K. Niessen, *Cohesion in Metals: Transition Metal Alloys*. Amsterdam: North Holland, 1989.

[96] M. Morita, T. Ohmi, E. Hasegawa, M. Kawakami, and K. Suma, "Control factor of native oxide growth on silicon in air or in ultrapure water," *Applied Physics Letters*, vol. 55, pp. 562–564, 1989.

[97] D. Janssen, R. De Palma, S. Verlaak, P. Heremans, and W. Dehaen, "Static solvent contact angle measurements, surface free energy and wettability determination of various self-assembled monolayers on silicon dioxide," *Thin Solid Films*, vol. 515, pp. 1433–1438, 2006.

[98] K. W. Bewig and W. A. Zisman, "The wetting of gold and platinum by water," *The Journal of Physical Chemistry*, vol. 1097, pp. 4238–4242, 1965.

[99] F. E. Bartell and P. H. Cardwell, "Reproducible contact angles on reproducible metal surfaces. I. Contact angles of water against silver and gold," *Journal of the American Chemical Society*, vol. 64, pp. 494–497, 1942.

[100] D. J. Trevoy and H. Johnson, "The water wettability of metal surfaces," *Journal of Physical Chemistry*, vol. 62, no. 3, pp. 833–837, 1958.

[101] D. A. Winesett, H. Ade, J. Sokolov, M. Rafailovich, and S. Zhu, "Substrate dependence of morphology in thin film polymer blends of polystyrene and poly (methyl methacrylate)," *Polymer International*, vol. 49, pp. 458–462, 2000.

[102] F. Walther, P. Davydovskaya, S. Zürcher, M. Kaiser, H. Herberg, A. M. Gigler, and R. W. Stark, "Stability of the hydrophilic behavior of oxygen plasma activated SU-8," *Journal of Micromechanics and Microengineering*, vol. 17, pp. 524–531, Mar. 2007.

[103] Diversified Enterprises, http://www.accudynetest.com/polytable_01.html, "Critical Surface Tension, Surface Free Energy, Contact Angles with Water, and Hansen Solubility Parameters for Various Polymers."

[104] C. P. Tan and H. G. Craighead, "Surface engineering and patterning using parylene for biological applications," *Materials*, vol. 3, pp. 1803–1832, 2010.

[105] Diversified Enterprises, http://www.accudynetest.com/polytable_03.html?sortby=contact_angle, "Critical surface tension and contact angle with water for various polymers."

[106] J. Visser, "On Hamaker constants: A comparison between Hamaker constants and Lifshitz-van der Waals constants," *Advances in Colloid and Interface Science*, vol. 3, no. 4, pp. 331–363, 1972.

[107] M. Sitti and H. Hashimoto, "Controlled pushing of nanoparticles: Modeling and experiments," *IEEE/ASME Transactions on Mechatronics*, vol. 5, pp. 199–211, June 2000.

[108] N. M. Holbrook and M. A. Zwieniecki, "Transporting water to the tops of trees quick study," *Physics Today*, vol. 61, pp. 76–77, 2008.

[109] A. Adamson, *Physical Chemistry of Surfaces*. Wiley-Interscience, 6th ed., 1997.

[110] S. H. Suhr, Y. S. Song, and M. Sitti, "Biologically inspired miniature water strider robot," in *Robotics: Science and Systems I*, pp. 319–326, 2005.

[111] O. Ozcan, H. Wang, J. D. Taylor, and M. Sitti, "STRIDE II: Water strider inspired miniature robot with circular footpads," *International Journal of Advanced Robotic Systems*, vol. 11, no. 85, 2014.

[112] M. Gauthier, S. Regnier, P. Rougeot, and N. Chaillet, "Forces analysis for micromanipulations in dry and liquid media," *Journal of Micromechatronics*, vol. 3, no. 3-4, pp. 389–413, 2006.

[113] B. Gady, D. Schleef, R. Reifenberger, D. Rimai, and L. DeMejo, "Identification of electrostatic and van der Waals interaction forces between a micrometer-size sphere and a flat substrate," *Physical Review. B, Condensed Matter*, vol. 53, pp. 8065–8070, Mar. 1996.

[114] S. K. Lamoreaux, "Demonstration of the Casimir force in the 0.6 to 6 μm range," *Phys. Rev. Lett.*, vol. 78, no. 1, 1997.

[115] S. Floyd, C. Pawashe, and M. Sitti, "Two-dimensional contact and noncontact micromanipulation in liquid using an untethered mobile magnetic microrobot," *IEEE Transactions on Robotics*, vol. 25, no. 6, pp. 1332–1342, 2009.

[116] M. Sitti and H. Hashimoto, "Teleoperated touch feedback from the surfaces at the nanoscale: modeling and experiments," *IEEE/ASME Transactions on Mechatronics*, vol. 8, no. 2, pp. 287–298, 2003.

[117] M. Sitti and H. Hashimoto, "Tele-nanorobotics using atomic force microscope," in *IEEE/RSJ International Conference on Intelligent Robots and Systems*, pp. 1739–1746, 1998.

[118] M. Sitti and H. Hashimoto, "Tele-nanorobotics using an atomic force microscope as a nanorobot and sensor," *Advanced Robotics*, vol. 13, no. 4, pp. 417–436, 1998.

[119] C. D. Onal and M. Sitti, "Teleoperated 3-D force feedback from the nanoscale with an atomic force microscope," *IEEE Transactions on Nanotechnology*, vol. 9, no. 1, pp. 46–54, 2010.

[120] C. D. Onal, O. Ozcan, and M. Sitti, "Automated 2-D nanoparticle manipulation using atomic force microscopy," *IEEE Transactions on Nanotechnology*, vol. 10, no. 3, pp. 472–481, 2011.

[121] M. Gauthier, S. Regnier, P. Rougeot, N. Chaillet, and S. Régnier, "Analysis of forces for micromanipulations in dry and liquid media," *Journal of Micromechatronics*, vol. 3, pp. 389–413, Sept. 2006.

[122] D. Maugis, "Adhesion of spheres: The JKR-DMT transition using a Dugdale model," *Journal of Colloid and Interface Science*, vol. 150, no. 1, 1992.

[123] O. Piétrement and M. Troyon, "General equations describing elastic indentation depth and normal contact stiffness versus load," *Journal of Colloid and Interface Science*, vol. 226, pp. 166–171, June 2000.

[124] D. Olsen and J. Osteraas, "The critical surface tension of glass," *Journal of Physical Chemistry*, vol. 68, no. 9, pp. 2730–2732, 1964.

[125] S. Rhee, "Surface energies of silicate glasses calculated from their wettability data," *Journal of Materials Science*, vol. 12, pp. 823–824, 1977.

[126] M. Samuelsson and D. Kirchman, "Degradation of adsorbed protein by attached bacteria in relationship to surface hydrophobicity," *American Society for Microbiology*, vol. 56, pp. 3643–3648, 1990.

[127] T. Czerwiec, N. Renevier, and H. Michel, "Low-temperature plasma-assisted nitriding," *Surface and Coatings Technology*, vol. 131, pp. 267–277, 2000.

[128] M. Yuce and A. Demirel, "The effect of nanoparticles on the surface hydrophobicity of polystyrene," *European Physics Journal*, vol. 64, pp. 493–497, 2008.

[129] W. Hu, B. Yang, C. Peng, and S. W. Pang, "Three-dimensional SU-8 structures by reversal UV imprint," *Journal of Vacuum Science & Technology B: Microelectronics and Nanometer Structures*, vol. 24, no. 5, p. 2225, 2006.

[130] P. Hess, "Laser diagnostics of mechanical and elastic properties of silicon and carbon films," *Applied Surface Science*, vol. 106, pp. 429–437, 1996.

[131] M. T. Kim, "Influence of substrates on the elastic reaction of films for the microindentation tests," *Thin Solid Films*, vol. 168, pp. 12–16, 1996.

[132] W. R. Tyson and W. A. Miller, "Surface free energies of solid metals: Estimation from liquid surface tension measurements," *Surface Science*, vol. 62, pp. 267–276, 1977.

[133] H. L. Skriver and N. M. Rosengaard, "Surface energy and work function of elemental metals," *Physical Review B*, vol. 46, no. 11, pp. 7157–7168, 1992.

[134] D. H. Kaelble and J. Moacanin, "A surface energy analysis of bioadhesion," *Polymer*, vol. 18, pp. 475–482, May 1977.

[135] http://www.surface-tension.de/solid-surface-energy.htm, "Solid surface energy data for common polymers."

[136] F. Heslot, A. Cazabat, P. Levinson, and N. Fraysse, "Experiments on wetting on the scale of nanometers: Influence of the surface energy," *Physical Review Letters*, vol. 65, no. 5, pp. 599–602, 1990.

[137] B. Aksak, M. P. Murphy, and M. Sitti, "Adhesion of biologically inspired vertical and angled polymer microfiber arrays," *Langmuir*, vol. 23, no. 6, pp. 3322–3332, 2007.

[138] D. Maugis, *Contact, Adhesion and Rpture of Elastic Solids*. Springer Verlag, 2013.

[139] M. K. Chaudhury, T. Weaver, C. Y. Hui, and E. J. Kramer, "Adhesive contact of cylindrical lens and a flat sheet," *Journal of Applied Physics*, vol. 80, no. 30, 1996.

[140] B. Sumer, C. D. Onal, B. Aksak, and M. Sitti, "An experimental analysis of elliptical adhesive contact," *Journal of Applied Physics*, vol. 107, no. 11, p. 113512, 2010.

[141] K. L. Johnson, "Contact mechanics and adhesion of viscoelastic spheres microstructure and microtribology of polymer surfaces," in *ACS Symposium Series, edited by Tsukruk, V., et al.*, 1999.

[142] U. Abusomwan and M. Sitti, "Effect of retraction speed on adhesion of elastomer fibrillar structures," *Applied Physics Letters*, vol. 101, no. 21, p. 211907, 2012.

[143] M. Sitti, "Atomic force microscope probe based controlled pushing for nanotribological characterization," *IEEE/ASME Transactions on Mechatronics*, vol. 9, no. 2, pp. 343–349, 2004.

[144] M. Sitti, B. Aruk, H. Shintani, and H. Hashimoto, "Scaled teleoperation system for nanoscale interaction and manipulation," *Advanced Robotics*, vol. 17, no. 3, pp. 275–291, 2003.

[145] B. Sümer and M. Sitti, "Rolling and spinning friction characterization of fine particles using lateral force microscopy based contact pushing," *Journal of Adhesion Science and Technology*, vol. 22, pp. 481–506, June 2008.

[146] M. Hagiwara, T. Kawahara, T. Iijima, and F. Arai, "High-speed magnetic microrobot actuation in a microfluidic chip by a fine V-groove surface," *Transactions on Robotics*, vol. 29, no. 2, pp. 363–372, 2013.

[147] C. Dominik and A. G. G. M. Tielens, "An experimental analysis of elliptical adhesive contact," *Astrophys. J.*, vol. 480, pp. 647–673, 1997.

[148] J. A. Williams, "Friction and wear of rotating pivots in MEMS and other small scale devices," *Wear*, vol. 251, pp. 965–972, Oct. 2001.

[149] P. S. Sreetharan, J. P. Whitney, M. D. Strauss, and R. J. Wood, "Monolithic fabrication of millimeter-scale machines," *Journal of Micromechanics and Microengineering*, vol. 22, p. 055027, May 2012.

[150] E. M. Purcell, "Life at low Reynolds number," *American Journal of Physics*, vol. 45, no. 1, pp. 3–11, 1977.

[151] J. Richardson and J. Harker, *Chemical Engineering, Volume 2, 5th Edition*. Butterworth and Heinemann, 2002.

[152] B. Munson, D. Young, and T. Okiishi, *Fundamentals of Fluid Mechanics*. John Wiley and Sons, Inc., 4th ed., 2002.

[153] J. Happel and H. Brenner, *Low Reynolds Number Hydrodynamics*. Prentice-Hall, 1965.

[154] R. Clift, J. R. Grace, and M. E. Weber, *Bubbles, Drops, and Particles*. Academic Press, 2005.

[155] P. A. Valberg and J. P. Butler, "Magnetic particle motions within living cells: Physical theory and techniques," *Biophysical Journal*, vol. 52, pp. 537–550, Oct. 1987.

[156] Q. Liu and A. Prosperetti, "Wall effects on a rotating sphere," *Journal of Fluid Mechanics*, vol. 657, pp. 1–21, 2010.

[157] H. Faxen, "Die Bewegung einer starren Kugel längs der Achse eines mit zäher Flüssigkeit gefüllten Rohres," *Arkiv foer Matematik, Astronomioch Fysik*, vol. 17, no. 27, pp. 1–28, 1923.

[158] A. J. Goldman, R. G. Cox, and H. Brenner, "Slow viscous motion of a sphere parallel to a plane wall-I motion through a quiescent fluid," *Chemical Engineering Science*, vol. 22, no. 4, pp. 637–651, 1967.

[159] P. Bernhard and P. Renaud, "Microstereolithography : Concepts and applications," in *International Conference on Emerging Technologies and Factory Automation*, vol. 00, pp. 289–298, 2001.

[160] P. X. Lan, J. W. Lee, Y.-J. Seol, and D.-W. Cho, "Development of 3D PPF/DEF scaffolds using micro-stereolithography and surface modification," *Journal of Materials Science: Materials in Medicine*, vol. 20, pp. 271–279, Jan. 2009.

[161] J.-W. Choi, E. MacDonald, and R. Wicker, "Multi-material microstereolithography," *International Journal of Advanced Manufacturing Technology*, vol. 49, pp. 543–551, Dec. 2009.

[162] J. Giltinan, E. Diller, C. Mayda, and M. Sitti, "Three-dimensional robotic manipulation and transport of micro-scale objects by a magnetically driven capillary micro-gripper," in *IEEE International Conference on Robotics and Automation*, pp. 2077–2082, 2014.

[163] M. Yasui, M. Ikeuchi, and K. Ikuta, "Magnetic micro actuator with neutral buoyancy and 3D fabrication of cell size magnetized structure," in *IEEE International Conference on Robotics and Automation*, pp. 745–750, 2012.

[164] S. Filiz, L. Xie, L. E. Weiss, and B. Ozdoganlar, "Micromilling of microbarbs for medical implants," *International Journal of Machine Tools and Manufacture*, vol. 48, pp. 459–472, Mar. 2008.

[165] V. Arabagi, L. Hines, and M. Sitti, "Design and manufacturing of a controllable miniature flapping wing robotic platform," *International Journal of Robotics Research*, vol. 31, no. 6, pp. 785–800, 2012.

[166] S. Senturia, *Microsystem Design*. Springer, 2000.

[167] S. Maruo, O. Nakamura, and S. Kawata, "Three-dimensional microfabrication with two-photon-absorbed photopolymerization," *Optics letters*, vol. 22, no. 2, pp. 132–134, 1997.

[168] J. K. Hohmann, M. Renner, E. H. Waller, and G. von Freymann, "Three-dimensional μ-printing: An enabling technology," *Advanced Optical Materials*, vol. 3, no. 11, pp. 1488–1507, 2015.

[169] S. Kim, F. Qiu, S. Kim, A. Ghanbari, C. Moon, L. Zhang, B. J. Nelson, and H. Choi, "Fabrication and characterization of magnetic microrobots for three-dimensional cell culture and targeted transportation," *Advanced Materials*, vol. 25, no. 41, pp. 5863–5868, 2013.

[170] H. Zeng, D. Martella, P. Wasylczyk, G. Cerretti, J.-C. G. Lavocat, C.-H. Ho, C. Parmeggiani, and D. S. Wiersma, "High-resolution 3d direct laser writing for liquid-crystalline elastomer microstructures," *Advanced Materials*, vol. 26, no. 15, pp. 2319–2322, 2014.

[171] H. Ceylan, I. C. Yasa, and M. Sitti, "3D chemical patterning of micromaterials for encoded functionality," *Advanced Materials*, doi: 10.1002/adma.201605072, 2016.

[172] Y. Xia and G. M. Whitesides, "Soft lithography," *Angewandte Chemie*, vol. 37, no. 5, pp. 550–575, 1998.

[173] G. Z. Lum, Z. Ye, X. Dong, H. Marvi, O. Erin, W. Hu, and M. Sitti, "Shape-programmable magnetic soft matter," *Proceedings of the National Academy of Sciences USA*, vol. 113, no. 41, pp. E6007–E6015, 2016.

[174] A. P. Gerratt, I. Penskiy, and S. Bergbreiter, "SOI/elastomer process for energy storage and rapid release," *Journal of Micromechanics and Microengineering*, vol. 20, p. 104011, Oct. 2010.

[175] C. A. Grimes, C. S. Mungle, K. Zeng, M. K. Jain, W. R. Dreschel, M. Paulose, and K. G. Ong, "Wireless magnetoelastic resonance sensors: A criticial review," *Sensors*, vol. 2, pp. 294–313, 2002.

[176] M. K. Jain, Q. Cai, and C. A. Grimes, "A wireless micro-sensor for simultaneous measurement of ph, temperature, and pressure," *Smart Materials and Structures*, vol. 10, pp. 347–353, 2001.

[177] S. Li, L. Fu, J. M. Barbaree, and Z. Y. Cheng, "Resonance behavior of magnetostrictive micro/milli-cantilever and its application as a biosensor," *Sensors and Actuators B: Chemical*, vol. 137, pp. 692–699, 2009.

[178] G. Wu, R. H. Datar, K. M. Hansen, T. Thundat, R. J. Cote, and A. Majumdar, "Bioassay of prostate-specific antigen (PSA) using microcantilevers," *Nature Biotechnology*, vol. 19, pp. 856–860, 2001.

[179] R. Raiteri, M. Grattarola, H.-J. Butt, and P. Skladal, "Micromechanical cantilever-based biosensors," *Sensors and Actuators B*, vol. 79, pp. 115–126, 2001.

[180] A. M. Moulin, S. J. O'Shea, and M. E. Welland, "Microcantilever-based biosensors," *Ultramicroscopy*, vol. 82, pp. 23–31, 2000.

[181] O. Ergeneman and G. Chatzipirpiridis, "In vitro oxygen sensing using intraocular microrobots," *IEEE Transactions on Biomedical Engineering*, vol. 59, pp. 3104–3109, Sept. 2012.

[182] M. Mastrangeli, S. Abbasi, C. Varel, C. Van Hoof, J. P. Celis, and K. F. Böhringer, "Self-assembly from milli- to nanoscales: Mmethods and applications," *Journal of Micromechanics and Microengineering*, vol. 19, p. 083001, July 2009.

[183] D. J. Filipiak, A. Azam, T. G. Leong, and D. H. Gracias, "Hierarchical self-assembly of complex polyhedral microcontainers," *Journal of Micromechanics and Microengineering*, vol. 19, pp. 1–6, July 2009.

[184] J. S. Randhawa, S. S. Gurbani, M. D. Keung, D. P. Demers, M. R. Leahy-Hoppa, and D. H. Gracias, "Three-dimensional surface current loops in terahertz responsive microarrays," *Applied Physics Letters*, vol. 96, no. 19, p. 191108, 2010.

[185] J. S. Song, S. Lee, S. H. Jung, G. C. Cha, and M. S. Mun, "Improved biocompatibility of parylene-C films prepared by chemical vapor deposition and the subsequent plasma treatment," *Journal of Applied Polymer Science*, vol. 112, no. 6, pp. 3677–3685, 2009.

[186] T. Prodromakis, K. Michelakis, T. Zoumpoulidis, R. Dekker, and C. Toumazou, "Biocompatible encapsulation of CMOS based chemical sensors," in *IEEE Sensors*, pp. 791–794, Oct. 2009.

[187] K. M. Sivaraman, "Functional polypyrrole coatings for wirelessly controlled magnetic microrobots," in *Point-of-Care Healthcare Technologies*, pp. 22–25, 2013.

[188] H. Hinghofer-Szalkay and J. E. Greenleaf, "Continuous monitoring of blood volume changes in humans," *Journal of Applied Physiology*, vol. 63, pp. 1003–1007, Sept. 1987.

[189] J. Black, *Handbook of Biomaterial Properties*. Springer, 1998.

[190] R. Fishman, *Cerebrospinal Fluid in Diseases of the Nervous System*. Saunders, 2nd ed., 1980.

[191] S. Palagi and V. Pensabene, "Design and development of a soft magnetically-propelled swimming microrobot," in *International conference on Robotics and Automation*, pp. 5109–5114, 2011.

[192] P. Jena, E. Diller, J. Giltinan, and M. Sitti, "Neutrally buoyant microrobots for enhanced 3D control," in *International Conference on Intelligent Robots and Systems, Workshop on Magnetically Actuated Multiscale Medical Robots*, 2012.

[193] S. Kuiper and B. Hendriks, "Variable-focus liquid lens for miniature cameras," *Applied Physics Letters*, vol. 85, no. 7, pp. 1128–1130, 2004.

[194] K.-H. Jeong, J. Kim, and L. P. Lee, "Biologically inspired artificial compound eyes," *Science*, vol. 312, no. 5773, pp. 557–561, 2006.

[195] M. Amjadi, K.-U. Kyung, I. Park, and M. Sitti, "Stretchable, skin-mountable, and wearable strain sensors and their potential applications: A review," *Advanced Functional Materials*, vol. 26, pp. 1678–1698, 2016.

[196] M. Amjadi, M. Turan, C. P. Clementson, and M. Sitti, "Parallel microcracks-based ultra-sensitive and highly stretchable strain sensors," *ACS Applied Materials & Interfaces*, vol. 8, no. 8, pp. 5618–5626, 2016.

[197] J. Bernstein, S. Cho, A. King, A. Kourepenis, P. Maciel, and M. Weinberg, "A micromachined comb-drive tuning fork rate gyroscope," in *IEEE Int. Conf. on Microelectromechanical Systems*, pp. 143–148, 1993.

[198] Y. Sun, S. N. Fry, D. Potasek, D. J. Bell, and B. J. Nelson, "Characterizing fruit fly flight behavior using a microforce sensor with a new comb-drive configuration," *Journal of Microelectromechanical Systems*, vol. 14, no. 1, pp. 4–11, 2005.

[199] G. Lin, R. E. Palmer, K. S. Pister, and K. P. Roos, "Miniature heart cell force transducer system implemented in mems technology," *Biomedical Engineering, IEEE Transactions on*, vol. 48, no. 9, pp. 996–1006, 2001.

[200] Z. Fan, J. Chen, J. Zou, D. Bullen, C. Liu, and F. Delcomyn, "Design and fabrication of artificial lateral line flow sensors," *Journal of Micromechanics and Microengineering*, vol. 12, no. 5, p. 655, 2002.

[201] N. Yazdi, F. Ayazi, and K. Najafi, "Micromachined inertial sensors," *Proceedings of the IEEE*, vol. 86, no. 8, pp. 1640–1659, 1998.

[202] M. Sitti and H. Hashimoto, "Two-dimensional fine particle positioning under an optical microscope using a piezoresistive cantilever as a manipulator," *Journal of Micromechatronics*, vol. 1, no. 1, pp. 25–48, 2000.

[203] Y. Arntz, J. D. Seelig, H. Lang, J. Zhang, P. Hunziker, J. Ramseyer, E. Meyer, M. Hegner, and C. Gerber, "Label-free protein assay based on a nanomechanical cantilever array," *Nanotechnology*, vol. 14, no. 1, p. 86, 2002.

[204] O. Ergeneman, G. Dogangil, M. P. Kummer, J. J. Abbott, M. K. Nazeeruddin, and B. J. Nelson, "A magnetically controlled wireless optical oxygen sensor for intraocular measurements," *IEEE Sensors Journal*, vol. 8, pp. 2022–2024, 2008.

[205] C. Pawashe, *Untethered Mobile Magnetic Micro-Robots*. PhD thesis, Carnegie Mellon University, 2010.

[206] K. G. Ong, C. S. Mungle, and C. A. Grimes, "Control of a magnetoelastic sensor temperature response by magnetic field tuning," *IEEE Transactions on Magnetics*, vol. 39, pp. 3319–3321, 2003.

[207] P. G. Stoyanov and C. A. Grimes, "A remote query magnetostrictive viscosity sensor," *Sensors and Actuators*, vol. 80, pp. 8–14, 2000.

[208] M. Sitti, D. Campolo, J. Yan, and R. S. Fearing, "Development of PZT and PZN-PT based unimorph actuators for micromechanical flapping mechanisms," in *IEEE International Conference on Robotics and Automation*, vol. 4, pp. 3839–3846, 2001.

[209] J. Yan, S. A. Avadhanula, J. Birch, M. H. Dickinson, M. Sitti, T. Su, and R. S. Fearing, "Wing transmission for a micromechanical flying insect," *Journal of Micromechatronics*, vol. 1, no. 3, pp. 221–237, 2001.

[210] M. Sitti, "Piezoelectrically actuated four-bar mechanism with two flexible links for micromechanical flying insect thorax," *IEEE/ASME Transactions on Mechatronics*, vol. 8, no. 1, pp. 26–36, 2003.

[211] V. Arabagi, L. Hines, and M. Sitti, "A simulation and design tool for a passive rotation flapping wing mechanism," *IEEE/ASME Transactions on Mechatronics*, vol. 18, no. 2, pp. 787–798, 2013.

[212] K. J. Son, V. Kartik, J. A. Wickert, and M. Sitti, "An ultrasonic standing-wave-actuated nano-positioning walking robot: Piezoelectric-metal composite beam modeling," *Journal of Vibration and Control*, vol. 12, no. 12, pp. 1293–1309, 2006.

[213] B. Watson, J. Friend, L. Yeo, and M. Sitti, "Piezoelectric ultrasonic resonant micromotor with a volume of less than 1 mm 3 for use in medical microbots," in *IEEE International Conference on Robotics and Automation*, pp. 2225–2230, 2009.

[214] H. Meng and G. Li, "A review of stimuli-responsive shape memory polymer composites," *Polymer*, vol. 54, no. 9, pp. 2199–2221, 2013.

[215] E. W. Jager, E. Smela, and O. Inganäs, "Microfabricating conjugated polymer actuators," *Science*, vol. 290, no. 5496, pp. 1540–1545, 2000.

[216] R. Pelrine, R. Kornbluh, Q. Pei, and J. Joseph, "High-speed electrically actuated elastomers with strain greater than 100%," *Science*, vol. 287, no. 5454, pp. 836–839, 2000.

[217] L. Hines, K. Petersen, and M. Sitti, "Inflated soft actuators with reversible stable deformations," *Advanced Materials*, vol. 28, no. 19, pp. 3690–3696, 2016.

[218] L. Hines, K. Petersen, G. Z. Lum, and M. Sitti, "Soft actuators for small-scale robotics," *Advanced Materials*, doi: 10.1002/adma.201603483, 2016.

[219] W. C. Tang, M. G. Lim, and R. T. Howe, "Electrostatic comb drive levitation and control method," *Journal of Microelectromechanical Systems*, vol. 1, no. 4, pp. 170–178, 1992.

[220] J. de Vicente, D. J. Klingenberg, and R. Hidalgo-Alvarez, "Magnetorheological fluids: A review," *Soft Matter*, vol. 7, no. 8, pp. 3701–3710, 2011.

[221] M. Amjadi and M. Sitti, "High-performance multiresponsive paper actuators," *ACS Nano*, vol. 10, no. 11, pp. 10202–10210, 2016.

[222] W. Wang, W. Duan, S. Ahmed, T. E. Mallouk, and A. Sen, "Small power: Autonomous nano-and micromotors propelled by self-generated gradients," *Nano Today*, vol. 8, no. 5,

pp. 531–554, 2013.

[223] S. Fournier-Bidoz, A. C. Arsenault, I. Manners, and G. A. Ozin, "Synthetic self-propelled nanorotors," *Chem. Commun.*, no. 4, pp. 441–443, 2005.

[224] N. S. Zacharia, Z. S. Sadeq, and G. A. Ozin, "Enhanced speed of bimetallic nanorod motors by surface roughening," *Chemical Communications*, no. 39, pp. 5856–5858, 2009.

[225] U. K. Demirok, R. Laocharoensuk, K. M. Manesh, and J. Wang, "Ultrafast catalytic alloy nanomotors," *Angewandte Chemie International Edition*, vol. 47, no. 48, pp. 9349–9351, 2008.

[226] S. Balasubramanian, D. Kagan, K. M. Manesh, P. Calvo-Marzal, G.-U. Flechsig, and J. Wang, "Thermal modulation of nanomotor movement," *Small*, vol. 5, no. 13, pp. 1569–1574, 2009.

[227] J. L. Anderson, "Colloid transport by interfacial forces," *Annual Review of Fluid Mechanics*, vol. 21, no. 1, pp. 61–99, 1989.

[228] J. Ebel, J. L. Anderson, and D. Prieve, "Diffusiophoresis of latex particles in electrolyte gradients," *Langmuir*, vol. 4, no. 2, pp. 396–406, 1988.

[229] S. Sánchez, L. Soler, and J. Katuri, "Chemically powered micro-and nanomotors," *Angewandte Chemie International Edition*, vol. 54, no. 5, pp. 1414–1444, 2015.

[230] G. Volpe, I. Buttinoni, D. Vogt, H.-J. Kümmerer, and C. Bechinger, "Microswimmers in patterned environments," *Soft Matter*, vol. 7, no. 19, pp. 8810–8815, 2011.

[231] I. Buttinoni, G. Volpe, F. Kümmel, G. Volpe, and C. Bechinger, "Active brownian motion tunable by light," *Journal of Physics: Condensed Matter*, vol. 24, no. 28, p. 284129, 2012.

[232] X. Ma, X. Wang, K. Hahn, and S. Sánchez, "Motion control of urea-powered biocompatible hollow microcapsules," *ACS Nano*, vol. 10, no. 3, pp. 3597–3605, 2016.

[233] R. F. Ismagilov, A. Schwartz, N. Bowden, and G. M. Whitesides, "Autonomous movement and self-assembly," *Angewandte Chemie International Edition*, vol. 41, no. 4, pp. 652–654, 2002.

[234] Z. Fattah, G. Loget, V. Lapeyre, P. Garrigue, C. Warakulwit, J. Limtrakul, L. Bouffier, and A. Kuhn, "Straightforward single-step generation of microswimmers by bipolar electrochemistry," *Electrochimica Acta*, vol. 56, no. 28, pp. 10562–10566, 2011.

[235] W. Gao, M. D'Agostino, V. Garcia-Gradilla, J. Orozco, and J. Wang, "Multi-fuel driven janus micromotors," *Small*, vol. 9, no. 3, pp. 467–471, 2013.

[236] F. Mou, C. Chen, H. Ma, Y. Yin, Q. Wu, and J. Guan, "Self-propelled micromotors driven by the magnesium–water reaction and their hemolytic properties," *Angewandte Chemie*, vol. 125, no. 28, pp. 7349–7353, 2013.

[237] W. Gao, A. Pei, and J. Wang, "Water-driven micromotors," *ACS Nano*, vol. 6, no. 9, pp. 8432–8438, 2012.

[238] L. Baraban, R. Streubel, D. Makarov, L. Han, D. Karnaushenko, O. G. Schmidt, and G. Cuniberti, "Fuel-free locomotion of janus motors: Magnetically induced thermophoresis," *ACS Nano*, vol. 7, no. 2, pp. 1360–1367, 2013.

[239] B. Qian, D. Montiel, A. Bregulla, F. Cichos, and H. Yang, "Harnessing thermal fluctuations for purposeful activities: The manipulation of single micro-swimmers by adaptive photon nudging," *Chemical Science*, vol. 4, no. 4, pp. 1420–1429, 2013.

[240] R. Golestanian, "Collective behavior of thermally active colloids," *Physical Review Letters*, vol. 108, no. 3, p. 038303, 2012.

[241] J. W. Bush and D. L. Hu, "Walking on water: biolocomotion at the interface," *Annu. Rev. Fluid Mech.*, vol. 38, pp. 339–369, 2006.

[242] H. Zhang, W. Duan, L. Liu, and A. Sen, "Depolymerization-powered autonomous motors using biocompatible fuel," *Journal of the American Chemical Society*, vol. 135, no. 42, pp. 15734–15737, 2013.

[243] R. Sharma, S. T. Chang, and O. D. Velev, "Gel-based self-propelling particles get programmed to dance," *Langmuir*, vol. 28, no. 26, pp. 10128–10135, 2012.

[244] N. Bassik, B. T. Abebe, and D. H. Gracias, "Solvent driven motion of lithographically fabricated gels," *Langmuir*, vol. 24, no. 21, pp. 12158–12163, 2008.

[245] T. Mitsumata, K. Ikeda, J. P. Gong, and Y. Osada, "Solvent-driven chemical motor," *Applied Physics Letters*, vol. 73, no. 16, pp. 2366–2368, 1998.

[246] C. Luo, H. Li, and X. Liu, "Propulsion of microboats using isopropyl alcohol as a propellant," *Journal of Micromechanics and Microengineering*, vol. 18, no. 6, p. 067002, 2008.

[247] G. Loget and A. Kuhn, "Electric field-induced chemical locomotion of conducting objects," *Nature Communications*, vol. 2, p. 535, 2011.

[248] S. J. Wang, F. D. Ma, H. Zhao, and N. Wu, "Fuel-free locomotion of janus motors: magnetically induced thermophoresis," *ACS Appl. Mater. Interfaces*, vol. 6, pp. 4560–4569, 2014.

[249] M. Bennet, A. McCarthy, D. Fix, M. R. Edwards, F. Repp, P. Vach, J. W. Dunlop, M. Sitti, G. S. Buller, and S. Klumpp, "Influence of magnetic fields on magneto-aerotaxis," *PLoS One*, vol. 9, no. 7, p. e101150, 2014.

[250] M. R. Edwards, R. W. Carlsen, J. Zhuang, and M. Sitti, "Swimming characterization of *Serratia marcescens* for bio-hybrid micro-robotics," *Journal of Micro-Bio Robotics*, vol. 9, no. 3-4, pp. 47–60, 2014.

[251] A. V. Singh and M. Sitti, "Patterned and specific attachment of bacteria on biohybrid bacteria-driven microswimmers," *Advanced Healthcare Materials*, vol. 5, no. 18, pp. 2325–2331, 2016.

[252] B. Behkam and M. Sitti, "Effect of quantity and configuration of attached bacteria on bacterial propulsion of microbeads," *Applied Physics Letters*, vol. 93, p. 223901, Dec. 2008.

[253] J. Zhuang and M. Sitti, "Chemotaxis of bio-hybrid multiple bacteria-driven microswimmers," *Scientific Reports*, vol. 6, article no: 32135, 2016.

[254] H. Danan, A. Herr, and A. Meyer, "New determinations of the saturation magnetization of nickel and iron," *Journal of Applied Physics*, vol. 39, no. 2, p. 669, 1968.

[255] M. Aus, C. Cheung, and B. Szpunar, "Saturation magnetization of porosity-free nanocrystalline cobalt," *Journal of Materials Science Letters*, vol. 7, pp. 1949–1952, 1998.

[256] J. F. Schenck, "Safety of strong, static magnetic fields," *Journal of Magnetic Resonance Imaging*, vol. 12, pp. 2–19, July 2000.

[257] "Criteria for significant risk investigations of magnetic resonance diagnostic devices," tech. rep., U.S. Food and Drug Administration, 2003.

[258] R. Price, "The AAPM/RSNA physics tutorial for residents: MR imaging safety considerations," *Imaging and Therapeutic Technology*, vol. 19, no. 6, pp. 1641–1651, 1999.

[259] D. W. McRobbie, "Occupational exposure in MRI," *The British Journal of Radiology*, vol. 85, pp. 293–312, Apr. 2012.

[260] D. K. Cheng, *Field and Wave Electromagnetics, 2nd Edition*. Addison-Wesley Publishing Company, Inc., 1992.

[261] W. Frix, G. Karady, and B. Venetz, "Comparison of calibration systems for magnetic field measurement equipment," *IEEE Transactions on Power Delivery*, vol. 9, no. 1, pp. 100–108, 1994.

[262] M. E. Rudd, "Optimum spacing of square and circular coil pairs," *Review of Scientific Instruments*, vol. 39, no. 9, p. 1372, 1968.

[263] A. W. Mahoney, J. C. Sarrazin, E. Bamberg, and J. J. Abbott, "Velocity control with gravity compensation for magnetic helical microswimmers," *Advanced Robotics*, vol. 25, pp. 1007–1028, May 2011.

[264] S. Schuerle, S. Erni, M. Flink, B. E. Kratochvil, and B. J. Nelson, "Three-dimensional magnetic manipulation of micro- and nanostructures for applications in life sciences," *IEEE Transactions on Magnetics*, vol. 49, pp. 321–330, Jan. 2013.

[265] R. Bjork, C. Bahl, A. Smith, and N. Pryds, "Comparison of adjustable permanent magnetic field sources," *Journal of Magnetism and Magnetic Materials*, vol. 322, pp. 3664–3671, Nov. 2010.

[266] A. Petruska and J. Abbott, "Optimal permanent-magnet geometries for dipole field approximation," *IEEE Transactions on Magnetics*, vol. 49, no. 2, pp. 811–819, 2013.

[267] A. Mahoney, D. Cowan, and K. Miller, "Control of untethered magnetically actuated tools using a rotating permanent magnet in any position," in *International conference on Robotics and Automation*, pp. 3375–3380, 2012.

[268] T. W. R. Fountain, P. V. Kailat, and J. J. Abbott, "Wireless control of magnetic helical microrobots using a rotating-permanent-magnet manipulator," in *IEEE International Conference on Robotics and Automation*, pp. 576–581, May 2010.

[269] K. Tsuchida, H. M. García-García, W. J. van der Giessen, E. P. McFadden, M. van der Ent, G. Sianos, H. Meulenbrug, A. T. L. Ong, and P. W. Serruys, "Guidewire navigation in coro-

nary artery stenoses using a novel magnetic navigation system: First clinical experience," *Catheterization and Cardiovascular Interventions*, vol. 67, pp. 356–63, Mar. 2006.

[270] J.-B. Mathieu, G. Beaudoin, and S. Martel, "Method of propulsion of a ferromagnetic core in the cardiovascular system through magnetic gradients generated by an mri system," *IEEE Transactions on Biomedical Engineering*, vol. 53, no. 2, pp. 292–299, 2006.

[271] J. Mathieu and S. Martel, "In vivo validation of a propulsion method for untethered medical microrobots using a clinical magnetic resonance imaging system," in *International Conference on Intelligent Robots and Systems*, pp. 502–508, 2007.

[272] K. Belharet, D. Folio, and A. Ferreira, "Endovascular navigation of a ferromagnetic microrobot using MRI-based predictive control," in *IEEE/RSJ International Conference on Intelligent Robots and Systems*, pp. 2804–2809, Oct. 2010.

[273] L. Arcese, M. Fruchard, F. Beyeler, A. Ferreira, and B. Nelson, "Adaptive backstepping and MEMS force sensor for an MRI-guided microrobot in the vasculature," in *IEEE International Conference on Robotics and Automation*, pp. 4121–4126, 2011.

[274] S. T. Chang, V. N. Paunov, D. N. Petsev, and O. D. Velev, "Remotely powered self-propelling particles and micropumps based on miniature diodes," *Nature Materials*, vol. 6, no. 3, pp. 235–240, 2007.

[275] P. Calvo-Marzal, S. Sattayasamitsathit, S. Balasubramanian, J. R. Windmiller, C. Dao, and J. Wang, "Propulsion of nanowire diodes," *Chemical Communications*, vol. 46, no. 10, pp. 1623–1624, 2010.

[276] S. Fusco, M. S. Sakar, S. Kennedy, C. Peters, R. Bottani, F. Starsich, A. Mao, G. A. Sotiriou, S. Pané, S. E. Pratsinis, and D. Mooney, "An integrated microrobotic platform for on-demand, targeted therapeutic interventions," *Advanced Materials*, vol. 26, no. 6, pp. 952–957, 2014.

[277] W. Hu, K. S. Ishii, Q. Fan, and A. T. Ohta, "Hydrogel microrobots actuated by optically generated vapour bubbles," *Lab on a Chip*, vol. 12, pp. 3821–3826, Aug. 2012.

[278] D. Klarman, D. Andelman, and M. Urbakh, "A model of electrowetting, reversed electrowetting and contact angle saturation," *Langmuir*, vol. 27, no. 10, pp. 6031–6041, 2011.

[279] H.-C. Chang and L. Yeo, *Electrokinetically-Driven Microfluidics and Nanofluidics*. Cambridge University Press, 2009.

[280] J. Gong, S.-K. Fan, and C.-J. Kim, "Portable digital microfluidics platform with active but disposable lab-on-chip," in *IEEE International Conference on Microelectromechanical Systems*, vol. 3, pp. 355–358, 2004.

[281] C. Bouyer, P. Chen, S. Güven, T. T. Demirtaş, T. J. Nieland, F. Padilla, and U. Demirci, "A bio-acoustic levitational (BAL) assembly method for engineering of multilayered, 3D brain-like constructs using human embryonic stem cell derived neuro-progenitors," *Advanced Materials*, vol. 28, no. 1, pp. 161–167, 2016.

[282] P. Chen, S. Güven, O. B. Usta, M. L. Yarmush, and U. Demirci, "Biotunable acoustic node assembly of organoids," *Advanced Healthcare Materials*, vol. 4, no. 13, pp. 1937–1943, 2015.

[283] D. Kagan, M. J. Benchimol, J. C. Claussen, E. Chuluun-Erdene, S. Esener, and J. Wang, "Acoustic droplet vaporization and propulsion of perfluorocarbon-loaded microbullets for targeted tissue penetration and deformation," *Angewandte Chemie*, vol. 124, no. 30, pp. 7637–7640, 2012.

[284] B. R. Donald, C. G. Levey, C. D. McGray, D. Rus, and M. Sinclair, "Power delivery and locomotion of untethered microactuators," *Journal of Microelectromechanical Systems*, vol. 12, no. 6, pp. 947–959, 2003.

[285] K. A. Cook-Chennault, N. Thambi, and A. M. Sastry, "Powering MEMS portable devicesa review of non-regenerative and regenerative power supply systems with special emphasis on piezoelectric energy harvesting systems," *Smart Materials and Structures*, vol. 17, no. 4, p. 043001, 2008.

[286] B. Wang, J. Bates, F. Hart, B. Sales, R. Zuhr, and J. Robertson, "Characterization of thin-film rechargeable lithium batteries with lithium cobalt oxide cathodes," *Journal of The Electrochemical Society*, vol. 143, no. 10, pp. 3203–3213, 1996.

[287] A. Shukla, P. Suresh, B. Sheela, and A. Rajendran, "Biological fuel cells and their applications," *Current Science*, vol. 87, no. 4, pp. 455–468, 2004.

[288] A. Kundu, J. Jang, J. Gil, C. Jung, H. Lee, S.-H. Kim, B. Ku, and Y. Oh, "Micro-fuel cellscurrent development and applications," *Journal of Power Sources*, vol. 170, no. 1, pp. 67–78, 2007.

[289] A. Lai, R. Duggirala, and S. Tin, "Radioisotope powered electrostatic microactuators and electronics," in *International Conference on Solid-State Sensors, Actuators and Microsystems*, pp. 269–273, 2007.

[290] H. Li and A. Lal, "Self-reciprocating radioisotope-powered cantilever," *Journal of Applied Physics*, vol. 92, no. 2, pp. 1122–1127, 2002.

[291] A. Kurs, A. Karalis, R. Moffatt, J. D. Joannopoulos, P. Fisher, and M. Soljacic, "Wireless power transfer via strongly coupled magnetic resonances," *Science*, vol. 317, pp. 83–6, July 2007.

[292] D. Schneider, "Electrons unplugged: Wireless power at a distance is still far away," *IEEE Spectrum*, pp. 34–39, 2010.

[293] S. Takeuchi and I. Shimoyama, "Selective drive of electrostatic actuators using remote inductive powering," *Sensors and Actuators A: Physical*, vol. 95, pp. 269–273, Jan. 2002.

[294] N. Shinohara, "Power without wires," *IEEE Microwave Magazine*, pp. 64–73, 2011.

[295] W. Brown, "The history of power transmission by radio waves," *IEEE Transactions on Microwave Theory and Techniques*, vol. 32, no. 9, pp. 1230–1242, 1984.

[296] J. S. Lee, W. Yim, C. Bae, and K. J. Kim, "Wireless actuation and control of ionic polymer-metal composite actuator using a microwave link," *International Journal of Smart and Nano Materials*, vol. 3, no. 4, pp. 244–262, 2012.

[297] T. Shibata, T. Sasaya, and N. Kawahara, "Development of inpipe microrobot using microwave energy transmission," *Electronics and Communications in Japan (Part II: Electronics)*, vol. 84, pp. 1–8, Nov. 2001.

[298] S. Roundy, D. Steingart, L. Frechette, P. Wright, and J. Rabaey, "Power sources for wireless sensor networks," in *Wireless Sensor Networks*, pp. 1–17, Springer, 2004.

[299] S. Hollar, A. Flynn, S. Bergbreiter, S. Member, and K. S. J. Pister, "Robot leg motion in a planarized-SOI, two-layer poly-Si process," *Journal of Microelectromechanical Systems*, vol. 14, no. 4, pp. 725–740, 2005.

[300] K. B. Lee, "Urine-activated paper batteries for biosystems," *Journal of Micromechanics and Microengineering*, vol. 15, no. 9, p. S210, 2005.

[301] S. Roundy, "On the effectiveness of vibration-based energy harvesting," *Journal of Intelligent Material Systems and Structures*, vol. 16, no. 10, pp. 809–823, 2005.

[302] J. Kymissis, C. Kendall, J. Paradiso, and N. Gershenfeld, "Parasitic power harvesting in shoes," in *IEEE International Conference on Wearable Computing*, pp. 132–139, 1998.

[303] S. B. Horowitz, M. Sheplak, L. N. Cattafesta, and T. Nishida, "A MEMS acoustic energy harvester," *Journal of Micromechanics and Microengineering*, vol. 16, no. 9, pp. S174–S181, 2006.

[304] L. Wang and F. G. Yuan, "Vibration energy harvesting by magnetostrictive material," *Smart Materials and Structures*, vol. 17, p. 045009, Aug. 2008.

[305] S. Meninger, J. O. Mur-Miranda, R. Amirtharajah, A. Chandrakasan, and J. Lang, "Vibration-to-electric energy conversion," in *International Symposium on Low Power Electronics and Design*, pp. 48–53, 1999.

[306] C. Williams, C. Shearwood, M. Harradine, P. Mellor, T. Birch, and R. Yates, "Development of an electromagnetic micro-generator," *IEE Proceedings - Circuits, Devices and Systems*, vol. 148, no. 6, p. 337, 2001.

[307] S. P. Beeby, M. J. Tudor, and N. M. White, "Energy harvesting vibration sources for microsystems applications," *Measurement Science and Technology*, vol. 17, pp. R175–R195, Dec. 2006.

[308] J. Stevens, "Optimized thermal design of small delta T thermoelectric generators," in *34th Intersociety Energy Conversion Engineering Conference*, 1999.

[309] A. Holmes and G. Hong, "Axial-flow microturbine with electromagnetic generator: Design, CFD simulation, and prototype demonstration," in *IEEE International Conference on Micro Electro Mechanical Systems*, pp. 568–571, 2004.

[310] D. Carli, D. Brunelli, D. Bertozzi, and L. Benini, "A high-efficiency wind-flow energy harvester using micro turbine," in *IEEE International Symposium on Power Electronics Electrical Drives Automation and Motion*, pp. 778–783, 2010.

[311] H. D. Akaydin, N. Elvin, and Y. Andreopoulos, "Energy harvesting from highly unsteady fluid flows using piezoelectric materials," *Journal of Intelligent Material Systems and Structures*, vol. 21, no. 13, pp. 1263–1278, 2010.

[312] E. Yeatman, "Advances in power sources for wireless sensor nodes," in *International Workshop on Body Sensor Networks*, pp. 20–21, 2004.

[313] R. M. Alexander, *Principles of Animal Locomotion*. Princeton University Press, 2003.

[314] M. A. Woodward and M. Sitti, "Multimo-bat: A biologically inspired integrated jumping–gliding robot," *International Journal of Robotics Research*, vol. 33, no. 12, pp. 1511–1529, 2014.

[315] M. Sitti, A. Menciassi, A. J. Ijspeert, K. H. Low, and S. Kim, "Survey and introduction to the focused section on bio-inspired mechatronics," *IEEE/ASME Transactions on Mechatronics*, vol. 18, no. 2, pp. 409–418, 2013.

[316] Z. Ye, E. Diller, and M. Sitti, "Micro-manipulation using rotational fluid flows induced by remote magnetic micro-manipulators," *Journal of Applied Physics*, vol. 112, p. 064912, Sept. 2012.

[317] H.-W. Tung, K. E. Peyer, D. F. Sargent, and B. J. Nelson, "Noncontact manipulation using a transversely magnetized rolling robot," *Applied Physics Letters*, vol. 103, no. 11, p. 114101, 2013.

[318] H. Tung and D. Frutiger, "Polymer-based wireless resonant magnetic microrobots," in *IEEE International Conference on Robotics and Automation*, pp. 715–720, 2012.

[319] S. Floyd, C. Pawashe, and M. Sitti, "An untethered magnetically actuated micro-robot capable of motion on arbitrary surfaces," in *IEEE International Conference on Robotics and Automation*, pp. 419–424, 2008.

[320] D. Stewart, "Finite-dimensional contact mechanics," *Philosophical Transactions Mathematical, Physical, and Engineering Sciences*, vol. 359, no. 1789, pp. 2467–2482, 2001.

[321] K. Y. Ma, P. Chirarattananon, S. B. Fuller, and R. J. Wood, "Controlled flight of a biologically inspired, insect-scale robot," *Science*, vol. 340, pp. 603–7, May 2013.

[322] G. Taylor, "Analysis of the swimming of microscopic organisms," *Proceedings of the Royal Society A: Mathematical, Physical and Engineering Sciences*, vol. 209, pp. 447–461, Nov. 1951.

[323] E. Lauga and T. R. Powers, "The hydrodynamics of swimming microorganisms," *Reports on Progress in Physics*, vol. 72, p. 096601, Sept. 2009.

[324] C. Elbuken, M. B. Khamesee, and M. Yavuz, "Design and implementation of a micromanipulation system using a magnetically levitated mems robot," *IEEE/ASME Transactions on Mechatronics*, vol. 14, no. 4, pp. 434–445, 2009.

[325] J. J. Abbott, O. Ergeneman, M. P. Kummer, A. M. Hirt, and B. J. Nelson, "Modeling magnetic torque and force for controlled manipulation of soft-magnetic bodies," *IEEE/ASME International Conference on Advanced Intelliget Mechatronics*, vol. 23, pp. 1–6, Sept. 2007.

[326] K. E. Peyer, S. Tottori, F. Qiu, L. Zhang, and B. J. Nelson, "Magnetic helical micromachines," *Chemistry*, pp. 1–12, Nov. 2012.

[327] K. E. Peyer, L. Zhang, and B. J. Nelson, "Bio-inspired magnetic swimming microroobts for biomedical applications," *Nanoscale*, vol. 5, pp. 1259–1272, 2013.

[328] T. Honda, K. Arai, and K. Ishiyama, "Micro swimming mechanisms propelled by external magnetic fields," *IEEE Transactions on Magnetics*, vol. 32, no. 5, pp. 5085–5087, 1996.

[329] B. Behkam and M. Sitti, "Modeling and testing of a biomimetic flagellar propulsion method for microscale biomedical swimming robots," in *IEEE Conference on Advanced Intelligent Mechanotronics*, pp. 24–28, 2005.

[330] J. Lighthill, "Flagellar Hydrodynamics," *SIAM Review*, vol. 18, no. 2, pp. 161–230, 1976.

[331] Z. Ye, S. Régnier, and M. Sitti, "Rotating magnetic miniature swimming robots with multiple flexible flagella," *IEEE Transactions on Robotics*, vol. 30, no. 1, pp. 3–13, 2014.

[332] C. Wiggins and R. Goldstein, "Flexive and propulsive dynamics of elastica at low Reynolds number," *Physical Review Letters*, vol. 80, pp. 3879–3882, Apr. 1998.

[333] M. Lagomarsino, F. Capuani, and C. Lowe, "A simulation study of the dynamics of a driven filament in an Aristotelian fluid," *Journal of Theoretical Biology*, vol. 224, pp. 215–224, Sept. 2003.

[334] I. S. Khalil, A. F. Tabak, A. Klingner, and M. Sitti, "Magnetic propulsion of robotic sperms at low-reynolds number," *Applied Physics Letters*, vol. 109, no. 3, p. 033701, 2016.

[335] M. Roper, R. Dreyfus, J. Baudry, M. Fermigier, J. Bibette, and H. A. Stone, "On the dynamics of magnetically driven elastic filaments," *Journal of Fluid Mechanics*, vol. 554, p. 167,

Apr. 2006.

[336] J. J. Abbott, K. E. Peyer, M. C. Lagomarsino, L. Zhang, L. Dong, I. K. Kaliakatsos, and B. J. Nelson, "How should microrobots swim?," *International Journal of Robotics Research*, vol. 28, p. 1434, July 2009.

[337] J. W. Bush and D. L. Hu, "Walking on water: Biolocomotion at the interface," *Annu. Rev. Fluid Mech.*, vol. 38, pp. 339–369, 2006.

[338] Y. S. Song, S. H. Suhr, and M. Sitti, "Modeling of the supporting legs for designing biomimetic water strider robots," in *IEEE International Conference on Robotics and Automation*, pp. 2303–2310, 2006.

[339] S. Floyd and M. Sitti, "Design and development of the lifting and propulsion mechanism for a biologically inspired water runner robot," *IEEE Trans. on Robotics*, vol. 24, no. 3, pp. 698–709, 2008.

[340] M. Karpelson, J. P. Whitney, G.-Y. Wei, and R. J. Wood, "Energetics of flapping-wing robotic insects: Towards autonomous hovering flight," in *IEEE/RSJ International Conference on Intelligent Robots and Systems*, pp. 1630–1637, 2010.

[341] M. H. Dickinson, F.-O. Lehmann, and S. P. Sane, "Wing rotation and the aerodynamic basis of insect flight," *Science*, vol. 284, no. 5422, pp. 1954–1960, 1999.

[342] J. Yan, R. J. Wood, S. Avadhanula, M. Sitti, and R. S. Fearing, "Towards flapping wing control for a micromechanical flying insect," in *IEEE International Conference on Robotics and Automation*, pp. 3901–3908, 2001.

[343] R. J. Wood, "The first takeoff of a biologically inspired at-scale robotic insect," *IEEE Transactions on Robotics*, vol. 24, no. 2, pp. 341–347, 2008.

[344] K. Y. Ma, P. Chirarattananon, S. B. Fuller, and R. J. Wood, "Controlled flight of a biologically inspired, insect-scale robot," *Science*, vol. 340, no. 6132, pp. 603–607, 2013.

[345] L. Hines, V. Arabagi, and M. Sitti, "Shape memory polymer-based flexure stiffness control in a miniature flapping-wing robot," *IEEE Transactions on Robotics*, vol. 28, no. 4, pp. 987–990, 2012.

[346] L. Hines, D. Colmenares, and M. Sitti, "Platform design and tethered flight of a motor-driven flapping-wing system," in *IEEE International Conference on Robotics and Automation*, pp. 5838–5845, 2015.

[347] "Development of the nano hummingbird: A tailless flapping wing micro air vehicle," in *AIAA Aerospace Sciences Meeting*, pp. 1–24, 2012.

[348] L. Hines, D. Campolo, and M. Sitti, "Liftoff of a motor-driven, flapping-wing microaerial vehicle capable of resonance," *IEEE Transactions on Robotics*, vol. 30, no. 1, pp. 220–232, 2014.

[349] K. Meng, W. Zhang, W. Chen, H. Li, P. Chi, C. Zou, X. Wu, F. Cui, W. Liu, and J. Chen, "The design and micromachining of an electromagnetic MEMS flapping-wing micro air vehicle," *Microsystem Technologies*, vol. 18, no. 1, pp. 127–136, 2012.

[350] J. Bronson, J. Pulskamp, R. Polcawich, C. Kroninger, and E. Wetzel, "PZT MEMS actuated flapping wings for insect-inspired robotics," in *IEEE International Conference on icro Electro Mechanical Systems*, pp. 1047–1050, 2009.

[351] I. Kroo and P. Kunz, "Development of the mesicopter: A miniature autonomous rotorcraft," in *American Helicopter Society (AHS) Vertical Lift Aircraft Design Conference, San Francisco, CA*, 2000.

[352] A. Kushleyev, D. Mellinger, C. Powers, and V. Kumar, "Towards a swarm of agile micro quadrotors," *Autonomous Robots*, vol. 35, no. 4, pp. 287–300, 2013.

[353] K. Fregene, D. Sharp, C. Bolden, J. King, C. Stoneking, and S. Jameson, "Autonomous guidance and control of a biomimetic single-wing MAV," in *AUVSI Unmanned Systems Conference*, pp. 1–12, 2011.

[354] J. Glasheen and T. McMahon, "A hydrodynamic model of locomotion in the basilisk lizard," *Nature*, vol. 380, no. 6572, pp. 340–341, 1996.

[355] S. T. Hsieh and G. V. Lauder, "Running on water: Three-dimensional force generation by basilisk lizards," *Proceedings of the National Academy of Sciences USA*, vol. 101, no. 48, pp. 16784–16788, 2004.

[356] S. Floyd, T. Keegan, J. Palmisano, and M. Sitti, "A novel water running robot inspired by basilisk lizards," in *IEEE/RSJ International Conference on Intelligent Robots and Systems*, pp. 5430–5436, 2006.

[357] H. S. Park, S. Floyd, and M. Sitti, "Roll and pitch motion analysis of a biologically inspired quadruped water runner robot," *International Journal of Robotics Research*, vol. 29, no. 10, pp. 1281–1297, 2010.

[358] C. Bergeles, G. Fagogenis, J. Abbott, and B. Nelson, "Tracking intraocular microdevices based on colorspace evaluation and statistical color/shape information," in *International Conference on Robotics and Automation*, pp. 3934–3939, 2009.

[359] D. Frantz and A. Wiles, "Accuracy assessment protocols for electromagnetic tracking systems," *Physics in Medicine and Biology*, vol. 48, no. 14, pp. 2241–2251, 2003.

[360] V. Schlageter, "Tracking system with five degrees of freedom using a 2D-array of Hall sensors and a permanent magnet," *Sensors and Actuators A: Physical*, vol. 92, pp. 37–42, Aug. 2001.

[361] B. Gimi, D. Artemov, T. Leong, D. H. Gracias, and Z. M. Bhujwalla, "MRI of regular-shaped cell-encapsulating polyhedral microcontainers," *Magnetic Resonance in Medicine*, vol. 58, pp. 1283–7, Dec. 2007.

[362] C. Dahmen, D. Folio, T. Wortmann, A. Kluge, A. Ferreira, and S. Fatikow, "Evaluation of a MRI based propulsion/control system aiming at targeted micro/nano-capsule therapeutics," in *International Conference on Intelligent Robots and Systems*, pp. 2565–2570, 2012.

[363] N. Olamaei, F. Cheriet, G. Beaudoin, and S. Martel, "MRI visualization of a single 15 m navigable imaging agent and future microrobot," in *Annual International Conference of the IEEE Engineering in Medicine and Biology Society*, vol. 2010, pp. 4355–8, Jan. 2010.

[364] S. Webb, ed., *The Physics of Medical Imaging*. CRC Press, 2 ed., 2010.

[365] G. Neumann, P. DePablo, A. Finckh, L. B. Chibnik, F. Wolfe, and J. Duryea, "Patient repositioning reproducibility of joint space width measurements on hand radiographs," *Arthritis Care & Research*, vol. 63, pp. 203–207, Feb. 2011.

[366] J. H. Daniel, A. Sawant, M. Teepe, C. Shih, R. A. Street, and L. E. Antonuk, "Fabrication of high aspect-ratio polymer microstructures for large-area electronic portal X-ray imagers," *Sensors and Actuators. A, Physical*, vol. 140, pp. 185–193, Nov. 2007.

[367] T. Deffieux, J.-L. Gennisson, M. Tanter, and M. Fink, "Assessment of the mechanical properties of the musculoskeletal system using 2-D and 3-D very high frame rate ultrasound," *IEEE Transactions on Ultrasonics, Ferroelectrics, and Frequency Control*, vol. 55, pp. 2177–90, Oct. 2008.

[368] P. N. Wells, "Current status and future technical advances of ultrasonic imaging," *Engineering in Medicine and Biology*, vol. 19, no. 5, pp. 14–20, 2000.

[369] Z. Nagy, M. Fluckiger, and O. Ergeneman, "A wireless acoustic emitter for passive localization in liquids," in *IEEE International Conference on Robotics and Automation*, (Kobe), pp. 2593–2598, 2009.

[370] S. Earnshaw, "On the nature of the molecular forces which regulate the constitution of the luminiferous ether," *Transactions of the Cambridge Philosophical Society*, vol. 7, no. July, pp. 97–112, 1842.

[371] D. H. Kim, E. B. Steager, U. K. Cheang, D. Byun, and M. J. Kim, "A comparison of vision-based tracking schemes for control of microbiorobots," *Journal of Micromechanics and Microengineering*, vol. 20, p. 065006, June 2010.

[372] D. Lowe, "Object recognition from local scale-invariant features," in *IEEE International Conference on Computer Vision*, pp. 1150–1157 vol.2, 1999.

[373] D. G. Lowe, "Distinctive image features from scale-invariant keypoints," *International Journal of Computer Vision*, vol. 60, pp. 91–110, Nov. 2004.

[374] M. Wu, J. W. Roberts, and M. Buckley, "Three-dimensional fluorescent particle tracking at micron-scale using a single camera," *Experiments in Fluids*, vol. 38, pp. 461–465, Feb. 2005.

[375] K. B. Yesin, K. Vollmers, and B. J. Nelson, "Guidance of magnetic intraocular microrobots by active defocused tracking," in *International Conference on Intelligent Robots*, pp. 3309–3314, 2004.

[376] C. Bergeles, B. E. Kratochvil, and B. J. Nelson, "Visually servoing magnetic intraocular microdevices," *IEEE Transactions on Robotics*, vol. 28, no. 4, pp. 798–809, 2012.

[377] K. F. Bohringer, B. R. Donald, and N. C. MacDonald, "Programmable Force Fields for Distributed Manipulation, with Applications to MEMS Actuator Arrays and Vibratory Parts Feeders," *International Journal of Robotics Research*, vol. 18, pp. 168–200, Feb. 1999.

[378] I. Paprotny, C. G. Levey, P. K. Wright, and B. R. Donald, "Turning-rate selective control: A new method for independent control of stress-engineered MEMS microrobots," in *Robotics: Science and Systems*, 2012.

[379] S. Floyd, E. Diller, C. Pawashe, and M. Sitti, "Control methodologies for a heterogeneous group of untethered magnetic micro-robots," *International Journal of Robotics Research*, vol. 30, pp. 1553–1565, Mar. 2011.

[380] E. Diller, S. Floyd, C. Pawashe, and M. Sitti, "Control of multiple heterogeneous magnetic microrobots in two dimensions on nonspecialized surfaces," *IEEE Transactions on Robotics*, vol. 28, no. 1, pp. 172–182, 2012.

[381] P. Vartholomeos, M. R. Akhavan-sharif, and P. E. Dupont, "Motion planning for multiple millimeter-scale magnetic capsules in a fluid environment," in *IEEE Int. Conf. Robotics and Automation*, pp. 1927–1932, 2012.

[382] E. Diller, J. Giltinan, and M. Sitti, "Independent control of multiple magnetic microrobots in three dimensions," *International Journal of Robotics Research*, vol. 32, pp. 614–631, May 2013.

[383] S. Tottori, N. Sugita, R. Kometani, S. Ishihara, and M. Mitsuishi, "Selective control method for multiple magnetic helical microrobots," *Journal of Micro-Nano Mechatronics*, vol. 6, pp. 89–95, Aug. 2011.

[384] E. Diller and S. Miyashita, "Remotely addressable magnetic composite micropumps," *RSC Advances*, vol. 2, pp. 3850–3856, Feb. 2012.

[385] S. Miyashita, E. Diller, and M. Sitti, "Two-dimensional magnetic micro-module reconfigurations based on inter-modular interactions," *International Journal of Robotics Research*, vol. 32, pp. 591–613, May 2013.

[386] P. M. Braillon, "Magnetic plate comprising permanent magnets and electropermanent magnets," 1978. US Patent 4,075,589.

[387] K. Gilpin, A. Knaian, and D. Rus, "Robot pebbles: One centimeter modules for programmable matter through self-disassembly," in *IEEE International Conference on Robotics and Automation*, pp. 2485–2492, 2010.

[388] A. Menciassi, A. Eisinberg, I. Izzo, and P. Dario, "From macro to micro manipulation: Models and experiments," *IEEE/ASME Transactions on Mechatronics*, vol. 9, pp. 311–320, June 2004.

[389] M. Sitti, "Survey of nanomanipulation systems," in *IEEE Conference on Nanotechnology*, pp. 75–80, 2001.

[390] S. Kim, J. Wu, A. Carlson, S. H. Jin, A. Kovalsky, P. Glass, Z. Liu, N. Ahmed, S. L. Elgan, W. Chen, M. F. Placid, M. Sitti, Y. Huang, and J. A. Rogers, "Microstructured elastomeric surfaces with reversible adhesion and examples of their use in deterministic assembly by transfer printing," *Proceedings of the National Academy of Sciences USA*, vol. 107, no. 40, pp. 17095–17100, 2010.

[391] J. Giltinan, E. Diller, and M. Sitti, "Programmable assembly of heterogeneous microparts by an untethered mobile capillary microgripper," *Lab on a Chip*, vol. 16, no. 22, pp. 4445–4457, 2016.

[392] T. Petit, L. Zhang, K. E. Peyer, B. E. Kratochvil, and B. J. Nelson, "Selective trapping and manipulation of microscale objects using mobile microvortices," *Nano Letters*, vol. 12, pp. 156–60, Jan. 2012.

[393] L. Zhang, T. Petit, K. E. Peyer, and B. J. Nelson, "Targeted cargo delivery using a rotating nickel nanowire," *Nanomedicine*, vol. 8, pp. 1074–1080, Mar. 2012.

[394] L. Zhang, K. E. Peyer, and B. J. Nelson, "Artificial bacterial flagella for micromanipulation," *Lab on a Chip*, vol. 10, pp. 2203–15, Sept. 2010.

[395] S. E. Chung, X. Dong, and M. Sitti, "Three-dimensional heterogeneous assembly of coded microgels using an untethered mobile microgripper," *Lab on a Chip*, vol. 15, no. 7, pp. 1667–1676, 2015.

[396] S. Floyd, C. Pawashe, and M. Sitti, "Microparticle manipulation using multiple untethered magnetic micro-robots on an electrostatic surface," in *IEEE/RSJ International Conference on Intelligent Robots and Systems*, pp. 528–533, Oct. 2009.

[397] B. J. Nelson, I. K. Kaliakatsos, and J. J. Abbott, "Microrobots for minimally invasive medicine," *Annual Review of Biomedical Engineering*, vol. 12, pp. 55–85, Aug. 2010.

[398] S. Yim, E. Gultepe, D. H. Gracias, and M. Sitti, "Biopsy using a magnetic capsule endoscope carrying, releasing, and retrieving untethered microgrippers," *IEEE Transactions on*

Biomedical Engineering, vol. 61, no. 2, pp. 513–521, 2014.

[399] S. Yim and M. Sitti, "Design and rolling locomotion of a magnetically actuated soft capsule endoscope," *IEEE Transactions on Robotics*, vol. 28, no. 1, pp. 183–194, 2012.

[400] S. Yim and M. Sitti, "Shape-programmable soft capsule robots for semi-implantable drug delivery," *IEEE Transactions on Robotics*, vol. 28, no. 5, pp. 1198–1202, 2012.

[401] S. Yim, K. Goyal, and M. Sitti, "Magnetically actuated soft capsule with the multimodal drug release function," *IEEE/ASME Transactions on Mechatronics*, vol. 18, no. 4, pp. 1413–1418, 2013.

[402] Z. Hosseinidoust, B. Mostaghaci, O. Yasa, B.-W. Park, A. V. Singh, and M. Sitti, "Bioengineered and biohybrid bacteria-based systems for drug delivery," *Advanced Drug Delivery Reviews*, vol. 106, pp. 27–44, 2016.

[403] G. Dogangil and O. Ergeneman, "Toward targeted retinal drug delivery with wireless magnetic microrobots," in *International Conference on Intelligent Robots and Systems*, pp. 1921–1926, 2008.

[404] W. Gao and J. Wang, "The environmental impact of micro/nanomachines: A review," *ACS Nano*, vol. 8, no. 4, pp. 3170–3180, 2014.

[405] J. Parmar, D. Vilela, E. Pellicer, D. Esqué-de los Ojos, J. Sort, and S. Sánchez, "Reusable and long-lasting active microcleaners for heterogeneous water remediation," *Advanced Functional Materials*, 2016.

[406] M. Yim, W.-M. Shen, B. Salemi, D. Rus, M. Moll, H. Lipson, E. Klavins, and G. S. Chirikjian, "Modular Self-Reconfigurable Robot Systems," *IEEE Robotics and Automation Magazine*, vol. 14, no. 1, pp. 43–52, 2007.

[407] W.-M. Shen, M. Chiu, M. Rubenstein, and B. Salemi, "Rolling and Climbing by the Multifunctional SuperBot Reconfigurable Robotic System," in *Proceedings of the Space Technology International Forum*, (Albuquerque, New Mexico), pp. 839–848, 2008.

[408] S. C. Goldstein, J. D. Campbell, and T. C. Mowry, "Programmable matter," *Computer*, vol. 38, no. 6, pp. 99–101, 2005.

[409] E. Yoshida, S. Kokaji, S. Murata, K. Tomita, and H. Kurokawa, "Micro Self-reconfigurable Robot using Shape Memory Alloy," *Journal of Robotics and Mechatronics*, vol. 13, no. 2, pp. 212–219, 2001.

[410] M. T. Tolley, M. Krishnan, D. Erickson, and H. Lipson, "Dynamically programmable fluidic assembly," *Applied Physics Letters*, vol. 93, no. 25, p. 254105, 2008.

[411] M. Kalontarov, M. T. Tolley, H. Lipson, and D. Erickson, "Hydrodynamically driven docking of blocks for 3D fluidic assembly," *Microfluidics and Nanofluidics*, vol. 9, pp. 551–558, Feb. 2010.

[412] K. Autumn, M. Sitti, Y. A. Liang, A. M. Peattie, W. R. Hansen, S. Sponberg, T. W. Kenny, R. Fearing, J. N. Israelachvili, and R. J. Full, "Evidence for van der waals adhesion in gecko setae," *Proceedings of the National Academy of Sciences USA*, vol. 99, no. 19, pp. 12252–12256, 2002.

[413] M. Sitti and R. S. Fearing, "Synthetic gecko foot-hair micro/nano-structures as dry adhesives," *Journal of Adhesion Science and Technology*, vol. 17, no. 8, pp. 1055–1073, 2003.

[414] M. P. Murphy, B. Aksak, and M. Sitti, "Gecko-inspired directional and controllable adhesion," *Small*, vol. 5, no. 2, pp. 170–175, 2009.

[415] M. P. Murphy, S. Kim, and M. Sitti, "Enhanced adhesion by gecko-inspired hierarchical fibrillar adhesives," *ACS Applied Materials & Interfaces*, vol. 1, no. 4, pp. 849–855, 2009.

[416] S. Kim and M. Sitti, "Biologically inspired polymer microfibers with spatulate tips as repeatable fibrillar adhesives," *Applied Physics Letters*, vol. 89, no. 26, p. 261911, 2006.

[417] G. J. Shah and M. Sitti, "Modeling and design of biomimetic adhesives inspired by gecko foot-hairs," in *IEEE International Conference on Robotics and Biomimetics*, pp. 873–878, 2004.

[418] Y. Mengüç, S. Y. Yang, S. Kim, J. A. Rogers, and M. Sitti, "Gecko-inspired controllable adhesive structures applied to micromanipulation," *Advanced Functional Materials*, vol. 22, no. 6, pp. 1246–1254, 2012.

[419] B. Aksak, M. Sitti, A. Cassell, J. Li, M. Meyyappan, and P. Callen, "Friction of partially embedded vertically aligned carbon nanofibers inside elastomers," *Applied Physics Letters*, vol. 91, no. 6, pp. 61906–61906, 2007.

[420] S. Kim, M. Sitti, C.-Y. Hui, R. Long, and A. Jagota, "Effect of backing layer thickness on adhesion of single-level elastomer fiber arrays," *Applied Physics Letters*, vol. 91, no. 16, pp. 161905–161905, 2007.

[421] S. Kim, E. Cheung, and M. Sitti, "Wet self-cleaning of biologically inspired elastomer mushroom shaped microfibrillar adhesives," *Langmuir*, vol. 25, no. 13, pp. 7196–7199, 2009.

[422] M. P. Murphy and M. Sitti, "Waalbot: An agile small-scale wall-climbing robot utilizing dry elastomer adhesives," *IEEE/ASME Transactions on Mechatronics*, vol. 12, no. 3, pp. 330–338, 2007.

[423] P. Glass, H. Chung, N. R. Washburn, and M. Sitti, "Enhanced reversible adhesion of dopamine methacrylamide-coated elastomer microfibrillar structures under wet conditions," *Langmuir*, vol. 25, no. 12, pp. 6607–6612, 2009.

[424] M. P. Murphy, B. Aksak, and M. Sitti, "Adhesion and anisotropic friction enhancements of angled heterogeneous micro-fiber arrays with spherical and spatula tips," *Journal of Adhesion Science and Technology*, vol. 21, no. 12-13, pp. 1281–1296, 2007.

[425] S. Kim, M. Sitti, T. Xie, and X. Xiao, "Reversible dry micro-fibrillar adhesives with thermally controllable adhesion," *Soft Matter*, vol. 5, no. 19, pp. 3689–3693, 2009.

[426] P. Glass, H. Chung, N. R. Washburn, and M. Sitti, "Enhanced wet adhesion and shear of elastomeric micro-fiber arrays with mushroom tip geometry and a photopolymerized p(dma-co-mea) tip coating," *Langmuir*, vol. 26, no. 22, pp. 17357–17362, 2010.

[427] S. Kim, B. Aksak, and M. Sitti, "Enhanced friction of elastomer microfiber adhesives with spatulate tips," *Applied Physics Letters*, vol. 91, no. 22, p. 221913, 2007.

[428] E. Cheung and M. Sitti, "Adhesion of biologically inspired polymer microfibers on soft surfaces," *Langmuir*, vol. 25, no. 12, pp. 6613–6616, 2009.

[429] M. Sitti and R. S. Fearing, "Synthetic gecko foot-hair micro/nano-structures for future wall-climbing robots," in *IEEE International Conference on Robotics and Automation*, vol. 1, pp. 1164–1170, 2003.

[430] Y. Mengüç, M. Röhrig, U. Abusomwan, H. Hölscher, and M. Sitti, "Staying sticky: contact self-cleaning of gecko-inspired adhesives," *Journal of The Royal Society Interface*, vol. 11, no. 94, p. 20131205, 2014.

[431] M. Sitti, B. Cusick, B. Aksak, A. Nese, H.-i. Lee, H. Dong, T. Kowalewski, and K. Matyjaszewski, "Dangling chain elastomers as repeatable fibrillar adhesives," *ACS Applied Materials & Interfaces*, vol. 1, no. 10, pp. 2277–2287, 2009.

[432] R. Long, C.-Y. Hui, S. Kim, and M. Sitti, "Modeling the soft backing layer thickness effect on adhesion of elastic microfiber arrays," *Journal of Applied Physics*, vol. 104, no. 4, p. 044301, 2008.

[433] B. Aksak, C.-Y. Hui, and M. Sitti, "The effect of aspect ratio on adhesion and stiffness for soft elastic fibres," *Journal of The Royal Society Interface*, vol. 8, no. 61, pp. 1166–1175, 2011.

[434] M. Piccardo, A. Chateauminois, C. Fretigny, N. M. Pugno, and M. Sitti, "Contact compliance effects in the frictional response of bioinspired fibrillar adhesives," *Journal of The Royal Society Interface*, vol. 10, no. 83, p. 20130182, 2013.

[435] S. Song and M. Sitti, "Soft grippers using micro-fibrillar adhesives for transfer printing," *Advanced Materials*, vol. 26, no. 28, pp. 4901–4906, 2014.

[436] B. Aksak, K. Sahin, and M. Sitti, "The optimal shape of elastomer mushroom-like fibers for high and robust adhesion," *Beilstein Journal of Nanotechnology*, vol. 5, no. 1, pp. 630–638, 2014.

[437] E. Diller, N. Zhang, and M. Sitti, "Modular micro-robotic assembly through magnetic actuation and thermal bonding," *Journal of Micro-Bio Robotics*, vol. 8, no. 3-4, pp. 121–131, 2013.

[438] Z. Ye, G. Z. Lum, S. Song, S. Rich, and M. Sitti, "Phase change of gallium enables highly reversible and switchable adhesion," *Advanced Materials*, vol. 28, no. 25, pp. 5088–5092, 2016.

[439] A.-L. Routier-Kierzkowska, A. Weber, P. Kochova, D. Felekis, B. J. Nelson, C. Kuhlemeier, and R. S. Smith, "Cellular force microscopy for in vivo measurements of plant tissue mechanics," *Plant Physiology*, vol. 158, pp. 1514–22, Apr. 2012.

[440] D. Felekis, S. Muntwyler, H. Vogler, F. Beyeler, U. Grossniklaus, and B. Nelson, "Quantifying growth mechanics of living, growing plant cells in situ using microrobotics," *Micro*

& *Nano Letters*, vol. 6, no. 5, p. 311, 2011.

[441] T. Kawahara and M. Sugita, "On-chip manipulation and sensing of microorganisms by magnetically driven microtools with a force sensing structure," in *International conference on Robotics and Automation*, pp. 4112–4117, 2012.

[442] T. Braun, V. Barwich, M. Ghatkesar, A. Bredekamp, C. Gerber, M. Hegner, and H. Lang, "Micromechanical mass sensors for biomolecular detection in a physiological environment," *Physical Review E*, vol. 72, no. 3, pp. 1–9, 2005.

[443] M. Jain and C. Grimes, "A wireless magnetoelastic micro-sensor array for simultaneous measurement of temperature and pressure," *IEEE Transactions on Magnetics*, vol. 37, pp. 2022–2024, July 2001.

推荐阅读

机器人学导论（原书第4版）

作者：[美] 约翰 J. 克雷格　ISBN：978-7-111-59031　定价：79.00元

现代机器人学：机构、规划与控制

作者：[美] 凯文·M.林奇 等　ISBN：978-7-111-63984　定价：139.00元

自主移动机器人与多机器人系统：运动规划、通信和集群

作者：[以] 尤金·卡根 等　ISBN：978-7-111-68743　定价：99.00元

移动机器人学：数学基础、模型构建及实现方法

作者：[美] 阿朗佐·凯利　ISBN：978-7-111-63349　定价：159.00元

工业机器人系统及应用

作者：[美] 马克·R.米勒 等　ISBN：978-7-111-63141　定价：89.00元

ROS机器人编程：原理与应用

作者：[美] 怀亚特·S.纽曼　ISBN：978-7-111-63349　定价：199.00元

推荐阅读

机器人建模和控制

作者：[美]马克·W. 斯庞（Mark W. Spong） 赛斯·哈钦森（Seth Hutchinson） M. 维德雅萨加（M. Vidyasagar）
译者：贾振中 徐静 付成龙 伊强 ISBN：978-7-111-54275-9 定价：79.00元

本书由Mark W. Spong、Seth Hutchinson和M. Vidyasagar三位机器人领域顶级专家联合编写，全面且深入地讲解了机器人的控制和力学原理。全书结构合理、推理严谨、语言精练、习题丰富，已被国外很多名校（包括伊利诺伊大学、约翰霍普金斯大学、密歇根大学、卡内基-梅隆大学、华盛顿大学、西北大学等）选作机器人方向的教材。

机器人操作中的力学原理

作者：[美]马修·T. 梅森（Matthew T. Mason） 译者：贾振中 万伟伟
ISBN：978-7-111-58461-2 定价：59.00元

本书是机器人领域知名专家、卡内基梅隆大学机器人研究所所长梅森教授的经典教材，卡内基梅隆大学机器人研究所（CMU-RI）核心课程的指定教材。主要讲解机器人操作的力学原理，紧抓机器人操作中的核心问题——如何移动物体，而非如何移动机械臂，使用图形化方法对带有摩擦和接触的系统进行分析，深入理解基本原理。